普通高等教育"十三五"规划教材

安全工程导论

主　编　段　瑜　张开智
副主编　刘雪岭　刘　萍

北　京
冶金工业出版社
2023

内 容 提 要

本书共6章,分别为概述;安全管理组织体系;事故致因理论及事故预防与控制;安全文化建设;公共安全;行业安全技术。其主要内容包括:安全的起源、安全科学与技术的学科发展,安全基础理论;安全技术工程的应用,范围涵盖生产领域(煤矿、非煤矿山、石油化工、烟花爆竹、建筑、机械、电气、冶金等行业安全)、生活领域(交通安全、消防安全和家庭安全等)和生存领域(公共安全)的安全技术等。

本书配套的教学课件读者可从冶金工业出版社官网(http://www.cnmip.com.cn)输入书名搜索资源并下载。

本书可作为安全工程专业的本科生和其他工科专业教材,也可供相关科技人员和行政管理人员学习参考。

图书在版编目(CIP)数据

安全工程导论/段瑜,张开智主编. —北京:冶金工业出版社,2018.1
(2023.12 重印)

普通高等教育"十三五"规划教材

ISBN 978-7-5024-7723-3

Ⅰ.①安… Ⅱ.①段… ②张… Ⅲ.①安全工程—高等学校—教材
Ⅳ.①X93

中国版本图书馆 CIP 数据核字(2017)第 321369 号

安全工程导论

出版发行 冶金工业出版社		**电 话** (010)64027926	
地 址 北京市东城区嵩祝院北巷 39 号		**邮 编** 100009	
网 址 www.mip1953.com		**电子信箱** service@mip1953.com	

责任编辑 杨盈园 王梦梦 美术编辑 吕欣童 版式设计 禹 蕊
责任校对 卿文春 责任印制 窦 唯
北京印刷集团有限责任公司印刷
2018 年 1 月第 1 版,2023 年 12 月第 7 次印刷
787mm×1092mm 1/16;15.5 印张;368 千字;233 页
定价 49.00 元

投稿电话 (010)64027932 投稿信箱 tougao@cnmip.com.cn
营销中心电话 (010)64044283
冶金工业出版社天猫旗舰店 yjgycbs.tmall.com
(本书如有印装质量问题,本社营销中心负责退换)

《安全工程导论》编写人员

主　　编　段　瑜　张开智

副 主 编　刘雪岭　刘　萍

参　　编　李海军　肖利平　邓代强

　　　　　王致嫣　廖志恒　吴建琼

　　　　　穆静强　崔　波　钟诗颖

　　　　　赵　培　赵艺璇

前　言

根据国家近年来对高等学校大学生创新创业教育及新工科人才培养的文件精神，编写组在多年教学实践基础上，总结提炼出项目驱动法混合教学模式，经教学实践证明学生学习效果较好。教材在对安全工程总体概况介绍的同时，力求培养学生在各行业安全领域工作中的创新意识和创新能力。

全文共分为6章，分别为概述、安全管理组织体系、事故致因理论及事故预防与控制、安全文化建设、公共安全、行业安全技术（煤矿安全技术、非煤矿山安全技术、石油化工安全技术、烟花爆竹安全技术、建筑安全技术、机械安全技术、电气安全技术、冶金安全技术、有色金属安全技术）。其中，第1章由段瑜编写，第2章由张开智编写，第3章由段瑜、赵培（湖北理工学院）编写，第4章由段瑜、穆静强编写，第5章由刘雪岭编写，第6章6.1节由吴建琼编写，6.2节由段瑜、李海军编写，6.3、6.4节由王致嫣编写，6.5节由肖利平、赵艺璇编写，6.6、6.7节由刘萍编写，6.8、6.9节由邓代强编写。全书编写大纲设计及统稿由段瑜完成，张开智教授对本教材从大纲到内容进行了全面、认真、严格、细致的审查，提出了很多宝贵的意见。学生黄文法参与了本书部分图表的绘制。

本教材的编写与出版，得到贵州省安全工程专业综合改革项目、安全工程贵州省一流专业、贵州理工学院安全工程重点建设课程、贵州理工学院基于大安全理念的安全工程专业人才培养模式教育教学改革项目的资助，同时冶金工业出版社的工作人员做了大量的工作，还得到了许多专家的关心和指导，在此谨向他们表示感谢。本书还引用了有关参考文献资料，在此也向参考文献的所有作者表示感谢。

本教材可作为高等学校安全工程专业学生学习用书，同时也可作为其他工科专业选修辅助教材。全书力求层次分明，条理清晰，结构合理。尽管作者做了很大的努力，但由于水平和能力有限，书中难免有疏漏和不妥之处，恳请读者批评指正。

编　者
2017年10月于贵州理工学院

目　　录

1 概　　述

安全问题伴随着人类诞生而产生，随着人类社会的发展而发展，而安全科学则是一门新兴科学，具有跨学科、交叉性、横断性、跨行业等特点，涉及人类生产、生活和生存的各个方面，是随着工业革命的发展才逐渐发展和完善起来的。安全工程是指在具体的安全存在领域中，运用的种种安全技术及其综合集成，以保障人体动态安全的方法、手段和措施。安全科学产生于安全问题和安全技术之后。如果把安全科学视为认识"安全"的系统知识，那么安全技术就是实现"安全"的工艺手段。前者是创造安全知识的研究，回答的是"是什么"和"为什么"；后者是综合运用安全知识解决实际问题，回答的是"做什么"和"怎么做"。现代安全的发展早已表明安全技术的发展离不开安全科学的突破和指导，安全科学的深化则需要得到各种安全技术的支持和保障。安全科学与安全技术相互依赖、相互促进、紧密结合，导致安全技术科学化和安全科学技术化的发展趋向。安全科学作为指导各种安全技术实现的理论基础，在安全科学技术学科体系中占有极其重要的地位。

1.1　安全的基本概念及特征

1.1.1　安全的基本概念

"安"是指不受威胁，没有危险等，可谓无危则安；"全"是指完满、完整、齐备或没有伤害、无残缺、无损坏、无损失等，可谓无损则全。显然，"安全"通常是指免受人员伤害、疾病或死亡，或避免引起设备、财产破坏或损失的状态。一旦这种状态受到威胁或受到损害，就产生了安全问题。安全问题既涉及到人又涉及到物。由于公众观念总是把"安全"看成是对人而言的，因此，安全是人的身心免受外界（不利）因素影响的存在状态（包括健康状况）及其保障条件。安全问题就是影响人的身心的外界不利因素和破坏其安全存在状况的破坏条件。

安全问题的大小和繁简不仅取决于人们对"安全"的渴望程度，而且也取决于在生产过程中实际造成的灾害和损失。因此，安全问题既是隐性的，又是显性的，既涵盖引发灾害的安全隐患，又包含破坏安全状态的灾害。在当前条件下，对安全问题内涵的理解可以分为两大类，即绝对的安全观和相对的安全观。绝对安全观认为：安全就是无事故、无危险，指客观存在的系统无导致人员伤亡、疾病，无造成人类财产、生命及环境损失的条件。相对安全观则认为：安全是指客体或系统对人类造成的危害低于人类所能允许的承受限度的存在状态。美国哈佛大学的劳伦斯认为，安全就是被判断为不超过允许限度的危险性，也就是指没有受到伤害或危险，或损害概率低的术语。也有人认为，安全是相对于危险而言的，世界上没有绝对的安全。还有学者认为，安全是指在生产、生活过程中能将人员和财产损失（损害）控制在可以接受的水平的状态。也就是说，安全即意味着人员和财产遭受损失的可能性是可以接受的，如果这种可能性超过了可以接受的水平，即被认为是不安全的。目前这种观点在学术界具有代表性。

1.1.2　安全问题的产生和发展

自人类诞生以来，就离不开生产和安全这两大基本需求。然而，人类对安全的认识却长期落后于对生产的认识。随着生产力和科学技术的高度发展，保障安全的必要性、迫切性和实现安全的可能性都在同步增长。人类对安全认识的历史发展过程，大致可以分为四个阶段：

第一阶段是工业革命前，生产力和仅有的自然科学都处于自然和分散发展的状态，人类对自身的安全问题还未能自觉地去认识和主动采取专门的安全技术措施，从科学的高度来看，还处于无知（不自觉）的安全认识阶段。

第二阶段是工业革命后，生产中已使用大型动力机械和能源，导致生产力和危害因素的同步增长（如：汽车的发明，导致交通事故的增长；采矿业的发展，导致矿业灾害事故的增加），迫使人们对这些局部的人为危害问题不得不进行深入认识并采取专门的安全技术措施，于是发展到局部的安全认识阶段。

第三阶段是由于形成了军事工业、航空工业，特别是原子能和航天技术等复杂的大生产系统和机器系统，局部的安全认识和单一的安全技术措施已无法解决这类生产制造和设备运行系统中的安全问题，必须发展与生产力相适应的生产系统、安全技术措施，于是进入系统的安全认识阶段。

第四阶段是当今的生产和科学技术发展，特别是高科技的发展，静态的系统安全技术措施和系统的安全认识即系统安全工程理论，已不能很好地解决动态过程中随机发生的安全问题，必须更深入地采取动态的安全系统工程技术措施和安全系统认识。这就是当前正在进入动态的安全认识阶段。这个阶段不仅要创立安全科学，还要使安全科学与技术在人类的大科学技术整体中确立自己独立的科学技术体系，在人类整个生产、生活以及生存过程中显示出它的巨大作用。

1.1.3　安全的基本特征

安全的本质是实现人-物（机）-环之间的相互协调，要认识安全的本质，首先就要探讨其基本特征。安全的基本特征主要表现为以下几点。

1.1.3.1　安全的必要性和普遍性

安全是人类生产的必要前提，安全作为人的身心状态及保障条件是绝对必要的。而人和物遭遇到人为的、自然的危害或损坏极为常见，因此，不安全因素是客观存在的。人类生存的必要条件首先是安全，如果生命安全都不能保障，生存就不能维持，繁衍也无法进行。

实现人的安全又是普遍需要的。在人类活动的一切领域，人们必须尽力减少失误、降低风险，尽量使物趋向本质安全化，使人能控制和减少灾害，维护人与物、人与人、物与物相互间协调运转，为生产活动提供必要的基础条件，发挥人和物的生产力作用。

1.1.3.2　安全的随机性

安全取决于人、物、环境及其关系协调，如果关系失调就会出现危害或损坏。安全状态的存在和维持时间、地点及其动态平衡的方式等都带有随机性。因而保障安全的条件是相对的，限定在某个时空，条件变了，安全状态也会发生变化，故实现安全有其局限性和风险性。

1.1.3.3　安全的相对性

安全标准是相对的。因为人们总是逐步揭示安全的运动规律，提高对安全本质的认识，向安全本质化逐渐逼近。影响安全的因素很多，以显性和隐性形式表征客观（宏观）安全。安全的内涵引申程度及标准严格程度取决于人们的生理和心理承受的范围，科技发展的水平和政治经济状况，社会伦理道德和安全法学观念，人民的物质和精神文明程度等现实条件。安全标准应当成为保障公众的安全规范，并以严格的科学依据为基础。公众接受的相对安全与本质安全之间有差距，现实安全标准是有条件的、相对的，并随着社会的物质和精神文明程度提高而提高。

1.1.3.4　安全的局部稳定性

无条件地追求绝对安全，特别是巨大系统的绝对安全是不可能的。但有条件地实现人的局部安全或追求物的本质安全化，则是可能的、必需的。只要利用系统工程原理调节、控制安全的要素，就能实现局部稳定的安全。安全协调运转正如可靠性及工作寿命一样，有一个可度量的范围，其范围由安全的局部稳定性所决定。

1.1.3.5　安全的经济性

安全与否，直接与经济效益的增长或损失相关联。保障安全的必要经济投入是维护劳动者的生产劳动能力的基本条件，包括安全装置、安全技能培训、防护设施、改善安全与卫生作业条件、防护用品等方面的投入，是保障和再生生产力的前提。安全科学技术作为第一生产力，不仅可提高生产效率，而且对维护和保障生产安全运转、人的生命和健康具有重要作用。一方面，它作为生产力投入有其馈赠性的经济价值，包括创造的产品本身的安全性能同样含有安全的潜在经济价值；另一方面，安全保障不出现危险、伤害和损坏（本身就减少了经济负效益）等于创造了经济效益。

1.1.3.6　安全的复杂性

安全与否取决于人、物（机）、环境及其相互关系的协调，实际上形成了人（主体）-机（对象）-环境（条件）运转系统，这是一个自然与社会结合的开放性系统。在安全活动中，由于人的主导作用和本质属性，包括人的思维、心理、生理等因素以及人与社会的关系，即人的生物性和社会性，使安全问题具有极大的复杂性。安全科学的着眼点即是从维护人的安全角度去研究某系统的状态，最终使该系统成为安全系统。

1.1.3.7　安全的社会性

安全与社会的稳定直接相关。无论人为的或自然（天然）的灾害，生产中出现的伤亡事故，交通运输中的车祸、空难，家庭中的伤害及火灾，产品对消费者的危害，药物与化学产品对人健康的影响，甚至旅行、娱乐中的意外伤害等都给国计民生（包括个人、家庭、企事业单位或社会群体）带来心灵上和物质上的危害，成为影响社会安定的重要因素。安全的社会性的一个重要方面还体现在对国家各级行政部门以及对决策者的影响。

"安全第一，预防为主，综合治理"的安全生产方针，反映在国家的法律、法规及职业安全与卫生的规范、标准中，从而使社会和公众在安全方面受益。

1.1.3.8　安全的潜隐性

对各类事物的安全本质和运动变化规律的把握程度，总是存在人的认识能力和科技水平的局限。广义安全的含义，不仅考虑不死、不伤、不危及人的生命和躯体，还必须考虑不对人的行为、心理造成精神和心理伤害。如何掌握伤害程度的界限及确定公众能接受的安全标准有待研究。各种产品（特别是化工产品）、医药、人工合成材料、生物工程产品、遗传工程产品等均有许多潜在危害。现今尚有待人们深入地探讨。客观安全包括明显的和潜隐的两种安全因素，它是客观存在而不以人的意志为转移。当今人们认为安全的概念，只能是宏观安全，它包括识别、感知和控制的安全和无法把握控制的模糊性安全。所谓安全的潜隐性是指控制多因素、多媒介、多时空、交混综合效应产生的潜隐性安全程度。人们总是努力使安全的潜隐型转变为明显型。因此安全的潜隐性问题亟待研究，只有通过探索、实践才能找到实现安全的方法。

1.2　安全工程及安全工程学

安全工程，是指在具体的安全存在领域中，运用的种种安全技术及其综合集成，以保障人体动态安全的方法、手段和措施。安全工程的实践，为保证人们在生产和生活中，生命和健康得到保障，身体及设备、财产不受到损害，提供直接和间接的保障。

1.2.1　安全工程的研究对象

现代社会中，各行业、各部门所面临的安全问题虽然不尽相同，但也不可避免地存在着某些共性问题。例如，煤炭、冶金、化工、石油、机械、轻工、纺织、建筑等行业，除各有其特殊的安全问题以外，都存在着通风除尘、排毒净化、机电安全、防火防爆等共性问题。因此，运用安全科学的观点，对各部门安全工程都有所涉及的基础科学、应用科学的有关部分进行整理提炼，再将各部门生产与管理等环节的客观要求和做法的理论根据进行系统化，就发展成为当今的"安全工程"。尽管作为新兴技术科学的安全工程有其明确的应用目的，但与创造性地解决具体工程中的技术问题、创新技术、新工艺和新生产模型的应用安全技术科学相比，它的特点则是以安全基础科学的理论为指导，研究安全技术中共同的理论问题，目的在于揭示安全技术的一般规律，直接指导安全工程技术的研究与发展。因而它是安全基础科学转变为直接生产力的桥梁，是现代安全科学中最活跃、最富有生命力的研究领域。

安全工程的研究范围遍及生产领域（安全生产和劳动保护方面）、生活领域（交通安全、消防安全和家庭安全等）和生存领域（工业污染控制与治理、灾变的控制和预防）。它的研究对象是广泛存在于其研究范围之内的各种不安全因素，通过研究分析这些不安全因素的内在联系和作用规律，探寻防止灾害和事故的有效措施，以达到控制事故、保证安全的目的。

安全工程是涉及自然科学、社会科学和人体科学的跨门类综合性学科。它以数学、力学、物理学、化学和生理学等学科为基础理论，以安全系统工程、安全人机工程、安全行为科学、安全心理学、可靠性工程学、毒理学等学科为应用基础理论，并结合最具普遍性和代表性的生产技术及安全技术知识，对人、物以及人与物的关系进行与"安全"相关的分析研究，并最终形成安全科学技术开发与推广、安全工程设计施工、安全生产运行控制、安全检测检验、灾害与事故调查分析与预测预警、安全评价认证等多方面的"安全"实现技术理论及其实施方法体系。

安全工程的每个工程分支都为本分支学科的工程技术层次提供理论依据，并将其工程技术成果升华为理论知识。它所指导的安全工程技术领域包括火灾与爆炸灾害控制、电气安全、锅炉压力容器安全、起重与搬运安全、机械安全、交通安全、航空安全以及矿山安全、建筑安全、化工安全、冶金安全等部门的安全工程技术。

1.2.2 安全工程的基本内容

安全工程的基本内容是根据对伤亡事故发生机理的认识，应用系统工程的原理和方法，在工业规划、设计、建设、生产直到废除的整个过程中，实施预测、分析、评价其中存在的各种不安全因素，根据有关法规，综合运用各种安全技术措施和组织管理措施。消除和控制危险因素，创造一种安全的生产作业条件。

安全技术是预防事故的基本措施，是实现工业安全的技术手段，包括安全检测技术和安全控制技术两个方面。前者是发现、识别各种不安全因素及其危险性的技术；后者是消除或控制不安全因素，防止工业事故发生及避免人员受到伤害、财产受到损失的技术。

在工业安全领域，安全技术是工业生产技术的重要组成部分。安全技术伴随着工业的出现而出现，又随着工业生产技术的发展而不断发展。工业革命以后，一方面，工业生产中广泛使用机械、电力及烈性炸药等新技术、新设备、新能源，使工业生产效率大幅度提高；另一方面，采用新技术、新设备、新能源也带来了新的不安全因素，导致工业事故频繁发生，事故伤害和职业病人数急剧增加。工业伤亡事故严重的局面，迫使人们努力开发新的工业安全技术。近代物理、化学、力学等方面的研究成果被应用到工业安全技术领域，例如，H. 戴维发明了被誉为"科学的地狱旅行"的安全灯，对防止煤矿瓦斯爆炸事故起了重要作用；著名科学家诺贝尔发明安全炸药，有效地减少了炸药意外爆炸事故的发生。

现代科学技术的进步，彻底改变了工业生产面貌，安全技术也不断发展、更新，大大增强了人类控制不安全因素的能力。如今，已经形成包括机械安全、电气安全、锅炉压力容器安全、起重运输安全、防火防爆等一系列专门安全技术在内的工业安全技术体系。在安全检测技术方面，先进的科学技术手段逐渐取代了人的感官和经验，可以灵敏、可靠地发现不安全因素，从而使人们可以及早采取控制措施，把事故消灭在萌芽状态。

现代工业生产系统是一个非常复杂的系统。工业生产是由众多相互依存、相互制约的不同种类的生产作业综合组成的整体，每种生产作业又包含许多设备、物质、人员和作业环境等要素。一起工业事故的发生，往往是许多要素相互作用的结果。尽管每一种专门安全技术在解决相应领域的安全问题方面十分有效，但是在保证整个工业生产系统安全方面却非常困难，必须综合运用各种安全技术。

在工业伤亡事故的发生和预防方面，作为系统要素的人占有特殊的地位。一方面，人是工业事故中的受伤害者，保护人是工业安全的主要目的；另一方面，人往往是工业事故的肇事者，也是预防事故，搞好工业安全生产的生力军。于是，安全工程的一项重要内容，是关于人的行为的研究。根据与工业安全关系密切的人的生理、心理特征及行为规律，设计适合于人员操作的工艺、设备、工具，创造适合人的特点的生产作业条件。在加强安全法规和组织机构的建设和利用安全技术措施消除、控制不安全因素的同时，还必须运用安全管理手段来规范、控制人的行为，激发广大职工搞好安全生产的积极性，提高工业企业抵御工业事故及灾害的能力。

1.2.3　安全工程学的形成和发展

生产建设和各种体力、脑力劳动是人类社会赖以生存和发展的基础，保护人类自身在生产劳动中的安全健康，则是人们最基本的需要之一。安全工程学是具有普遍合理性知识体系的新学科，也是一门蓬勃发展的综合性工程学。

安全工作随着生产劳动的产生而产生，随着科学技术的发展而发展。安全工程学随着社会的发展和科学技术的进步应运而生，并日臻完善。人类在进行生产劳动时，一方面千方百计地向自然界索取物质资料，另一方面又要保护自身的安全健康，并尽力创造一个良好的劳动条件和无污染危害的劳动环境。安全工程学的产生，使人类科学又向高级阶段发展了一步。可以说，安全工程学的形成，是现代科学技术和劳动生产力发展的结果。有些科学工作者将安全工程学的形成和发展划分为以下三个阶段。

1.2.3.1　安全工程学的孕育阶段

早在18世纪后半叶工业革命之前，人们在农业和手工业劳动的实践中就提出了保护自身安全健康的要求，也总结了一些安全防护技术。但是这个时期的安全卫生问题是在生产中附带提出来的，没有形成系统的安全防护技术。

1.2.3.2　安全工程学的萌芽阶段

这个阶段为从瓦特发明实用蒸汽机到20世纪初期。在此期间，家庭作坊发展成工厂，大量机器代替手工作业，劳动者在使用机器的过程中不断发生伤亡事故和有损健康的危害。这些伤害使劳动保护成为非常突出的问题。由于生产的需要，一些工程技术人员和科学家开始把安全卫生技术作为自己的研究课题。到19世纪以后，一些工业发达国家出现了劳动安全卫生科研机构，开始制订各种安全措施方案，设置专业安全人员和安全学会。美国于1913年在纽约成立了全国工业安全协会，很快又把它改名为全国安全协会，扩大了活动范围。在这一阶段，安全工程学开始萌芽。

1.2.3.3　安全工程学的形成和发展阶段

20世纪20~50年代，电力工业、化学工业、石油工业、汽车工业、造船工业、飞机制造业等迅速发展，生产设备走向大型化、高速化。生产中产生的粉尘、有毒物质、机械伤害、火灾、爆炸、噪声、振动、微波、高频辐射等职业危害也日益加剧。工伤事故和职业病大大增加，工人的抗议呼声也日益高涨。一些工程技术人员和聪明的业主，为了生产顺利进行，开始运用当时掌握的科学知识来研究安全卫生方面的问题，逐步把安全工程科学技术从其他各门学科中分离出来，为劳动保护服务。英、美、法、日、荷等工业较发达国家普遍建立了旨在预防伤亡事故和职业病的科研机构。我国从20世纪50年代开始也相继建立了劳动保护、劳动卫生、冶金安全技术、煤矿安全技术等方面的科研院所，开展了安全卫生科学研究，奠定了我国劳动安全卫生工作的基础。这个时期，可以说在工业发达国家已形成安全工程学雏形。

20世纪50年代至今，安全工程学得到迅速发展。它以人机工程学、安全系统工程学、劳动卫生学为基础，综合运用力学、物理、化学、生物学、数学、经济学、心理学、法学以及机械、电子、化工、热工、建筑、冶金等工程技术知识，对人、机和劳动条件及劳动环境进行分析研究，以保障劳动者能安全、健康地工作。尤其是20世纪60年代以后，科学技术、生产技术又有了新的发展，电子计算机、自动控制等新技术虽然能降低人们的劳动强度，但却加重了脑力劳动，加剧了精神负担，眼、耳等局部感觉器官和手、颈、肩、腕、腰等局部活动器官的工作节奏也大大提高，带来了新的职业危害，给安全工程学提出了新的紧迫任务。

1.2.4 安全工程学研究的对象

安全工程学中谈到的安全，主要是指人身安全和设备安全两个含义。消除危害人身安全和健康的一切不良因素，保障人们安全、健康地工作和生活，称为人身安全；消除损坏设备、产品和原材料的一切危险因素，保证生产正常进行，称为设备安全。所以，安全工程学的研究对象是人为灾害和设备自身带来的不安全因素，研究分析不安全因素的内在联系和规律，从而找出预防和防止事故的有效措施。在实际工作中，首先将已发生的各种事故进行分类，从中可发现一些联系和规律。然后分析各种事故发生的原因、过程和危害，在调查研究的基础上制定预防和防止各种事故的原则和措施。随着科学技术的发展和机器设备的不断改进，人与机器的关系越来越复杂，机器要求操作者接受大量的信息后，进行迅速而准确的操纵；操作者要求在设计机器时，应充分考虑人的生理、心理和生物力学特性，保证人能安全、健康、方便地操纵这些机器设备。涉及安全的中心环节是人与机的结合面，这主要由安全工程学去研究。它包括安全技术学、安全教育学、安全管理学、事故预测学、安全系统工程学和人机工程原理等科学。在人和机的关系中，进一步阐明人是劳动的主体，人始终有意识有目的地掌握机器和控制劳动环境，这主要由安全生理学、安全心理学、生物力学、解剖学、卫生学、社会学等科学去研究。

1.2.5 安全工程学的特点和研究方法

1.2.5.1 安全工程学的特点

安全工程学和其他工程学科相比，具有很多不同的特点。一般工程学，如机械工程学、化学工程学、电工学等，都是为了提高生产效率而发展起来的。但是把这些不同的学科应用在生产现场时都存在一个现实问题：生产不一定总是正常的，往往会出现与预期相反的异常状态，即出现意外故障或事故。安全工程学是一门跨学科的综合性新兴工程学，它的宗旨是研究保护人类自身在生产过程中的安全与健康，其特点可以概括为以下几点。

A 安全工程学是具有普遍合理性知识体系的新学科

企业在生产过程中，有时是正常生产，但也有时出现灾害事故，不仅降低生产效率，严重的还会造成重大、恶性伤亡事故。然而，过去的各种工程学专业所进行的研究和教育全部是针对顺利时的生产过程。在一般人看来，似乎事故都是因为疏忽引起的，只要加以注意，安全就有了保障。其实不然，生产中出现的灾害事故，往往是由于设备本身内在的不安全因素造成的。

随着工业生产和科学技术的发展，人们逐渐认识到，工业生产和科学技术在给人类带来经济效益的同时，给人类造成的危害也越来越突出。因此，确立安全工程学已是当务之急。

安全工程学的社会基础是雄厚和坚实的。因为任何生产过程和人类活动都需要以安全作为前提。因而，必须承认"安全"既是具有普遍合理性的知识体系，也是系统化的学科领域，应从根本上建立健全安全工程学，这是一门过去不曾有过的新学科。

B   安全工程学是一门跨学科的综合性工程学

有关安全的问题，涉及的对象范围极为广泛。对迄今已发生的灾害事故进行分析，即可发现，仅依靠现在的各科专业工程学中的一门学科来阐明其原因和制定对策是不够的，如果不运用有关的理工学科知识进行系统、综合的分析研究，就很难找到导致灾害事故发生的真正原因和预防事故的有效措施。

总之，安全工程学是跨门类、跨学科的综合性工程学。除了理工学科以外，安全工程学往往还需要综合人机工程学、劳动卫生学、病理学、毒物学等学科的一些基本知识；还需了解一些经营管理学、法学等社会科学知识。安全工程学虽是工程学的一个门类，但它的研究范围并不狭窄，而是把人类社会的多门学科包括在内的综合性工程学。

C   安全工程学的宗旨是保护人类自身在生产过程中的安全与健康

其他工程学的目的都是为了创造经济效益，而安全工程学的宗旨则主要是保护人类在生产过程中的安全与健康。从这个意义上讲，安全工程学则可看作在工程学中融入了人道主义。

D   安全工程学是科学技术发展的基本命题

安全工程学通过防止灾害事故造成的损失，以保证企业正常生产。也可以说，有了安全工程学这个基础，科学技术才能持续不断地、正常地向前发展。因此，安全工程学是科学技术发展的不可缺少的基本命题。

1.2.5.2   安全工程学的定量研究方法

安全工程学是研究人类在生产和生活中安全问题的科学。安全工程学的定量研究，是运用数学方法和计算技术，研究系统的安全性及其与影响因素之间的关系，从数量上给出系统安全性评价，从而揭示出这种关系的内在规律，为选择最优化的安全措施方案提供依据。

A   定义安全性函数

在系统安全性定量化研究中，首先要定义一些能代表系统安全性的函数。在这方面，概率论与数理统计是很好的工具。系统的安全性是一个随机变量，系统在某一时刻是处于安全状态还是非安全状态，事先并不能确定，但是对系统的安全性进行大量调查研究后可以找出系统安全性的概率分布，从而确定系统在某时刻处于安全状态的概率。安全性函数就是对系统安全性的统计规律的描述。目前可定义或已经使用的安全性函数有：安全度、危险率、重要度、严重度和风险度。这部分的定义及内容在安全工程的相关知识点中会有详尽阐述。

B   建立系统安全性数学模型

对系统的安全性进行定量研究，还必须建立系统安全性数学模型。任何系统既是由子系统（或零部件）组成的，又是另一个更大系统的子系统。研究子系统的安全性对整个系统的安全性存在什么影响，即系统的安全性指标如何由子系统的安全性指标给出；或者在系统的安全性指标确定后，如何设计各子系统的安全性指标等，需要建立系统的安全性数学模型。

C　对系统进行安全性设计

系统安全性的设计，是指在系统的设计制造阶段为保障系统整体安全性进行的一系列设计过程。大致包括确定系统安全性指标、建立安全性数学模型、进行安全度分配（即把系统整体安全度指标分配给各子系统）、设计各子系统的安全性（包括人员子系统）、进行系统安全性预测五方面。当系统的安全性达不到要求，或为达到此要求需付出过高代价时，应对安全性进行重新分类后重复上述五方面设计过程，直至达到既满足系统安全性指标，又经济合理为止。

系统安全性设计是安全工程学定量化的主要内容之一。在系统设计制造阶段就考虑安全，发现系统不安全环节，修改设计，防患于未然，实现本质安全的目的。

D　系统安全性预测

系统安全性预测又称为危险性预测，是指根据过去积累的资料、数据等，在系统的设计阶段或运行阶段对在未来阶段工作的安全性进行定量估计。它应该成为系统设计阶段的一项重要内容，使设计者做到自始至终对系统的安全性心中有数，避免因盲目设计、事后发现安全性不能满足要求而再做修改，甚至酿成事故。

安全性预测的过程，一般首先根据已经得到的安全性函数，确定系统中各子系统安全性指标；然后再由已经建立的系统安全性模型，对整个系统的安全性做出预测，即定量给出系统未来某阶段安全性的数据，并与相应的安全性指标对比，以判断系统未来的安全性能否符合要求。

E　系统安全性评价

系统安全性评价与安全性预测类似，但是着眼点不同。安全性预测是对系统未来的安全状态做出估计，安全性评价则是对系统目前的安全状态做出判断，贯穿于系统的整个使用寿命周期。定量化安全评价的过程，大致是根据系统的安全性模型分析系统各环节的安全性状态，得到系统安全性量值，再与应达到的安全性指标对比，从而对系统目前的安全性做出判断。

F　安全性实验与事故统计

安全性实验与事故统计在安全工程学定量化过程中起着重要作用，是获得实际系统的安全性函数和安全性模型的依据。安全性试验一般包括建立安全性试验理论、设计安全性试验方法和收集整理安全性试验数据三大部分。事故统计要针对各种系统在过去发生的事故进行统计分析，积累有关各系统的安全性函数的资料和数据。

1.3　安全科学

1.3.1　安全科学技术体系

根据安全人体、安全物质、安全社会和安全系统四种安全因素的不同属性和作用机制，对安全进行纵向学科分类，于是它被区分为安全物质类（自然科学性的安全物质因素）、安全社会类（社会科学性的安全因素）、安全人体类（人体科学性的安全心理、安全生理等因素）。同时，安全从工程技术到技术科学，又到基础科学，再到哲学桥梁的理论升华，把各类安全分支学科的理论与工程技术实践紧密地结合起来，以达到对安全的本质及其运动、变化规律的全面系统认识。这种不同理论高度的纵向联系，又被区分为四个横向层次，即为解决安全保障条件和把握人的安全状态，需要发展的工程技术层次，称为安全工程；为获得安全工程技术的理论依据，需要发展的技术科学层次，称为安全工程学；为掌握安全工程学的基础理论，即发现安全的基本规律，需要发展的基础科学层次，称为安全学；为把握安全的本质及其科学思想方法，需要发展的马克思主义哲学层次，称为安全观。

  将这种纵向不同因素的学科分类和横向不同认识高度的理论依据进行全面有机的联系并加以全面展开，便构成一个功能完整的安全科学技术学科体系（见图1.1）。

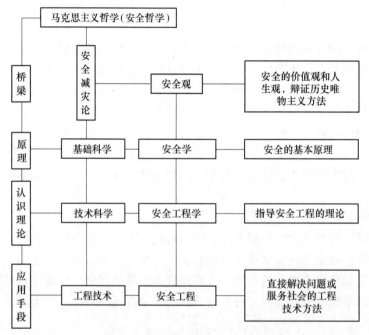

图1.1 安全科学技术体系框图

1.3.2 安全学科分类

  目前，在我国存在3个不同的安全学科分类系统，即教育部的《学位授予和人才培养学科目录》（2011年）、《普通高等学校本科专业目录（2012年）》和科技部的《学科分类与代码》（GB/T 13745—2009）。在不同的分类系统中，安全学科的名称分别是"安全科学与工程"、"安全工程"和"安全科学技术"。

  1.3.2.1 学位授予和人才培养学科目录（2011年）

  从1981年国务院学位委员会拟定《高等学校和科研机构授予博士和硕士学位的学科、专业目录（草案）（征求意见稿）》以来，后经过1983年、1990年、1997年、2011年四次修改、完善，国务院学位委员会第 28 次会议通过了《学位授予和人才培养学科目录（2011 年）》。该目录分为学科门类和一级学科，是国家进行学位授权审核和学科管理、学位授予单位开展学位授予与人才培养工作的基本依据，适用于硕士、博士的学位授予、招生和培养，并适用于学科建设和教育统计分类等工作。

2011 年版《学位授予和人才培养学科目录》把我国所有学科分为 13 个门类，授予 13 种学位，各门类下又设有一级学科，其中工学门类的代码为 08，安全学科单列为一级学科（原仅是矿业工程下的二级学科），称为工学门类下的第 37 个一级学科，名称为安全科学与工程，代码为 0837，见图 1.2。目前安全科学与工程下没有规定二级学科。

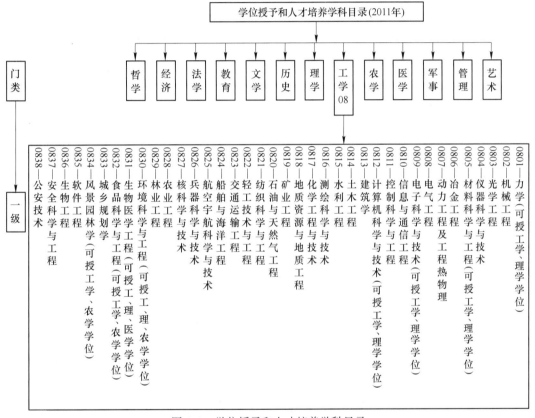

图 1.2　学位授予和人才培养学科目录

1.3.2.2　普通高等学校本科专业目录（2012 年）

根据教育部 2012 年公布的《普通高等学校本科专业目录（2012 年）》，在安全科学与工程类下，只有安全工程一个本科专业（见图 1.3）。

1.3.2.3　《学科分类与代码》（GB/T 13745—2009）

我国科技统计用的学科分类，2009 年 5 月 6 日以国家标准《学科分类与代码》（GB/T 13745—2009）的形式发布，2009 年 11 月正式实施。这个标准是我国目前唯一的一个用于科技统计的学科分类标准。该标准将所有学科分为五大门类，其中设有"工程与技术科学（代码 410~620）"门类。安全学科被列为其下的一级学科，名称为安全科学技术（代码为 620）。安全科学技术由安全科学技术基础、安全社会科学、安全物质学、安全人体学、

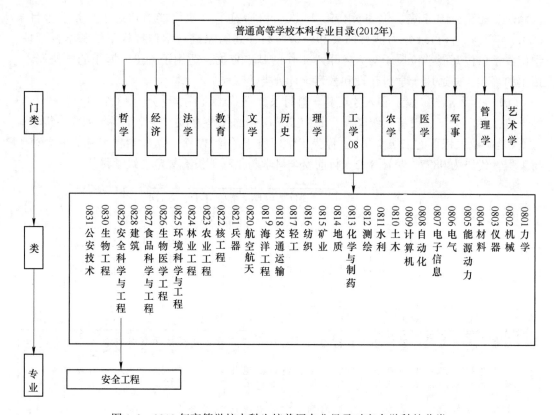

图 1.3　2012 年高等学校本科生培养用专业目录对安全学科的分类

安全系统学、安全工程技术科学、安全卫生工程技术、安全社会工程、部门安全工程学科、公共安全和安全科学技术其他学科等 11 个二级学科组成，二级学科下又设置了 52 个三级实质性学科（见图 1.4）。可以看出，其中的一些二级学科的名称与具体研究内容的表达有些不太明确。

我国科学技术部的这项推荐标准可以适当执行，教育部的学科目录则是必须执行的。

1.4　我国安全工程专业高校分布情况

安全工程（专业代码：082901）是安全科学与工程类专业（专业代码：0829）下属的主要专业。安全科学与工程类专业的内涵可以从"安全科学"和"安全工程"的定义得以体现。"安全科学"是减少或消除危险有害因素对人身安全健康等的危害、设备设施等的破坏、环境社会等的影响而建立起来的知识体系；"安全工程"是在具体某一领域中运用各种技术、工程、管理等保障安全的方法、手段和措施，从而为人们在生产和生活中有效防范和应对安全问题提供直接和间接的保障。至 2017 年，全国开办安全工程专业的高校有 174 所，其中大部分是近十多年刚开办的。安全工程专业近十年的毕业生就业率均居所有理工科专业的前列。开设安全科学与技术一级学科的博士点、硕士点学校分别为 24 所和 57 所高校和研究院所（本表统计时间为 2012 年）。

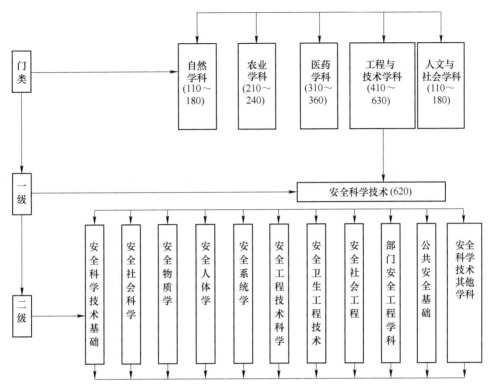

图 1.4 GB/T 1375—2009 对安全学科的分类

其特点是：

（1）目前我国高校有安全一级学科博士和硕士学位授予权，大多数开办安全工程专业的高校为普通院校。

（2）从地区分布来看，较发达的地区开办安全工程专业的高校较多，说明这些地区更需要和更重视安全工程人才的培养。

（3）开办安全工程专业的高校的类型很多，有军工、化工、石油、矿业、土木、交通、能源、环境、经济等，证明安全学科是一个涉及面极广的综合交叉科学。

思 考 题

1-1 人类对安全认识的历史发展有哪几个阶段？

1-2 如何理解安全的基本特征？

1-3 安全工程的研究对象是什么？

1-4 阐述安全工程学的形成和发展。

1-5 安全工程学研究的对象是什么？

1-6 安全工程学的特点有哪些？

1-7 简述安全科学技术体系。

1-8 安全学科如何分类？

安全管理组织体系

1993 年国务院《关于加强安全生产工作的通知》指出：实行"企业负责，行业管理，国家监察，群众监督"的安全生产管理体制，并以此为基础建立建设安全管理的组织机构体系。国务院 2004 年 2 号文件《关于进一步加强安全生产工作的通知》，在原来的基础上提出了加强安全生产监督管理，建立安全生产行政许可制度和企业安全生产风险抵押金制度等；大力推进安全生产监管体制、安全生产法制和执法队伍"三项建设"，建立安全生产长效机制，实行"政府统一领导，部门依法监管，企业全面负责，群众参与监督，全社会广泛支持"的安全生产管理体制。2014 年，新《安全生产法》颁布，通过对实践经验的总结，进一步提出了"经营单位负责、职工参与、政府监督、行业自律、社会监督"的安全生产管理体制。国务院办公厅 2015 年第 22 号文件《关于加强安全生产监管执法的通知》，提出了建立完善安全监管责任机制。依法加快建立生产经营单位负责、职工参与、政府监管、行业自律和社会监督的安全生产工作机制。全面建立"党政同责、一岗双责、齐抓共管"的安全生产责任体系，落实属地监管责任。要创新安全生产监管执法机制，建立完善安全生产诚信约束机制。

我国现在实行"国家监察、行业管理、企业负责、群众和媒体监督、劳动者遵章守纪"的安全管理体制。这五个方面有一个共同目标，就是从不同的角度、不同的层次、不同的方面来推动"安全第一，预防为主，综合治理"方针的贯彻，协调一致搞好安全生产。

2.1 安全管理组织架构概述

2.1.1 国家监察

国家监察是指政府部门的劳动安全监督机构，按照国务院赋予的权利所进行的安全监察活动，其监察具有法律的权威性和特殊的行政法律地位。安全监察是以国家的名义，并以国家的权力对国民经济的各个部门及企业的事故预防工作实施法制性监督，纠正和惩戒违反安全生产法规的行为，保证安全生产方针、政策和法规的贯彻执行。

现在，国家已经制定、发布了一些安全法规，只要遵章守法，安全生产就有基本的保证。然而，这些法规只规定了人们在生产过程中应该怎样做、允许怎样做和禁止怎样做，却没有规定一旦违反了这些法规，造成了损失，将要在法律上承担什么责任和受到什么惩罚，也没有解决怎样做才能使其承担责任和受到惩罚。换句话说，就是只解决了有法可依的问题，而没有解决执法必严和违法必究的问题，不能真正发挥出法的强制作用。

为了解决执法必严和违法必究的问题，就不但要制定、发布一些确定行为规则的实体法，而且还要制定、发布如何执法的程序法，还要指派一个有权威的执法机构依据程序法去实现实体法，才能把实体法潜在的强制力变成现实的强制力，真正体现出法制的权威来。国家制定安全监察法规（程序法），安全监察机构依照法规进行安全监察活动，把法制的威力实际体现出来（实现实体法），实现监督的职能。在监察过程中及时收集、整理各种信息，反馈给各级决策部门，从而实现有效的控制，达到实现安全生产的目的。

2.1.1.1 安全监察的基本职能

安全监察是依据安全监察法规授予的权限，对各个部门和企事业单位贯彻安全生产方针和遵守安全法规的情况进行监督检查；揭露事故预防工作中存在的问题，分析产生的原因，督促、指导这些部门和单位改正违反法规的行为，消除隐患；对违反法规而又拒不改正的实行干预，强制其改正；在处理事故或其他有关安全事项中，对各个有关争议进行仲裁。此外，安全监察在客观上对于调整劳动关系，改善企业管理，提高经济效益，改进生产技术也能起到一定的作用。

监察机关和监察人员在实行安全监察的过程中，通过调查研究、监察活动、统计分析、综合，去伪存真，去粗取精，提出有价值的意见和对策，或者反映给领导机关，供决策参考；或者提供给部门和单位，帮助他们改进工作。

因此，安全监察包括实行监察、反馈信息等两方面的基本职能。这两方面的职能是相互依存、相互促进的。监察职能是强调依法行事，而信息职能则是强调实行的效果，检查、判断既定目标的得失，总结经验教训，及时调整对策，不断把事故预防工作提高到新的高度。

2.1.1.2 安全监察对象及任务

（1）安全监察的对象主要是企事业单位，也包括国家法规中所确定的负有劳动安全职责的有关政府机关、企事业主管部门、行业主管部门等。

（2）安全监察的任务，主要是对上述被监察对象履行劳动安全职责和执行安全法规、政策的情况，依法进行监督检查，及时发现和揭露存在的问题和偏差，纠正和惩戒违章失职行为，以保证国家安全生产方针、政策和法规的贯彻执行，保护职工的安全与健康，促进社会主义建设事业的发展。

2.1.1.3 安全监察机构的职责和权限

（1）对新建、改建、扩建和技术改造工程项目中有关劳动安全卫生内容的设计进行审查和竣工验收。

（2）参加有关劳动安全卫生科研成果、新产品、新技术、新工艺、新材料、新设备的鉴定，对劳动条件、劳动环境进行检测和评价，对企业的安全管理工作进行评价。

（3）监察经济管理、生产管理部门和企事业单位贯彻执行国家安全生产法律、法规的情况。

（4）对特种防护用品、特种设备和危险性较大的机械设备等工业产品进行安全卫生审查、鉴定、检测、认证，监察其按国家法规标准进行生产的情况。

（5）对劳动安全监察人员、有关干部、特种作业人员进行安全技术培训，考核发证。

（6）参加伤亡事故的调查和处理，提出结论性意见。

（7）对违反安全生产法规的生产管理部门，企业要限期整改，逾期不改者，有权予以经济处罚或停工、停产整顿等行政强制和行政处罚。

2.1.1.4　安全监察的主要内容

（1）安全监察的任务，是贯彻党和国家"安全第一，预防为主"的方针，执行国家的法律、法规和有关安全卫生的规范、标准。目前，安全监察对企业的监察，主要包括对新建工程，新制造的设备、产品，在用特种设备、特种危害作业场所及人员的监察等内容。

（2）对新建工程的监察。对新建、改建、扩建和重大技术改造项目的监察，通过"三同时"审查和验收，通过参加可行性研究，审查初步设计和职业病安全防护和参加竣工验收，来保证新建、改建、扩建和技术改造项目中的安全卫生设施与主体工程同时设计审查、同时施工制造、同时验收投产。另外，对一些职业危害严重的行业和工艺，要制定劳动安全卫生设计规定，完善技术标准，逐步实现对实际工作的安全监察。

（3）对新制造设备、产品的监察。作为被监察对象的新制造设备，是指生产厂家制造的可能产生特别危险和危害的生产设备、安全专用仪器仪表、特种防护用品等。对这些产品，通过制定强制性的安全标准，通过建立国家的安全认证制度来把住设计、制造、销售和使用关。

（4）对在用特种设备的监察。对锅炉、压力容器、起重机、冲压机械、厂内机动车辆等对职工和周围设施、人员有重大危险的设备，其安装、使用、维修和改造都要制定专门的安全规程和标准。国家监察部门要有计划地、分门别类地进行建档建卡，分级管理，定期检验或抽查。对合格的发证，不合格的限期改进，到期仍不合格的进行经济处罚或查封。

（5）对有职业危害作用场所的监察。对危险程度很高，尘、毒、噪声危害非常严重的作业场所，依据国家颁布的各种职业危害程度的分级标准，通过定期检测和采用监察手段来进行监督。通过分级和划分治理的重点和期限，通过检查、考评和限期治理、经济处罚、停止生产等强制性措施来完成监察。

（6）对特殊人员的监察。对企业领导和特种作业人员，主要通过建立培训、考核、发证和持证操作的制度，来实现对人的行为的监督。企业领导是企业事故预防工作的决策人，他们的决策对职工的安全与健康起着决定性的作用。通过进行党的安全生产方针、政策等方面的教育，使他们在生产经营决策中，能真正做到"安全第一，预防为主"。对他们进行严格的培训和考核，合格的才能上岗指挥生产，没有通过培训考核的，无权指挥生产。特种作业人员的作业可能危及自身的安全，同时也可能危及他人的安全。他们可能是一些重大事故的直接责任者。增强特种作业人员的安全意识，丰富他们的安全技术知识，使他们能熟练掌握过硬的操作技能，对减少事故是至关重要的。因此，必须把好培训、教育、考核、发证关。

2.1.1.5　安全监察工作程序

安全监察工作程序因被监察对象的不同而异。通常为检查、处理、惩罚。检查是为了了解企业、单位遵守安全法规的情况，发现存在的问题。处理是就检查发现的问题，向企事业单位提出监察意见，令其改正，消除隐患。提出监察意见可以用口头方式，也可以用书面方式。书面方式即下达"安全监察指令书"，企业必须认真按照指令书规定的期限和提出的要求进行整改。企业解决了违章和隐患问题，监察的目的就已经达到；如果企业不执行监察指令，继续违章或不消除隐患，监察部门和人员则可依法惩罚，强制其改正。惩罚的方式一般有 4 种，即经济制裁、查封整顿、提请企业主管部门给当事者以纪律处分、对造成事故且后果严重的，提请司法部门依法起诉。

2.1.2 行业管理

行业归口管理部门与企业主管部门，必须根据"管生产的必须管安全"的原则，在组织管理本行业、本部门经济工作中，加强对所属企业的安全管理。行业安全管理是对行业所属企业贯彻执行国家安全生产方针、政策、法规和标准，进行计划、组织、指挥、协调、宏观控制，以提高整个行业的安全管理和技术装备水平，控制和防止伤亡事故的发生，保障职工安全健康和生产任务顺利完成。其主要职责有 7 个方面：

（1）贯彻执行国家安全生产方针、政策、法规和标准，制定本行业的具体规章制度和安全规范并组织实施。

（2）在新建、改建、扩建工程和技术引进、技术改造中贯彻执行工程与安全卫生设施同时设计、同时施工、同时投产的"三同时"规定，在组织开发新材料、新产品、新技术、新工艺、新设备中，执行有关劳动保护规定。

（3）实行安全目标管理，制定本行业安全生产（包括安全和职业卫生）的长期规划和年度计划，确定方针、目标、具体措施和实施办法，并严格执行。

（4）在重大经济、技术决策中提出有关安全生产的要求和内容，组织和指导企业制订和落实安全措施计划，督促企业改善劳动条件。

（5）参与组织对行业的职工进行安全教育和培训工作。

（6）对行业所属企业安全生产工作进行监督检查，解决存在的问题和隐患，组织或参与伤亡事故的调查处理、评比和考核，表彰先进，总结和交流安全生产经验。

（7）组织行业的安全检查、评比和考核，表彰先进，总结和交流安全生产经验。

2.1.3 企业负责

企业是国民经济的基本单位，是从事生产和经营活动的实体。随着社会主义市场经济的建立，企业运行机制的转变，企业已经成为独立的法人。事故预防工作也像其他工作一样，不能像计划经济时期那样全靠上级的指示和安排，而应该主动承担起事故预防工作的责任。安全生产是企业自身的需要，是参与市场竞争、寻求发展的前提和保证。企业必须提高自己的安全管理水平，做好事故预防工作，才能适应社会主义市场经济的要求。否则，一旦发生重大伤亡事故，不仅给企业造成巨大的经济损失，而且直接威胁企业的生存和发展。

企业的法人代表是企业的安全生产第一责任人，是企业事故预防工作的直接组织者和指挥者，要全面负责企业的事故预防工作。企业领导要牢固树立"安全第一"的观念，提高各级管理人员及全体职工的安全意识，正确处理安全与生产、安全与效益、安全与稳定的关系，把"安全第一，预防为主"的安全生产方针贯彻于一切生产经营活动的全过程。

企业必须遵守国家有关安全生产的法规、制度、规范，依法进行安全管理。企业要建立健全安全组织机构，完善内部激励机制，监督、约束机制，认真建立和执行安全生产责任制等安全生产管理制度。企业要在发展生产的同时，不断改善劳动生产条件，消除、控制传播过程中的各种不安全因素，提高企业抗御事故的能力。

2.1.4　群众监督

群众监督是广大职工通过工会或职工代表大会监督和协助各级领导贯彻落实安全生产方针、政策、法规，做好事故预防工作。

工会作为劳动关系中的一方和工人群众的代表，具有广泛的群众性。工会组织可以在监督企业领导执行安全方针、政策、法规和标准方面，充分行使自己的权力。

工会是群众团体，它的监督属群众监督，并且通常只是通过批评、建议、揭发、控告等手段来实现，而不能采取国家监察的某些形式和方法，特别是不能采取那些以国家强制的形式表达国家命令的手段，因而它通常不具有法律的权威性。

在各级工会组织中，一般都设有劳动保护的工作机构或专（兼）职人员来监督事故预防工作，对企业，特别是对基层班组的事故预防工作起着重要的作用。各级工会组织根据中华全国总工会、国家经委《工业企业班组安全建设意见纲要》开展安全班组建设活动，可以在协助领导加强安全管理工作，保障劳动者的安全与健康方面发挥重要作用。例如，对职工进行遵守安全生产法令、制度和遵守安全操作规程的教育，组织并协助领导开展安全生产的宣传和培训工作，及时总结和交流安全生产先进经验等。

2.1.5　劳动者遵章守纪

按照事故模式理论，人的不安全行为占有十分重要的位置，除了不断地改善生产条件，消除、控制生产过程中的不安全因素外，预防事故的最有效措施是劳动者自觉地遵章守纪。安全管理的一项重要内容，就是教育、约束劳动者遵章守纪。

遵章守纪是遵守安全生产方面的法规、制度、规范、标准和纪律。为了使劳动者能够自觉地遵章守纪，必须加强安全生产思想教育，牢固树立"安全第一"的思想。在安全管理工作中，要采取有效的教育措施，并建立相应的激励机制，激励职工的安全生产积极性和自觉性，变"要我安全"为"我要安全"；要采取强制措施，建立相应的约束机制，规范约束人们的行为。

2.2　我国安全管理政府组织架构

2.2.1　国家安全生产监督管理总局

我国的国家安全生产监督管理总局组织框架如图 2.1 所示。

国家安全生产监督管理总局主要职责包括：

（1）组织起草安全生产综合性法律法规草案，拟定安全生产政策和规划，指导协调全国安全生产工作，分析和预测全国安全生产形势，发布全国安全生产信息，协调解决安全生产中的重大问题。

（2）承担国家安全生产综合监督管理责任，依法行使综合监督管理职权，指导协调、监督检查国务院有关部门和各省、自治区、直辖市人民政府安全生产工作，监督考核并通报安全生产控制指标执行情况，监督事故查处和责任追究落实情况。

（3）承担工矿商贸行业安全生产监督管理责任，按照分级、属地原则，依法监督检查

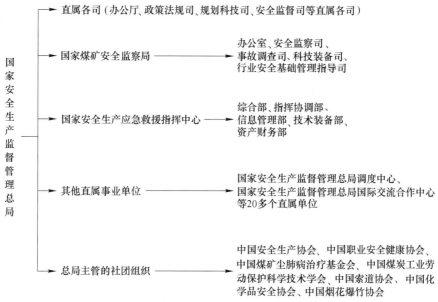

图 2.1　国家安全生产监督管理总局组织框架

工矿商贸生产经营单位贯彻执行安全生产法律法规情况以及安全生产条件和有关设备（特种设备除外）、材料、劳动防护用品的安全生产管理工作，负责监督管理中央管理的工矿商贸企业安全生产工作。

（4）承担中央管理的非煤矿矿山企业和危险化学品、烟花爆竹生产企业、安全生产准入管理责任，依法组织并指导监督实施安全生产准入制度；负责危险化学品安全监督管理综合工作和烟花爆竹安全生产监督管理工作。

（5）承担工矿商贸作业场所（煤矿作业场所除外）职业卫生监督检查责任，负责职业卫生安全许可证的颁发管理工作，组织查处职业危害事故和违法违规行为。

（6）制定和发布工矿商贸行业安全生产规章、标准和规程并组织实施，监督检查重大危险源监控和重大事故隐患排查治理工作，依法查处不具备安全生产条件的工矿商贸生产经营单位。

（7）负责组织国务院安全生产大检查和专项督查，根据国务院授权，依法组织特别重大事故调查处理和办理结案工作，监督事故查处和责任追究落实情况。

（8）负责组织指挥和协调安全生产应急救援工作，综合管理全国生产安全伤亡事故和安全生产行政执法统计分析工作。

（9）负责综合监督管理煤矿安全监察工作，拟定煤炭行业管理中涉及安全生产的重大政策，按规定制定煤炭行业规范和标准，指导煤炭企业安全标准化、相关科技发展和煤矿整顿关闭工作，对重大煤炭建设项目提出意见，会同有关部门审核煤矿安全技术改造和瓦斯综合治理与利用项目。

（10）负责监督检查职责范围内新建、改建、扩建工程项目的安全设施与主体工程同时设计、同时施工、同时投产使用情况。

（11）组织指导并监督特种作业人员（煤矿特种作业人员、特种设备作业人员除外）的考核工作和工矿商贸生产经营单位主要负责人、安全生产管理人员的安全资格（煤矿长安全资格除外）考核工作，监督检查工矿商贸生产经营单位安全生产和职业安全培训工作。

（12）指导协调全国安全生产检测检验工作，监督管理安全生产社会中介机构和安全评价工作，监督和指导注册安全工程师执业资格考试和注册管理工作。

（13）指导协调和监督全国安全生产行政执法工作。

（14）组织拟定安全生产科技规划，指导协调安全生产重大科学技术研究和推广工作。

（15）组织开展安全生产方面的国际交流与合作。

（16）承担国务院安全生产委员会的具体工作。

（17）承办国务院交办的其他事项。

2.2.2　国家煤矿安全监察局

国家煤矿安全监察局设 5 个内设机构（副司局级）：

（1）办公室：拟定机关工作规则和工作制度；承担机关公文管理、政务信息、机要保密工作；协调机关人事、财务、外事等相关工作。

（2）安全监察司：依法监察煤矿企业执行安全生产法律法规情况及安全生产条件、设备设施安全情况；依法查处不具备安全生产条件的煤矿；组织煤矿建设工程安全设施的设计审查和竣工验收；承担煤矿企业安全生产准入管理工作；承担对重大煤炭建设项目的安全核准工作；指导和监督煤矿整顿关闭工作；检查指导地方煤矿安全监督管理工作。

（3）事故调查司：依法组织指导煤矿安全事故和职业危害事故的调查处理；按照职责分工，拟定煤矿作业场所职业卫生执法规章和标准；监督检查煤矿作业场所职业卫生情况；指导协调或参与煤矿事故应急救援工作；监督煤矿安全生产执法行为；承办相关行政复议；指导监督煤矿事故与职业危害统计分析及职业危害申报工作；发布煤矿安全生产信息；承担国家煤矿安全监察专员日常管理工作。

（4）科技装备司：参与起草煤矿安全生产、安全监察有关法律法规草案；拟定煤矿安全生产规划、规章、规程、标准；指导和组织拟定煤炭行业规范和标准；组织煤矿安全生产科研及科技成果推广工作；组织监察煤矿设备、材料、仪器仪表安全；审核国有重点煤矿安全技术改造和瓦斯综合治理与利用项目。

（5）行业安全基础管理指导司：指导和监督煤炭企业安全基础管理、安全标准化工作；指导和监督煤炭企业建立并落实安全隐患排查、报告和治理制度；指导和监督地方煤炭行业管理部门开展煤矿生产能力核定工作；依法监督检查中央管理的煤炭企业和为煤矿服务的（煤矿矿井建设施工、煤炭洗选等）企业的安全生产工作。

国家煤矿安全监察局在全国各省（自治区、直辖市）设立煤矿安监局（分局）子站，如图 2.2 所示。以山东省和山西省煤矿安全监察局为例，均设立了直属机关处室、地市直属监察分局、直属事业单位。

2.2.3　国务院安全生产委员会

国务院安全生产委员会成员单位框架如图 2.3 所示。

国务院安全生产委员会成员单位在安全方面都有各自的安全职责。

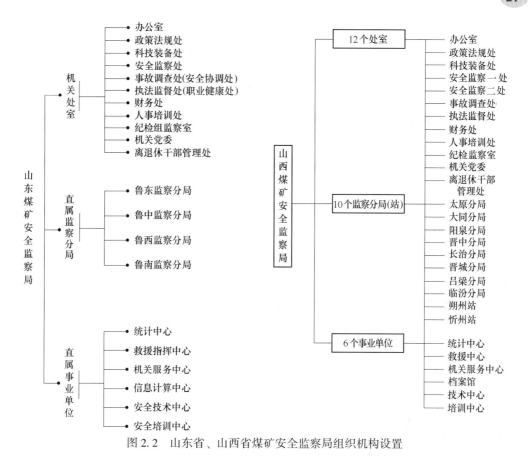

图 2.2 山东省、山西省煤矿安全监察局组织机构设置

图 2.3 国务院安全生产委员会成员单位框架

2.3　安全管理组织协会

2.3.1　中国安全生产协会

中国安全生产协会是面向全国安全生产领域，由各相关企业、事业单位、社会团体、科研机构、大专院校以及专家、学者自愿组成的，并依法经民政部批准登记成立的全国性、非营利性的社会团体法人。

2.3.1.1　组织机构

协会设有综合管理部、资产财务部、宣传教育培训部、组织联络部、标准化办公室、科技发展部、国际合作部等7个部门，设立教育培训、安全评价、班组安全建设、安全文化、信息化、中小学安全教育等6个工作委员会，危险化学品、劳动防护、冶金安全、矿山安全、安全生产检测检验、矿用产品、轨道交通建设安全等7个专业委员会，共13个分支机构，并专门成立了协会专家委员会。

中国安全生产协会理事、常务理事、副会长、会长以及秘书长经全国会员代表大会选举产生。理事会主要由大型国有生产经营单位、知名科研院所、大专院校、相关团体、行业管理组织的会员代表组成。理事会每届任期5年。

中国安全生产协会现有13个分支机构，包括6个工作委员会和7个专业委员会，分别是：教育培训、安全评价、班组安全建设、安全文化、信息化、中小学安全教育工作委员会和危险化学品、劳动防护、冶金安全、矿山安全、安全生产检测检验、矿用产品、轨道交通建设安全专业委员会。

秘书处是中国安全生产协会的常设办事机构，由秘书长主持日常工作，下设综合管理部、资产财务部、宣传教育培训部、组织联络部、标准化办公室、科技发展部、国际合作部等7个业务部门。

2.3.1.2　主要业务范围

（1）组织开展安全生产方面的调查研究，为国家制定安全生产法律法规、方针政策、发展规划和安全生产重大决策提出意见和建议。

（2）参与国家安全生产法律法规、发展规划、标准规范的研究和制定。

（3）收集、分析、交流安全生产信息，编辑、出版会刊，开展安全生产自律活动。

（4）组织安全生产新技术、新产品、新成果的研究、鉴定、评定、展销和推广应用，推动安全生产科技创新，促进安全生产科技进步，为实施"科技兴安"战略服务。

（5）贯彻"安全第一、预防为主、综合治理"的安全生产方针，总结、交流和推广安全生产先进管理经验，组织实施安全生产标准化工作，提高企业安全管理水平；开展安全生产宣传和教育、培训活动，增强全民安全意识，提高安全文化素质。

（6）承担安全评价、安全培训的资质认定、资格认可前期工作。

（7）开展安全生产公益性活动和咨询服务。

（8）开展安全生产国际合作和交流活动。

（9）为会员服务，反映会员的意见和要求，维护安全生产工作者的合法权益。

（10）承办政府部门和有关单位委托的其他事项。

2.3.2 中国职业安全健康协会

中国职业安全健康协会（COSHA）成立于1983年，是在政府主管部门及相关部门的支持下，由全国职业安全健康与安全生产工作者及有关单位自愿结成，并经民政部批准登记成立的全国性、公益性、专业性和非营利性社会组织，是推动和发展我国职业安全健康与安全生产事业，保护劳动者安全健康的重要社会力量，是中国科协的团体会员。其前身是中国劳动保护科学技术学会。协会宗旨：遵守国家宪法、法律和社会道德规范，以"三个代表"重要思想为指导，以人为本，坚持科学发展观，贯彻党和国家安全生产方针政策和法律法规，团结和组织全国职业安全健康与安全生产工作者，坚持实事求是的科学态度和理论联系实际的学风，推动职业安全健康与安全生产科学技术进步，协助政府开展职业安全健康与安全生产工作，为企事业单位服务、为政府决策服务、为发展我国职业安全健康与安全生产事业服务，加强行业自律，维护职业安全健康与安全生产工作者的合法权益，为保护劳动者的安全和健康，构建和谐社会而奋斗。

2.3.2.1 组织机构

协会在业务上接受国家安全生产监督管理总局的领导，其秘书处设在国家安全生产监督管理总局内。协会的主要任务是促进职业安全健康与安全生产事业的发展，在安全工作者、有关企事业单位和政府部门之间起桥梁和纽带作用。

协会理事会设有管理科学等13个专业委员会和地质勘探安全等10个分会；协会常务理事会设有科学技术等3个工作委员会，并在吉林等地设立了6个代表处。

协会制度完善，除章程外协会还制定了分支机构、代表机构管理办法，会员简则及详细的内部管理制度。作为协会的运行中枢，秘书处设有多个业务部门。协会专职工作人员达30余人，是目前我国职业安全健康与安全生产领域实力最强的社团之一。协会还积极创办实体，开展安全评价业务。

2.3.2.2 主要业务范围

（1）为国家职业安全健康与安全生产及科学技术的发展战略、立法和其他重大决策提供咨询和建议。

（2）推广新成果、新技术和新产品，促进安全防护、安全工程及检测技术等相关产业发展。

（3）围绕职业安全健康与安全生产重要问题，开展调查研究，向行业和企业提供职业安全健康与安全生产咨询和建议。

（4）开展职业安全健康与安全生产科学技术交流和国际合作，依照有关规定，编辑、出版和发行职业安全健康与安全生产科技书籍和《中国安全科学学报》等期刊。

（5）推进职业安全健康与安全生产教育培训和科普宣传工作，组织开展对职业安全健康与安全生产工作者的继续教育，提高全民安全文化素质，促进社区安全。

（6）组织开展职业安全健康与安全生产科学技术理论与应用研究，提供职业安全健康与安全生产科技服务，组织从事职业安全健康与安全生产科技咨询、开发活动。

（7）经政府有关部门批准或委托，从事以下活动：

1）组织和从事职业安全健康与安全生产评估和风险评价工作。

2）组织职业安全健康与安全生产科技项目的评鉴工作，开展职业安全健康与安全生产科学技术奖励工作。

　　3）承担职业安全健康与安全生产专业人员资质评鉴的相关工作。

　　4）承担高等学校安全工程学科教学指导委员会秘书处的有关工作。

　　5）组织和参与职业安全健康与安全生产技术标准的起草、论证、审查和宣贯工作。

　　（8）开展职业安全健康与安全生产工作者及有关单位的公共服务、行业自律和职业道德建设工作，维护职业安全健康与安全生产工作者的合法权益，并受委托进行有关技术仲裁工作。

　　（9）承担政府或有关单位委托的其他工作。

2.3.3　中国化学品安全协会

　　中国化学品安全协会（China Chemical Safety Association，CCSA）成立于1993年，前身是中国化工安全卫生技术协会，2005年经中华人民共和国民政部批准更名为中国化学品安全协会，业务主管部门为国家安全生产监督管理总局。

　　2.3.3.1　组织机构

　　中国化学品安全协会是危险化学品安全管理的专业性、行业性、公益性组织，由涉及化工生产的中央企业、地方化工大型骨干企业、化工高等院校、科研院所、安全生产服务咨询等机构组成。为发挥大型石油化工企业在安全生产领域的排头兵作用，根据国家安全生产监督管理总局的建议，协会理事长单位分别由各中央直管大型石油化工企业轮流担任。协会第一届理事会理事长单位是中国石油化工集团公司；第二届理事会理事长单位是中国石油天然气集团公司；现任第三届理事会理事长单位是中国海洋石油总公司。

　　中国化学品安全协会致力于推进石油化工行业和危险化学品领域的安全生产工作，紧密围绕"安全第一、预防为主、综合治理"的工作方针，按照"服务政府、服务行业、服务企业"的服务职能，充分把握"团结、敬业、创新"的核心价值理念，深入探索协会发展建设的新思路。

　　2.3.3.2　主要业务范围

　　服务范围涉及危险化学品安全生产标准化咨询及评审人员考核、化工企业安全生产现状检查诊断、安全生产新技术新方法推广应用、危险化学品法规标准管理及宣贯、行业安全生产信息发布、化工过程、安全国际交流及研讨平台、危险工艺仿真系统开发及应用、安全管理先进技术与方法培训、设备安全完整性等级评估、协会专家库提供技术支撑。

2.3.4　中国安全防范产品行业协会

　　中国安全防范产品行业协会于1992年12月8日在北京成立。协会吸纳在中国境内从事防爆安全检查设备、安全报警器材、社区安全防范系统、车辆防盗防劫联网报警系统、出入口控制系统、视频监控防范系统、防盗锁门柜及防弹运钞车、人体安全防护装备等安全防范产品的研发、经营，或承接安全技术防范系统工程设计施工、报警运营服务以及中介技术服务的从业单位、团体或个人参加。中国安全防范产品行业协会开展调查研究，制定行业发展规划；推进行业标准化工作和安防行业市场建设；推动中国名牌产品战略；培训安防企业和专业技术人员；开展国内外技术、贸易交流合作；加强行业信息化建设，做好行业资讯服务；组织订立行规行约，建立诚信体系，创造公平竞争的良好氛围；承担政府主管部门委托的其他任务。

2.3.4.1 组织机构

组织机构主要有中国安全防范产品行业协会专家委员会、中国安全技术防范认证中心、秘书处、会展部、资质评定管理中心、职业资格培训中心、《中国安防》杂志社等。

中国安全技术防范认证中心，实施社会公共安全产品的认证工作；秘书处，负责协会日常文秘档案管理、行政财务以及会员管理等工作；会展部，负责社会公共安全产品展览、技术交流、行业论坛的组织工作；资质评定管理中心，负责行业内工商企业资质评定管理；职业资格培训中心，负责对行业从业人员开展从业资格培训；《中国安防》杂志社，出版专业安防杂志，免费发送给会员单位和有关部门并销售给广大社会用户，出版《中国安全防范行业年鉴》，为各界人士提供详实的行业信息；内设"中国安防行业网"。

2.3.4.2 主要业务范围

（1）开展调查研究，掌握行业情况，向政府提出行业规划和制定有关经济政策、经济法规的建议。经政府主管部门同意和授权进行行业统计，收集、分析、发布行业信息。

（2）根据政府主管部门的授权，参与质量管理和监督工作。参与制定、修订国家标准和行业标准，并组织贯彻实施。

（3）受政府主管部门委托，组织科技成果鉴定和推广应用。

（4）反映会员意见和要求，协调会员关系，维护会员合法权益。

（5）推行名牌产品战略，指导帮助企业改善经营管理，促进科技进步和全行业的健康发展。

（6）培训专业技术人员，交流生产、科研、经营、管理经验，不断提高本行业职工队伍的素质。

（7）举办展览、展销、讲座、讲学，组织出国考察，开展国际技术交流，推出有竞争力的民族工业产品，逐步打入国际市场。

（8）编辑出版本协会的会刊及快讯。运行行业网站，促进本行业相关宣传媒体的交流与合作，加强本行业信息化建设。

（9）组织订立行规行约，规范行业行为，并监督遵守。协调企业之间的纠纷，创造公平竞争的良好氛围。

（10）组织发展本行业的公益事业，参与安防行业市场建设。

（11）承担政府主管部门委托的其他任务。

思 考 题

2-1 我国现行安全管理体制组织架构包括哪5个方面，简述其基本内容。

2-2 我国安全管理政府组织架构包括哪些部门？

2-3 举例阐述3个我国安全管理组织协会名称及其相应的业务范围。

事故致因理论及事故预防与控制

为了预防事故，必须查明事故发生的原因因素，即事故致因因素有哪些。在此基础上，研究如何通过消除、控制事故致因因素来预防事故发生。

事故致因理论是研究事故发生原因的理论，从而由此查找事故原因，研究预防事故发生的方法和对策。

事故致因理论是一定生产力发展水平的产物。在生产力发展的不同阶段，生产过程中存在的安全问题不同，特别是随着生产形式的变化，人们在生产过程中所处地位以及人们安全观念的变化，使新的事故致因理论相继出现。

在科学技术落后的古代，人们往往把事故的发生看做是人类无法违抗的"天意"或是"命中注定"，而祈求神灵保佑。随着社会的进步，人们在与各种伤害事故的斗争实践中不断积累经验，探索伤亡事故发生及预防规律，相继提出了许多阐明事故为什么发生，事故怎样发生，以及如何预防事故的理论。这些理论称为事故致因理论，或事故发生及预防理论。

自工业革命以来，新技术、新设备、新能源不断出现，推动生产力不断发展，同时也带来了新的危险源和新的事故类型。因此，人们必须采取相应的安全对策，控制新的危险源和防止新类型的事故，于是发展了新的安全技术，建立了新的安全理论，从而推动安全工程向纵深发展。

3.1 事　故

3.1.1 事故的概念

事故的定义是随着人类对事故认识程度逐渐完善的。如事故是发生于预期之外的造成人身伤害或财产或经济损失的事件。事故是发生在人们的生产、生活活动中的意外事件。在事故的种种定义中，伯克霍夫（Berckhoff）的定义较著名。伯克霍夫认为，事故是人（个人或集体）在为实现某种意图而进行的活动过程中，突然发生的、违反人的意志的、迫使活动暂时或永久停止、或迫使之前存续的状态发生暂时或永久性改变的事件。事故的含义包括：

（1）事故是一种发生在人类生产、生活活动中的特殊事件，人类的任何生产、生活活动过程中都可能发生事故。

（2）事故是一种突然发生的、出乎人们意料的意外事件。由于导致事故发生的原因非常复杂，往往包括许多偶然因素，因而事故的发生具有随机性质。在一起事故发生之前，人们无法准确地预测什么时候、什么地方、发生什么样的事故。

（3）事故是一种迫使进行着的生产、生活活动暂时或永久停止的事件。事故中断、终止人们正常活动的进行，必然给人们的生产、生活带来某种形式的影响。因此，事故是一种违背人们意志的事件，是人们不希望发生的事件。

事故这种意外事件除了影响人们的生产、生活活动顺利进行之外，往往还可能造成人员伤害、财物损坏或环境污染等其他形式的严重后果。在这个意义上说，事故是在人们生产、生活活动过程中突然发生的、违反人的意志的、迫使活动暂时或永久停止，可能造成人员伤害、财产损失或环境污染的意外事件。

事故和事故后果互为因果。但是在日常生产、生活中，人们往往把事故和事故后果看作一件事件。之所以产生这种认识，是因为事故的后果，特别是引起严重伤害或损失的事故后果，给人的印象非常深刻，相应地注意了带来某种严重后果的事故；相反地，当事故带来的后果非常轻微，没有引起人们注意的时候，人们也就忽略了事故。

这种事故现象是在人们的行动过程中发生的，如以人为中心来考察事故后果，大致有如下两种情况：伤亡事故；一般事故。

（1）伤亡事故。伤亡事故，简称伤害，是个人或集体在行动过程中接触了与周围条件有关的外来能量，该能量若作用于人体，致使人体生理机能部分或全部丧失。这种事故的后果，严重时会决定一个人一生的命运，所以习惯称为不幸事故。

（2）一般事故。这是指人身没有受到伤害或受伤轻微，停工短暂或与人的生理机能障碍无关的事故。由于传给人体的能量很小，尚不足以构成伤害，习惯上称为微伤；另一种是对人身而言的未遂事故，也称为无伤害事故。

事故发生时，其结果到底是伤亡事故，还是一般事故，这完全是一个受偶然性支配的、只有毫厘之差的问题。两者的分界线是不明显的。把两者分开的可能性，从本质上说是一个偶然性的问题，只能用概率来加以论述。

因此，从事故对人体危害的结果来说，纵然有时是未遂伤亡，但到底会不会遭到伤害，却是一个难以预测的问题。所以，必须将这种无伤害的事故也作为所发生的所有事故的一部分而加以收集、研究，以便掌握事故发生的倾向和概率，并采取相应的措施，这在安全管理上是一个极为重要的观点。

许多学者的统计表明，事故之中无伤害的一般事故占90%以上，比伤亡事故的概率要大十到几十倍。

1966年，伯德（E. Bird）和达复斯（H. E. Duffus）就12535件事故的调查表明，其中无伤害的未遂事故为10000件，微伤为2035件，伤害为500件。

从客观的物质条件为中心来考察事故现象时，其结果大致也有如下两种情况：

（1）物质遭受损失的事故。如由于火灾、爆炸、冒顶、倒塌等所发生的事故。这是因为生产现场的物质条件都是根据不同的目的，并为了实现这一目的而创造的人工环境，有时供给它的动力，由于不符合要求，使能量突然逸散而发生了物质的破坏、倒塌、火灾、爆炸等现象，以致迫使生产过程停顿，并造成财产损失。

（2）物质完全没有受到损失的事故。有些事故虽然物质没受损失，但因人-机系统中，不论人还是机哪一方面停止工作，另一方也得停顿下来。同时，生产现场的机械设备和装置在使用过程中，随时间的推移，有一个可靠性问题，伴随着其可靠性降低，则难以永远保持正常状态，因而就有发生事故的可能性。

总之，无论人员伤害与否还是物质损失与否，都应彻底地从生产领域中排除各种不安全因素和隐患，才能防止事故发生，做到安全生产。

需要收集和研究无伤害、无损失的事故资料，这是因为重大事故的发生大多具有偶然性。出于同样致因的事故，可能发生的概率虽高但不造成伤害或损失。非伤害事故的原因可以作为判断潜在伤害事故致因的根源。研究任何事故的真正重要性，就在于它们能够判断出那些"潜在的"导致伤害的环境；而某一事故是否真正导致伤害是无关重要的。

3.1.2　事故的特征

3.1.2.1　事故的因果性

所谓因果性就是某一现象作为另一现象发生的根据的两种现象之关联性。事故的起因乃是它和其他事物相联系的一种形式。事故是相互联系的诸原因的结果。事故这一现象都和其他现象有着直接的或间接的联系。

在这一关系上看来是"因"的现象，在另一关系上却会以"果"出现，反之亦然。因果关系有继承性，或称非单一性，也就是多层次的，即第一阶段的结果往往是第二阶段的原因。

给人造成直接伤害的原因（或物体）是比较容易掌握的，这是由于它所产生的某种后果显而易见。然而，要寻找出究竟为何种原因又是经过何种过程而造成这样的结果，却非易事。因为随着时间的推移，会有种种因素同时存在，并且它们之间尚有某种相互关系，同时还可能由于某种偶然机会而造成了事故后果。因此，在制定预防措施时，应尽最大努力掌握造成事故的直接和间接的原因，深入剖析其根源，防止同类事故重演。

3.1.2.2　事故的偶然性、必然性和规律性

从本质上讲，伤亡事故属于在一定条件下可能发生，也可能不发生的随机事件。事故的发生包含着所谓偶然因素。事故的偶然性是客观存在的，与人们是否明了现象的原因毫不相干。

事故是由于客观上某种不安全因素的存在，随时间进程产生某些意外情况而显现出的一种现象。因它或多或少地含有偶然的本质，故不易决定它所有的规律；但在一定范畴内，用一定的科学仪器或手段，却可以找出近似的规律，从外部和表面上的联系，找到内部的决定性的主要关系。虽不详尽，却可知其近似规律。如应用偶然性定律，亦即采用概率论的分析方法，收集尽可能多的事例进行统计处理，并应用伯努利大数定律，找出带根本性的问题。

这就是从偶然性中找出必然性，认识事故发生的规律性，把事故消灭在萌芽状态之中，变不安全条件为安全条件，化险为夷。这也就是防患于未然、预防为主的科学意义。

科学的安全管理就是从事故的合乎规律的发展中去认识它，改造它，达到安全生产的目的。

3.1.2.3　事故的潜在性、再现性、预测性和复杂性

事故往往是突然发生的。然而导致事故发生的因素，即"隐患或潜在危险"早就存在，只是未被发现或未受到重视而已。随着时间的推移，一旦条件成熟就会显现而酿成事故，这就是事故的潜在性。

事故一旦发生，就成为过去。时间一去不复返，完全相同的事故不会再次显现。然而没有真正地了解事故发生的原因，并采取有效措施消除这些原因，就会再次出现类似的事

故。应当致力于消除这种事故的再现性，这是能够做到的。

人们根据对过去事故所积累的经验和知识，以及对事故规律的认识，并使用科学的方法和手段，可以对未来可能发生的事故进行预测。事故预测就是在认识事故发生规律的基础上，充分了解、掌握各种可能导致事故发生的危险因素以及它们的因果关系，推断它们发展演变的状况和可能产生的后果。事故预测的目的在于识别和控制危险，预先采取对策，最大限度地减少事故发生的可能性。

事故的发生取决于人、物和环境的关系，具有极大的复杂性。

3.1.3 事故的发展阶段

如同一切事物一样，事故也有其产生、发展以至消除的过程。事故的发展一般可归纳为三个阶段，即孕育阶段、生长阶段和损失阶段。各阶段具有自己的特点。

3.1.3.1 孕育阶段

事故的发生有其基础原因，即社会因素和上层建筑方面的原因，如地方保护主义，各种设备在设计和制造过程中潜伏着危险，隐伏着事故发生的"肥沃土壤"。这就是事故发生的最初阶段。此时，事故处于无形阶段，人们可以感觉到它的存在，估计到它必然会出现，而不能指出它的具体形式。

3.1.3.2 生长阶段

由于基础原因，即社会原因和上层建筑原因的存在，出现企业管理缺陷，不安全状态和不安全行为得以发生，构成了生产中的事故隐患，即危险因素。在这一阶段，事故处于萌芽状态，人们可以具体指出它的存在。此时有经验的安全工作者已经可以预测事故的发生。

3.1.3.3 损失阶段

当生产中的危险因素被某些偶然事件触发时，就会发生事故，包括肇事人的肇事，起因物的加害和环境的影响，使事故发生并扩大，造成人员伤亡和经济损失。

研究事故的发展阶段，是为了识别和控制事故。

3.1.4 事故法则

3.1.4.1 海因里希法则

海因里希法则是 1941 年美国的海因里希从统计许多灾害中得出的。当时，海因里希统计了 55 万件机械事故，其中死亡、重伤事故 1666 件，轻伤 48334 件，其余则为无伤害事故。从而得出一个重要结论，即在机械事故中，死亡、重伤、轻伤和无伤害事故的比例为 1：29：300，国际上把这一法则称为事故法则。这个法则说明，在机械生产过程中，每发生 330 起意外事件，有 300 件未产生人员伤害，29 件造成人员轻伤，1 件导致重伤或死亡。

对于不同的生产过程，不同类型的事故，上述比例关系不一定完全相同，但这个统计规律说明了在进行同一项活动中，无数次意外事件，必然导致重大伤亡事故的发生。而要防止重大事故的发生，必须减少和消除无伤害事故，要重视事故的苗头和未遂事故。

3.1.4.2 博德法则

1969 年，博德调查了北美部分公司所承保的 21 个行业，有近 300 名公司职工对

1753498 件事故调查和统计发现，他给出了严重伤害：轻微伤害：财产损失：无伤害无财产损失的事故结果统计数为 1：10：30：600。

博得的大量统计结果提醒人们，不要忽视由于事故造成的财产损失。

3.1.4.3　日本学者青岛贤司的调查

伤亡与无伤亡的比例：重型机械和材料工业为 1：8；轻工业为 1：32。

3.1.4.4　中国矿业大学何学秋教授的研究结果

（1）对于全部煤矿事故，其法则为：死亡：重伤：轻伤＝1：10：300。

（2）对于采煤工作面顶板事故，其法则为：死亡：重伤：轻伤：无伤＝1：12：200：400。

3.1.4.5　美国按事故类型分类进行的统计

在同一企业中不同的生产作业，这个比例也会有所差异（见表 3.1）。

表 3.1　美国某企业事故类型及伤害严重度

事故类型	暂时丧失劳动能力的比例/%	部分丧失劳动能力的比例/%	完全丧失劳动能力的比例/%
运输	24.3	20.9	5.6
坠落	18.1	16.2	15.9
物体打击	10.4	8.4	18.1
机械	11.9	25.0	9.1
车辆	8.5	8.4	23.0
手工工具	8.1	7.8	1.1
电气	3.5	2.5	13.4
其他	15.2	10.8	13.8

3.2　事故原因及分类

3.2.1　事故的原因分析

对一起事故的原因分析，通常有两个层次，即直接原因和间接原因。直接原因通常是一种或多种不安全行为、不安全状态或两者共同作用的结果。间接原因可追踪于管理措施及决策的缺陷，或者环境的因素。分析事故时，应从直接原因入手，逐步深入到间接原因，从而掌握事故的全部原因。在事故原因分析时通常要明确以下内容：

（1）在事故发生之前存在什么样的征兆。

（2）不正常的状态是在哪里发生的。

（3）在什么时候首先注意到不正常的状态。

（4）不正常状态是如何发生的。

（5）事故为什么会发生。

（6）事件发生的可能顺序以及可能的原因（直接原因、间接原因）。

（7）分析可选择的事件发生顺序。

3.2.1.1　事故原因分析的基本步骤

《企业职工伤亡事故调查分析规则》中，给出了分析事故原因的步骤：

（1）整理和阅读调查材料。

（2）按以下7项内容进行分析：

1）受伤部位。

2）受伤性质。

3）起因物。

4）致害物。

5）伤害方式。

6）不安全状态。

7）不安全行为。

（3）确定事故的直接原因。

（4）确定事故的间接原因。

（5）确定事故的责任者。

3.2.1.2　直接原因分析

在《企业职工伤亡事故分类》中规定，属于下列情况者为直接原因：

（1）机械、物质或环境的不安全状态。见《企业职工伤亡事故分类》附录A中A.6不安全状态。

（2）人的不安全行为。见《企业职工伤亡事故分类》附录中A中A.7不安全行为。

3.2.1.3　间接原因分析

在《企业职工伤亡事故分类》中规定，属下列情况者为间接原因：

（1）技术和设计上有缺陷——工业构件、建筑物、机械设备、仪器仪表、工艺过程、操作方法、维修检验等的设计、施工和材料使用存在问题。

（2）教育培训不够、未经培训、缺乏或不懂安全操作技术知识。

（3）劳动组织不合理。

（4）对现场工作缺乏检查或指导有误。

（5）没有安全操作规程或规程不健全。

（6）没有采取或不认真实施事故防范措施，对事故隐患整改不力。

（7）其他。

3.2.2　事故的分类

3.2.2.1　按事故形成的因素分类

A　责任事故

责任事故是指人们在生产、建设工作中不执行有关安全法规，违反规章制度（包括领导人员违章指挥和职工违章作业）而发生的事故。

B　非责任事故

非责任事故又分为以下两种：

（1）自然事故（也称自然灾害、天灾）。在目前的科技条件下，地震、海啸、暴风、洪水等都是不可防止发生的天灾。但要尽可能地早期预测预报，把灾害限制在最低限度内（自然事故与人为事故之分）。

（2）技术事故。因受当时科学技术水平的限制，人们认识不足，技术条件尚不能达到而造成的事故。

据统计，绝大部分事故属于责任事故，非责任事故只占很少一部分。

3.2.2.2　按事故伤害的对象分类

事故可分为伤亡事故和非伤亡事故。

A　伤亡事故

伤亡事故是指企业职工在生产劳动过程中，发生人身伤害、急性中毒等突然使人体组织受到损伤或某些器官失去正常机能，致使负伤机体立即中断工作，甚至终止生命的事故。

B　非伤亡事故

非伤亡事故是指企业在生产活动中，由于生产技术管理不善、个别职工违章、设备缺陷及自然因素等原因，造成的生产中断、设备损坏等，但是无人员伤亡的事故。

3.2.2.3　按安全事故类别分类

A　按照《企业职工伤亡事故分类标准》（GB 6441—1986）分类

将企业工伤事故分为20类，分别为物体打击、车辆伤害、机械伤害、起重伤害、触电、淹溺、灼烫、火灾、高处坠落、坍塌、冒顶片帮、漏水、放炮、瓦斯爆炸、火药爆炸、锅炉爆炸、容器爆炸、其他爆炸、中毒和窒息以及其他伤害等。

B　按安全事故的伤害程度分类

根据《企业职工伤亡事故分类标准》（GB 6461—1986）规定，按伤害程度分为：

（1）轻伤，指损失1个工作日至105个工作日以下的失能伤害。

（2）重伤，指损失工作日等于和超过105个工作日的失能伤害，重伤损失工作日最多不超过6000个工作日。

（3）死亡，指损失工作日超过6000个工作日，这是根据中国职工的平均退休年龄和平均寿命计算出来的。

3.2.2.4　根据《生产安全事故报告和调查处理条例》造成的人员伤亡或者直接经济损失分类

事故一般分为以下4个等级：

（1）特别重大事故，是指造成30人以上死亡，或者100人以上重伤（包括急性工业中毒，下同），或者1亿元以上直接经济损失的事故。

（2）重大事故，是指造成10人以上30人以下死亡，或者50人以上100人以下重伤，或者5000万元以上1亿元以下直接经济损失的事故。

（3）较大事故，是指造成3人以上10人以下死亡，或者10人以上50人以下重伤，或者1000万元以上5000万元以下直接经济损失的事故。

（4）一般事故，是指造成3人以下死亡，或者10人以下重伤，或者1000万元以下直接经济损失的事故。

3.2.2.5　按事故发生的行业分类

根据《生产安全事故统计报表制度》，将事故分为9类：工矿商贸（煤矿、金属与非金属矿、建筑施工、烟花爆竹、工商贸其他）、火灾、道路交通、水上交通、铁路运输、民航飞行、农业机械、渔业船舶、其他事故。

3.2.2.6 按特殊行业或者领域的事故等级分类

公安、交通、民航等有关部门都制定有火灾事故、道路交通事故、水上交通事故、民航飞行事故分级标准，如《铁路交通事故应急救援和调查处理条例》中对铁路交通事故的分级作出了规定。这些分级标准有的与《生产安全事故报告和调查处理条例》的规定不一致，应进行调整修订。但事实上，这些分级标准仍在行业或领域内使用。现将这些分级标准介绍如下。

A 道路交通事故

1991 年 12 月 2 日，公安部《关于修订道路交通事故等级划分标准的通知》（公通字 [1991] 113 号）将道路交通事故分为 4 类：

（1）轻微事故，是指一次造成轻伤 1~2 人，或者财产损失不足 1000 元的机动车事故，不足 200 元的非机动车事故。

（2）一般事故，是指一次造成重伤 1~2 人，或者轻伤 3 人以上，或者财产损失不足 3 万元的事故。

（3）重大事故，是指一次造成死亡 1~2 人，或者重伤 3 人以上 10 人以下，或者财产损失 3 万元以上不足 6 万元的事故。

（4）特大事故，是指一次造成死亡 3 人以上，或者重伤 11 人以上，或者死亡 1 人，同时重伤 8 人以上，或者死亡 2 人，同时重伤 5 人以上，或者财产损失 6 万元以上的事故。

B 火灾事故

1996 年 12 月 3 日，公安部、劳动部、国家统计局联合颁布的关于重新印发《火灾统计管理规定》的通知（公通字 [1996] 82 号），将火灾事故分为特大火灾、重大火灾和一般火灾 3 类：

（1）特大火灾事故，是指死亡 10 人以上（含 10 人，下同）事故；重伤 20 人以上事故；死亡、重伤 20 人以上事故；受灾 50 户以上事故；直接财产损失 100 万元以上事故。

（2）重大火灾事故，是指死亡 3 人以上事故；重伤 10 人以上事故；死亡、重伤 10 人以上事故；受灾 30 户以上事故；直接财产损失 30 万元以上事故。

（3）一般火灾，是指不具有前列两项情形的燃烧事故。

C 水上交通事故

2002 年 8 月 26 日，交通部发布的第 5 号令《水上交通事故统计办法》，将水上交通事故按照人员伤亡和直接经济损失情况分为小事故、一般事故、大事故、重大事故和特大事故。特大水上交通事故，按照国务院有关规定执行。

3.3 事故致因理论

3.3.1 事故致因理论的由来与发展

事故致因理论从产生到发展与人类对安全的需求的历史并不同步，人类对安全的需求是从最低层次到最高层次的发展顺序，产生于人类的诞生，随着人类社会的发展而发展；而事故致因理论却是随着工业发展，人类对安全规律的认识而产生到发展所经历的时间远滞后于安全的需求。其过程见图 3.1。

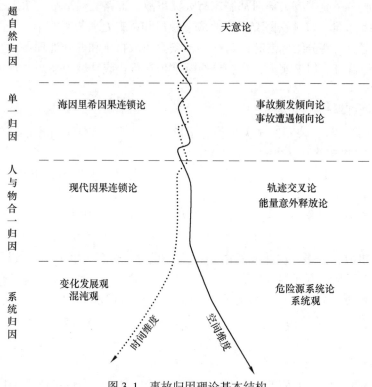

图 3.1　事故归因理论基本结构

3.3.1.1　早期安全理论

20 世纪初，资本主义国家企业生产已经初具规模，蒸汽动力、电力驱动的机械显示出了无比巨大的威力，它们坚固、持久，成为企业的中心。相比之下，工人是机械的附属品和奴隶。

1919 年英国的格林伍德和伍兹，对许多伤亡事故数据中的事故发生次数按不同的分布进行了统计检验。结果发现，职员中的某些人比其他人更容易发生事故。从这种现象出发，1939 年法默等提出了事故频发倾向的概念。该观点的核心是少数人具有事故频发倾向，是事故频发倾向者，他们的存在是企业事故发生的原因。如果企业中减少了事故频发倾向者，就可以减少事故。因此，人员选择就成了预防事故的重要措施。通过严格的生理、心理检验，从众多的求职人员中选择身体、智力、性格特征及动作特征等方面优秀的人才就业，而把企业中的所谓事故频发倾向者解雇。

几乎同一时期，1931 年美国的海因里希在《企业事故预防》一书中，阐述了根据当时的安全实践总结出来的安全理论。该理论包括的主要内容有：

（1）生产过程中人员伤亡的发生，往往是处于一系列因果连锁之末端的事故的结果；而事故常常起因于人的不安全行为或（和）机械、物质（统称物）的不安全状态。

（2）人的不安全行为是大多数事故的原因。

（3）由于不安全行为而受到伤害的人，几乎重复了 300 次以上没有造成伤害的同样事故。换言之，人员在受到伤害之前，已经数百次面临来自物的方面的危险。

（4）在事故中，人员受到伤害的严重程度具有随机性质。大多数情况下，人员在事故发生时可以免遭伤害。

（5）人员产生不安全行为的主要原因有：

1）不正确的态度。

2）缺乏知识或操作不熟练。

3）身体状况不佳。

4）物的不安全状态及物理的不良环境。

这些原因因素是采取预防不安全行为产生措施的依据。

（6）防止事故的 4 种有效的方法：

1）工程技术方面的改进。

2）对人员进行说服教育。

3）人员调整。

4）惩戒。

（7）防止事故的方法与企业生产管理、成本管理及质量管理的方法类似。

（8）企业领导者有进行安全工作的能力，并且能把握进行安全工作的时机，因而应该承担预防事故工作的责任。

（9）专业安全人员及车间干部、班组长是预防事故的关键，他们工作的好坏对能否做好预防事故工作有重要影响。

（10）除了人道主义动机之外，下面两种强有力的经济因素也是促进企业安全工作的动力：

1）安全的企业生产效率高，不安全的企业生产效率低。

2）事故后用于赔偿及医疗费用的直接经济损失，只不过占事故总经济损失的 1/5。

海因里希致因理论阐述了事故发生的因果连锁论，人与物的关系问题，事故发生频率与伤害严重度之间的关系，不安全行为的原因，安全工作与企业其他管理机能之间的关系，进行安全工作的基本责任，以及安全与生产之间关系等安全中最重要、最基本的问题。该理论曾被称为"安全公理"，得到世界上许多国家的广泛认同，将其作为从事安全工作的理论基础。但是，海因里希理论也和事故频发倾向理论一样，把大多数事故的责任都归因于人的不注意等，表现出时代的局限性，因而是片面的。

3.3.1.2　第二次世界大战后的安全理论

第二次世界大战期间，已经出现了高速飞机、雷达及各种自动机械等。为防止和减少战斗机飞行事故而兴起的人机工程研究及事故判定技术等，对战后安全理论的发展产生了深刻的影响。人机工程学的兴起标志着生产中人与机械关系的重大变化。以前是按机械的特性来训练人，让人满足机械的要求；现在是根据人的特性设计机械，使机械适合人的操作。

第二次世界大战后，科学技术有了飞跃的进步。新技术、新工艺、新能源、新材料及新产品不断出现，与日俱增。这些新技术、新工艺、新能源、新材料及新产品给生产及人们的生活面貌带来巨大变化的同时，也给人类带来了更多的危险。随着工业迅速发展而来的广泛就业，使得企业不能像"二战"前那样进行"拔尖"的人员选择。除了极少数身心健康有问题的人之外，大多数人都有机会进入企业部门。这就使职工队伍素质发生了重大变化。科技的发展也把作为现代物质文明的各种产品送到人们面前。企业部门要保证消费者利用其产品时的安全。所有这些都给安全提出了新的课题，也促进了人们安全观念的变化。

"二战"后，人们对所谓的事故频发倾向的概念提出了新的见解。一些研究表明，认为大多数事故是由事故频发倾向者引起的观念是错误的，有些人比另一些人容易发生事故，是与他们从事的作业有较高的危险性有关。越来越多的人认为，不能把事故的责任简单地说成是人的不注意，应该注重机械的、物质的危险性质在事故致因中的重要地位。于是，在安全工作中比较强调实现生产条件、机械设备的安全。先进的科学技术和经济条件为此提供了物质基础和技术手段。

能量意外释放的出现是人们对伤亡事故发生的物理实质认识方面的一大飞跃。1961 年和 1966 年，吉布森和哈登提出：事故是一种不正常的或不希望的能量释放，各种形式的能量构成伤害的直接原因。于是，应该通过控制能量，或控制作为能量触及人体媒介的能量载体来预防伤害事故。根据能量意外释放论，可以利用各种屏蔽来防止意外的能量转移。

与早期的事故频发倾向理论、海因里希因果连锁理论等强调人的性格特征、遗传特征等不同，"二战"后人们逐渐地认识了管理因素作为背后原因在事故致因中的重要作用。人的不安全行为或物的不安全状态是事故的直接原因，必须加以追究。但是，它们只不过是其背后的深层原因的征兆、管理上缺陷的反映，只有找出深层的、背后的原因，改进企业管理，才能有效地防止事故。

3.3.1.3　系统安全理论

20 世纪 50 年代以后，科学技术进步的一个显著特征是设备、工艺及产品越来越复杂。战略武器研制、宇宙开发、核电站建设等使得作为现代科学技术标志的大规模复杂系统相继问世。这些复杂的系统往往由数以千、万计的元素组成，元素之间以非常复杂的关系相连接，在研究制造或使用过程中往往涉及到高能量，系统中微小差错就会导致灾难性的事故。大规模复杂系统安全性问题受到了人们的关注，于是出现了系统安全理论和方法。

按照系统安全的观点，世界上不存在绝对安全的事物，任何人类活动中都潜伏着危险因素。能够造成事故潜在的危险因素称为危险源，它们是一些物的故障、人失误、不良的环境因素等。某种危险源造成人们伤害或物质损失的可能性称为危险性，其用危险度来度量。

在事故致因理论方面，系统安全强调通过改善物（硬件）系统的可靠性来提高系统的安全性，从而改变以往人们只注重操作人员的不安全行为而忽略硬件故障在事故致因中作用的传统观念。作为系统元素的人在发挥其功能时会发生失误，人失误不仅包括了工人的不安全行为，而且涉及设计人员、管理人员等各类人员的行为失误，因而对人的因素的研究也较以前更深入了。

根据系统安全的原则，早在一个新系统的规划、设计阶段，就要开始安全工作，并且要一直贯穿于制造、安装、投产，直到报废为止的整个系统使用寿命周期。系统安全工作包括危险源识别、系统安全分析、危险性评价及危险源控制等一系列内容。

对于已经建成并正在运行的系统，管理方面的疏忽和失误是导致事故的主要原因。

约翰逊等创立了系统安全管理的理论和方法体系，包括了安全中许多行之有效的管理方法，如事故判定技术、标准化作业、职业安全分析等，同时又把能量意外释放论、变化的观点引入安全管理中。它的基本思想和方法对现代安全管理产生了深刻的影响。

20 世纪 60 年代以后，科学技术迅猛发展，技术系统、生产设备、产品工艺越来越复杂，以往的理论很难再解释复杂系统的事故原因。于是研究人员结合信息论、系统论、控制论，提出了许多新的事故致因理论和模型。

A　系统理论

瑟利模型、Hale 模型、WiggleSworth 的"人失误一般模型"、Lawrence 的"金矿山人失误模型"以及 Anderson 等人对瑟利模型的修正等，这些理论把人、机、环境作为一个整体或系统看待，研究人、机、环境之间的相互作用并从中发现事故原因，揭示出事故预防的途径，故统称为系统理论。

B　管理失误理论

博德事故因果连锁理论、亚当斯事故因果连锁理论、北川彻三事故因果连锁理论以及约翰逊提出的管理失误和危险树，把事故致因重点放在管理缺陷上，认为造成伤亡事故的本质原因是管理失误。

C　起源致因理论

Benner 的扰动起源论（又称 P 理论），Johnson 的"变化-失误"模型，W. E. Talanch 的"变化论"模型以及佐藤音信提出的"作用-变化与作用连锁"模型等，认为事故的发生不仅与行为者有关，还与可能导致行为者失误的影响事件，即起源事件有关。

D　轨迹交叉论

R. Skiba 认为通过消除人的不安全行为或物的不安全状态或避免二者运动轨迹交叉均可避免事故的发生，为事故预防指明了方向，对于事故发生原因的调查是一种很好的工具。

E　复杂系统事故因果模型

由英国曼彻斯特大学心理学家 Reason 于 1990 年提出，通过模型模拟，进一步发展了事故致因理论。

进入 21 世纪，有学者提出了事故致因的综合原因理论。该理论认为：事故是社会因素、管理因素和生产中的危险因素被偶然事件触发造成的结果。偶然事件之所以触发，是由于事故直接原因的存在，直接原因又是由于管理责任等间接原因所导致，而形成间接原因的因素包括社会的经济、文化、教育、历史、法律等基础原因，统称为社会因素。此理论为全面辨识各类危险源、通过多种手段和途径控制事故提供了思路，实用性强，受到了相关研究者的关注并得到完善。

事实表明，事故既是偶然现象，也有必然的规律性。运用事故致因理论可以揭示导致生产事故发生的多种因素及相互间的联系和影响，透过现象看本质，从表面原因可以追踪到深层次的原因，直至本质原因。

3.3.1.4　事故致因理论研究在国内的拓展

事故致因理论的发展说明其产生于特定的社会背景，并依据现实的需要不断完善。借鉴国外企业生产事故致因理论的成果，国内研究人员对事故致因理论进行了广泛的拓展研究。如提出了综合论事故模型，将事故的发生归因于各因素的综合作用；1995 年钱新明、陈宝智教授分别提出了事故致因的突变模型和两类危险源理论；2000 年何学秋教授提出安全流变与突变理论，用以解释系统连续变化过程中系统状态出现的突然变化；2006 年，田水承教授提出了三类危险源理论。这些研究成果虽然还有许多不完善的地方，但比国外事故致因理论水平已经有了很大提高。

3.3.2 事故倾向论

事故频发倾向是指个别人容易发生事故的、稳定的、个人的内在倾向。事故倾向论分为事故频发倾向和事故遭遇倾向。

3.3.2.1 事故频发倾向

1919 年，格林伍德和伍慈对许多工厂里伤害事故发生次数资料进行统计检验。

1926 年纽鲍尔德（E. M. Newbold）研究大量工厂中事故发生次数分布，证明事故发生次数服从发生概率极小，且每个人发生事故概率不等的统计分布。

1939 年，法默和查姆勃明确提出了事故频发倾向的概念，认为事故频发倾向者的存在是工业事故发生的主要原因。

据文献介绍，事故频发倾向者往往有如下的性格特征：

（1）情绪冲动，容易兴奋。

（2）脾气暴躁。

（3）厌倦工作，没有耐心。

（4）慌慌张张，不沉着冷静。

（5）动作生硬而工作效率低。

（6）喜怒无常，感情多变。

（7）理解能力低，判断和思考能力差。

（8）极度喜悦和悲伤。

（9）缺乏自制力。

（10）处理问题轻率、冒失。

（11）运动神经迟钝，动作不灵活。

日本的丰原恒男发现容易冲动的人、不协调的人、不守规矩的人、缺乏同情心的人和心理不平衡的人发生事故次数较多（见表 3.2）。

表 3.2　事故频发者的特征

性格特征	容易冲动	不协调	不守规矩	缺乏同情心	心理不平衡
事故频发者占比/%	38.9	42.0	34.6	30.7	52.5
其他人占比/%	21.9	26.0	26.8	0	25.7

3.3.2.2 事故遭遇倾向

事故遭遇倾向是指某些人在某些生产作业条件下存在着容易发生事故的倾向。

许多研究结果表明，前后不同时期里事故发生次数的相关系数与作业条件有关。罗奇

（Roche）曾调查发现，工厂规模不同，生产作业条件也不同。高勃（P. W. Gobb）研究认为当从事规则的、重复性作业时，事故频发倾向较为明显。

事故遭遇倾向论是阐述企业某些人在某些生产作业条件下存在着容易发生事故的倾向的一种理论。明兹和布卢姆建议用事故遭遇倾向理论取代事故频发倾向理论的概念。认为事故的发生不仅与个人因素有关，而且与生产条件有关，根据这一见解，克尔调查了 53 个电子工厂中 40 项个人因素及生产作业条件因素与事故发生频度和伤害严重度之间的关系，发现影响事故发生频度的主要因素有搬运距离短、噪声严重、临时工多、工人自觉性差等；与事故后果严重度有关的主要因素是工人的"男子汉"作风，其次是缺乏自觉性、缺乏指导、老年职工多、不连续出勤等，证明事故发生情况与生产作业条件有着密切关系。

一些研究表明，事故的发生与工人的年龄有关。青年人和老年人容易发生事故。此外，与工人的工作经验、熟练程度有关。米勒等人的研究表明，对于一些危险性高的职业，工人要有一个适应期，在此期间新工人容易发生事故。内田和大内田对东京都出租汽车司机的年平均事故件数进行了统计，发现平均事故数与参加工作后的一年内的事故数无关，而与进入公司后工作时间长短有关。司机在刚参加工作的头 3 个月里事故数相当于每年 5 次，之后的 3 年里事故数急剧减少，在第 5 年里则稳定在每年 1 次左右，这符合经过训练而减少失误的心理学规律，表明熟练可以大大减少事故。

3.3.2.3 关于事故倾向理论

自格林伍德的研究起，迄今有无数的研究者对事故频发倾向理论的科学性问题进行了专门的研究探讨，关于事故频发倾向者存在与否的问题一直有争议。实际上，事故遭遇倾向就是事故频发倾向理论的修正。

对于我国的广大安全专业人员来说，事故频发倾向的概念可能十分陌生。然而，企业职工队伍中存在少数容易发生事故的人这一现象并不罕见。例如，某钢铁公司把容易出事故的人称为"危险人物"，把这些"危险人物"调离原工作岗位后，企业的伤亡事故明显减少；某运输公司把出事故多的司机定为"危险人物"，规定这些司机不能承担长途运输任务，也取得了较好的预防事故效果。

其实，工业生产中的许多操作对操作者的素质都有一定的要求，或者说，人员有一定的职业适合性。当人员的素质不符合生产操作要求时，人在生产操作中就会发生失误或不安全行为，从而导致事故发生。危险性较高的、重要的操作，要求人的素质要高。例如，特种作业的场合，操作者要经过专门的培训、严格的考核，获得特种作业资格后才能从事岗位工作。因此，尽管事故频发倾向论把工业事故的原因归因于少数事故频发倾向者的观点是错误的，然而从职业适合性的角度来看，关于事故频发倾向的认识也有一定可取之处。

3.3.3 事故因果连锁论

3.3.3.1 因果继承原则

事故的发生与其原因存在着必然的因果关系。"因"与"果"有继承性，前段的结果往往是下一段的原因。事故现象是"后果"，与其"前因"有必然的关系。因果是多层次相继发生的，一次原因是二次原因的结果，二次原因又是三次原因的结果，依此类推（见图 3.2）。

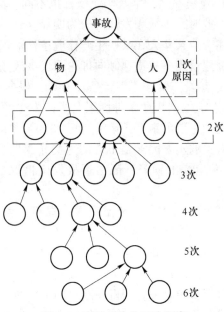

图 3.2 事故发生的层次顺序

一般而言，事故原因常分为直接原因和间接原因。直接原因又称 1 次原因，是在时间上最接近事故发生的原因。直接原因通常又进一步分为两类：物的原因和人的原因。物的原因是设备、物料、环境（又称环境物）等的不安全状态；人的原因是指人的不安全行为。

间接原因是 2 次、3 次以至多层次继发来自事故本源的基础原因。间接原因大致分为 6 类：

（1）技术的原因：主要机械设备的设计、安装、保养等技术方面不完善，工艺过程和防护设备存在技术缺陷。

（2）教育的原因：对职工的安全知识教育不足，培训不够，职工缺乏安全意识等。

（3）身体的原因：操作者身体有缺陷，如视力或听力有障碍，以及睡眠不足等。

（4）精神的原因：焦躁、紧张、恐惧、心不在焉等精神状态以及心理障碍或智力缺陷等。

（5）管理的原因：企业领导的安全责任心不强，规程标准及检查制度不完善，决策失误等。

（6）社会及历史原因：涉及体制、政策、条块关系，地方保护主义，机构、体制和产业发展历史过程等。

以上几项，重点是技术、教育和管理。这三项原因是极其重要的间接原因。在（1）～（6）项的间接原因中，（1）～（4）项为 2 次原因，（5）～（6）项为基础原因；在 2 次原因中，（1）项为物质和技术方面的原因，而（2）～（4）项为人的原因；（5）、（6）项则为需要社会广泛关注的原因。

可将因果继承原则看成如下一个连锁"事件链"：损失←事故←1 次原因（直接原因）←2 次原因（间接原因）←基础原因。如果采取适当的对策，去掉其中的任何一个原因，就切断了这条"事件链"，就能防止事故的发生。但即使去掉直接原因，只要间接原因还存在，也无法防止再产生新的直接原因。所以，作为最根本的对策，应当追溯到 2 次原因乃至基础原因，并深入研究，加以解决。

3.3.3.2　事故因果类型

发生事故的原因与结果之间，关系错综复杂，因与果的关系类型分为集中型、连锁型、复合型（见图 3.3）。几个原因各自独立，共同导致某一事故发生，即多种原因在同一时序共同造成一个事故后果的，称为集中型。某一原因要素促成下一要素发生，下一要素再促成更下一要素发生，因果相继连锁发生的事故，称为连锁型。某些因果连锁，又有一系列原因集中、复合组成伤亡事故后果，称为复合型。

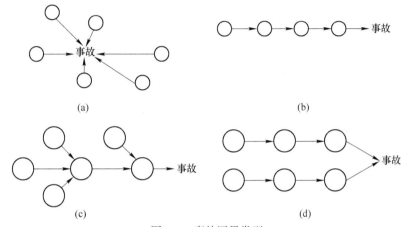

图 3.3　事故因果类型

（a）因果集中型；（b）因果连锁型；（c），（d）集中连锁复合型

3.3.3.3　起因物和施害物

所谓起因物，是指造成事故现象起源的机械、装置、天然或人工物件，环境物等。施害物是指直接造成事故而加害于人的物质。不安全状态导致起因物的作用，施害物又是由起因物促成其造成事故后果的。

从物的系列而言，从远因到近因，由最早的起因物（物 0）到施害物（物 1），物 1 又会派生出新的施害物（物 2），连续产生直至与人接触而发生人员伤亡的事故现象（见图 3.4）。

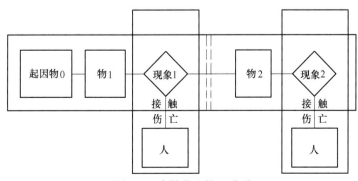

图 3.4　事故发生的 5 系列

事故因果连锁理论有海因里希事故因果连锁理论、博德事故因果连锁理论、亚当斯事故因果连锁理论、北川彻三事故因果连锁理论。

A　海因里希事故因果连锁理论

海因里希因果连锁理论又称海因里希模型或多米诺骨牌理论。该理论由海因里希首先提出，用以阐明导致伤亡事故的各种原因及其与事故间的关系。该理论认为，伤亡事故的发生不是一个孤立的事件，尽管伤害可能在某瞬间突然发生，却是一系列事件相继发生的结果。

海因里希把工业伤害事故的发生、发展过程描述为具有一定因果关系的事件的连锁发生过程，即人员伤亡的发生是事故的结果；事故的发生是由于人的不安全行为和物的不安全状态导致的；人的不安全行为或物的不安全状态是由于人的缺点造成的；人的缺点是由于不良环境诱发的，或者是由先天的遗传因素造成的。

在该理论中，海因里希借助于多米诺骨牌形象地描述了事故的因果连锁关系，即事故的发生是一连串事件按一定顺序互为因果依次发生的结果。如一块骨牌倒下，则将发生连锁反应，使后面的骨牌依次倒下。海因里希模型这5块骨牌见图3.5。

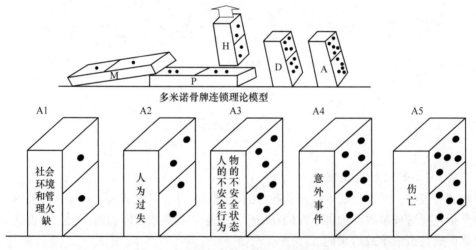

图 3.5　海因里希伤亡事故 5 因素模型

（1）遗传及社会环境（M）。遗传及社会环境是造成人的缺点的原因。遗传因素可能使人具有鲁莽、固执、粗心等不良性格；社会环境可能妨碍教育，助长不良性格的发展。这是事故因果链上最基本的因素。

（2）人的缺点（P）。人的缺点是由遗传和社会环境因素造成的，是使人产生不安全行为或使物产生不安全状态的主要原因。这些缺点既包括各类不良性格，也包括缺乏安全生产知识和技能等后天的不足。

（3）人的不安全行为和物的不安全状态（H）。所谓人的不安全行为或物的不安全状态是指那些曾经引起过事故，或可能引起事故的人的行为，或机械、物质的状态，它们是造成事故的直接原因。例如，在起重机的吊荷下停留、不发信号就启动机器、工作时间打闹或拆除安全防护装置等都属于人的不安全行为；没有防护的传动齿轮、裸露的带电体或照明不良等都属于物的不安全状态。

（4）事故（D）。即由物体、物质或放射线等对人体发生作用受到伤害的、出乎意料的、失去控制的事件。例如，坠落、物体打击等使人员受到伤害的事件是典型的事故。

（5）伤害（A）。直接由于事故而产生的人身伤害。

人们用多米诺骨牌来形象地描述这种事故因果连锁关系，得到图中那样的多米诺骨牌系列。海因里希认为，企业安全工作的中心就是防止人的不安全行为，消除机械的或物质的不安全状态，中断事故连锁的进程而避免事故的发生。

该理论的积极意义在于，如果移去因果连锁中的任一块骨牌，则连锁被破坏，事故过程即被中止，达到控制事故的目的。海因里希还强调指出，企业安全工作的中心就是要移去中间的骨牌，即防止人的不安全行为和物的不安全状态，从而中断事故的进程，避免伤害的发生。当然，通过改善社会环境，使人具有更为良好的安全意识，加强培训，使人具有较好的安全技能，或者加强应急抢救措施，也都能在不同程度上移去事故连锁中的某一骨牌而增加该骨牌的稳定性，使事故得到预防和控制。

当然，海因里希理论也有明显的不足，它对事故致因连锁关系描述过于简单化、绝对化，也过多地考虑了人的因素。尽管如此，由于其形象化和在事故致因研究中的先导作用，其有着重要的历史地位。后来，博德、亚当斯等都在此基础上进行了进一步的修改和完善，使因果连锁的思想得以进一步向前发展，收到了较好的效果。

B　博德事故因果连锁理论

博德在海因里希事故因果连锁理论的基础上，提出了现代事故因果连锁理论。

博德事故因果连锁理论认为：事故的直接原因是人的不安全行为、物的不安全状态；间接原因包括个人因素及与工作有关的因素。根本原因是管理的缺陷，即管理上存在的问题或缺陷是导致间接原因存在的原因，间接原因的存在又导致直接原因存在，最终导致事故发生。

博德的事故因果连锁过程同样为5个因素，但每个因素的含义与海因里希的有区别。

（1）管理缺陷。对于大多数企业来说，由于各种原因，完全依靠工程技术措施预防事故既不经济也不现实，只能通过完善安全管理工作，经过较大的努力，才能防止事故的发生。企业管理者必须认识到，只要生产没有实现本质安全化，就有发生事故及伤害的可能性，因此，安全管理是企业管理的重要一环。

安全管理系统要随着生产的发展变化而不断调整完善，十全十美的管理系统不可能存在。安全管理上的缺陷，就使能够造成事故的其他原因出现。

（2）工作原因。这方面的原因是由管理缺陷造成的。个人原因包括缺乏安全知识或技能，行为动机不正确，生理或心理有问题等；工作条件原因包括安全操作规程不健全，设备、材料不合适，以及存在温度、湿度、粉尘、气体、噪声、照明、工作场地状况（如打滑的地面、障碍物、不可靠支撑物）等有害作业环境因素。只有找出并控制这些原因，才能有效地防止后续原因的发生，从而防止事故的发生。

（3）直接原因。人的不安全行为或物的不安全状态是事故的直接原因。这种原因是安全管理中必须重点加以追究的原因。但是，直接原因只是一种表面现象，是深层次原因的表征。在实际工作中，不能停留在这种表面现象上，而要追究其背后隐藏的管理上的缺陷原因，并采取有效的控制措施，从根本上杜绝事故的发生。

（4）事故。这里的事故被看做是人体或物体与超过其承受阈值的能量接触，或人体与妨碍正常生理活动的物质的接触。因此，防止事故就是防止接触。可以通过对装置、材料、工艺等的改进来防止能量的释放，或者操作者提高识别和回避危险的能力，佩戴个人防护用具等来防止接触。

（5）损失。人员伤害及财物损坏统称为损失。人员伤害包括工伤、职业病、精神创伤等。

在许多情况下，可以采取恰当的措施使事故造成的损失最大限度地减少。例如，对受伤人员进行迅速正确的抢救，对设备进行抢修，以及平时对有关人员进行应急训练等。

C　亚当斯事故因果连锁理论

亚当斯提出了一种与博德事故因果连锁理论类似的因果连锁模型。在该理论中，事故和损失因素与博德理论相似。这里把人的不安全行为和物的不安全状态称为现场失误，其目的在于提醒人们注意不安全行为和不安全状态的性质。

亚当斯理论的核心在于对现场失误的背后原因进行深入的研究。操作者的不安全行为及生产作业中的不安全状态等现场失误，是由企业领导和安技人员的管理失误造成的。管理人员在管理工作中的差错或疏忽，企业领导人的决策失误，对企业经营管理及安全工作具有决定性的影响（见表 3.3）。

表 3.3　亚当斯事故因果连锁论

管理体系	管理失误		现场失误	事故	伤害或损坏
目标组织	领导者在下述方面决策失误或没作决策： （1）方针政策； （2）目标； （3）规范； （4）责任； （5）职级	安装人员在下述方面管理失误或疏忽： （1）行为； （2）责任； （3）权限范围； （4）规则； （5）指导	不安全行为 不安全状态	伤亡事故 损坏事故	对人伤害 对物损坏
机能	（1）考核； （2）权限授予	（1）主动性； （2）积极性		无伤害 事故	

D　北川彻三事故因果连锁理论

日本学者北川彻三在西方国家学者提出的事故因果连锁理论的基础上，提出了另一种事故因果连锁理论。

西方学者的事故因果连锁理论把考察的范围局限在企业内部，用以指导企业的事故预防工作。实际上，工业伤害事故发生的原因是复杂多变的，一个国家或地区的政治、经济、文化、教育、科技水平等诸多社会因素，对企业内部伤害事故的发生和预防有着重要的影响。北川彻三基于这种考虑所提出的事故原因如表 3.4 所示。

表 3.4　北川彻三事故因果连锁理论

基本原因	间接原因	直接原因		
管理原因、学校教育原因、社会和历史原因	技术原因、教育原因、身体原因、精神原因、管理原因	不安全行为 不安全状态	事故	伤害

（1）基本原因。北川彻三认为，事故的基本原因包括三个方面：第一，管理原因。企业领导者不重视安全，作业标准不明确，维修保养制度有缺陷，人员安排不当，职工积极性不高等管理上的缺陷。第二，学校教育原因。小学、中学、大学等教育机构的安全教育不充分。第三，社会和历史原因。社会安全观念落后，安全法规或安全管理、监督机构不完备等。

（2）间接原因：1）技术原因。机械、装置、建筑物等的设计、建造、维护等技术方面存在缺陷。2）教育原因。由于缺乏安全知识及操作经验，不知道、轻视操作过程中的危险性和安全操作方法，或操作不熟练、习惯操作等。3）身体原因。身体状态不佳，如头痛、昏迷、癫痫等疾病，或近视、耳聋等生理缺陷，或疲劳、睡眠不足等。4）精神原因。消极、抵触、不满等不良态度，焦躁、紧张、恐惧、偏激等精神不安定，狭隘、顽固等不良性格，以及智力方面的障碍。

在上述间接原因中，前两种原因比较普遍，后两种原因较少出现。北川彻三从社会大环境角度寻找引发事故的原因，为从社会角度来思考和预防事故提供了理论基础。

3.3.4 轨迹交叉论

轨迹交叉论的基本思想是：伤害事故是许多相关联系的时间顺序发展的结果。这些事件概括起来不外乎人和物（包括环境）两大发展系列。在一个系统中，当人的不安全行为和物的不安全状态在各自发展形成过程中（轨迹），在一定时间、空间发生了接触（轨迹交叉），就会造成事故。即具有危害能量的物体的运动轨迹与人的运动轨迹在某一时刻交叉，能量转移于人体时，伤害事故就会发生。当然，两种运动轨迹均是在三维空间内的运动轨迹。而人的不安全行为和物的不安全状态之所以产生和发展，又是受多种因素作用的结果。人与物两系列形成事故的模型如图 3.6 所示。

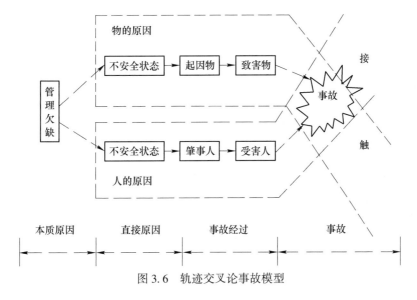

图 3.6　轨迹交叉论事故模型

轨迹交叉理论反映绝大多数事故的情况。在实际生产过程中，只有少量的事故仅仅由人的不安全行为或物的不安全状态引起，绝大多数的事故是与两者同时相关的。

　　根据日本的统计资料。1969 年机械制造业的休工 10 天以上的伤害事故中，96%的事故与人的不安全行为有关，91%的事故与物的不安全状态有关；1977 年机械制造业的休工 4 天以上的 104638 件伤害事故中，与人的不安全行为无关的只占 5.5%，与物的不安全状态无关的只占 16.5%。这些统计数字表明，大多数工业伤害事故的发生，既有人的不安全行为，也有物的不安全状态。

　　值得注意的是，在人和物两大系列的运动中，两者往往是相互关联、互为因果、相互转换的。有时人的不安全行为可能产生物的不安全状态，促进物的不安全状态的发展，或导致新的不安全状态的出现；有时物的不安全状态可引发人的不安全行为。因此，事故的发生可能并不是如图所示那样简单地按照人、物两条轨迹独立运行，而是呈现较为复杂的因果关系。

　　人的不安全行为和物的不安全状态是造成事故的表面的直接原因，如果对它们进行更进一步的考虑，则可挖掘出两者背后深层次的原因。这些深层次原因的示例见表 3.5。

表 3.5　事故发生的原因的示例

基础原因（社会原因）	间接原因（管理缺陷）	直接原因
遗传、经济、文化、教育培训、民族习惯、社会历史、法律、设计与制造缺陷、标准缺乏	生理和心理状态、知识技能情况、工作态度、规章制度、人际关系、领导水平、维护保养不当、保管不良、故障、使用错误	人的不安全行为物的不安全状态

　　轨迹交叉理论作为一种事故致因理论，强调人的因素和物的因素在事故致因中占有同样重要的地位。按照该理论，可以通过避免人与物两种因素运动轨迹交叉，来预防事故的发生。同时，该理论对于调查事故发生的原因，也是一种较好的工具。

　　轨迹交叉理论强调的是砍断物的事件链，提倡采用可靠性高、完整性强的系统和设备，大力推广保险系统、防护系统和信号系统以及高度自动化和遥控装置。这样，即使人为因素产生失误，也会由于安全闭锁等可靠性高的安全系统的作用，及时控制"五不安全"（设计，制造工艺流程，维护保养，使用，作业场所环境的缺陷）状态的发展，避免伤亡事故的发生。

3.3.5　危险源理论

3.3.5.1　能量转移理论

　　能量转移理论是 1961 年由吉布森（Gibson）提出的，基本观点是人类的生产活动和生活实践都离不开能量。人类为了利用能量做功，必须控制能量。在正常生产过程中，能量在各种约束和限制下，按照人们的意志流动、转换和做功，制造产品或提供服务。如果某种原因使能量一旦失去控制，发生了异常或意外的释放，能量就会做破坏功，就发生了事故。如果意外释放的能量转移到人体，并且超过了人体的承受能力，则就会造成人员伤亡；如果转移到物，就会造成财产损失。

　　1966 年，美国的安全专家哈登（Haddon）进一步引申而提出的一种事故控制理论。其立论依据是对事故的本质定义。即哈登把事故的本质定义为：事故是能量的不正常转移。这样，研究事故的控制理论则从事故的能量作用类型出发，即研究机械能（动能、势能）、电能、化学能、热能、声能、辐射能的转移规律；研究能量转移作用的规律，即从能级的控制技术，研究能量转移的时间和空间规律；预防事故的本质是能量控制，可通过对系统能量的消除、限制、疏导、屏蔽、隔离、转移、距离控制、时间控制、局部弱化、局部强化、系统闭锁等技术措施来控制能量的不正常转移。

在能量转移理论中，哈登将能量引起的伤害分为两大类：

第一类伤害。由于施加了超过局部或全身性的损伤阈值的能量而产生的。人体各部分对每一种能量都有一个损伤阈值。当施加于人体的能量超过该阈值时，就会对人体造成损伤。大多数伤害均属于此类伤害。例如，在工业生产中，一般都以 36V 为安全电压，这就是说，在正常情况下，当人与电源接触时，由于 36V 在人体所承受的阈值之内，就不会造成任何伤害或伤害极其轻微；而由于 220V 电压大大超过人体的阈值，与其接触，轻则灼伤，或某些功能暂时性损伤，重则造成终身伤残甚至死亡（见表 3.6）。

表 3.6　能量类型与伤害

能量类型	产生的伤害	事故类型
机械能	刺伤、割伤、撕裂、挤压皮肤和肌肉、骨折、内部器官损伤	物体打击、车辆伤害、机械伤害、起重伤害、高处坠落、坍塌、冒顶片帮、放炮、火药爆炸、瓦斯爆炸、锅炉爆炸、压力容器爆炸
热能	皮肤发炎、烧伤、烧焦、焚化、伤及全身	灼烫、火灾
电能	干扰神经-肌肉功能、电伤	触电
化学能	化学性皮炎、化学性烧伤、致癌、致遗传突变、致畸胎、急性中毒、窒息	中毒和窒息、火灾

第二类伤害。由于影响局部或全身性能量交换而引起的。例如因机械因素或化学因素引起的窒息（如溺水、一氧化碳中毒等），见表 3.7。

表 3.7　干扰能量交换与伤害

影响能量交换类型	产生的伤害	事故类型
氧的利用	局部或全身生理损害	中毒和窒息
其他	局部或全身生理损害（冻伤、冻死）、热痉挛、热衰竭、热昏迷	

能量转移理论的另一个重要概念是：在一定条件下，某种形式的能量能否造成伤害及事故，主要取决于人所接触的能量的大小，接触的时间长短和频率、力的集中程度，受伤害的部位及屏障设置的早晚等。

用能量转移论的观点分析事故致因的基本方法是：首先确认某个系统内的所有能量源，然后确定可能遭受该能量伤害的人员及伤害的可能严重程度；进而确定控制该类能量不正常或不期望转移的方法。

哈登关于人为预防能量转移于人体的安全措施可用屏障保护系统的理论加以阐述，并指出屏障设置越早，效果越好。按能量大小可建立单一屏障或多重的冗余屏障。

用能量转移的观点分析事故致因的方法，可应用于各种类型的包含、利用、储存任何形式能量的系统，也可以与其他的分析方法综合运用，以分析、控制系统中能量的利用、储存或流动。但该方法不适用于研究、发现和分析不与能量相关的事故致因等。

能量转移理论与其他的事故致因理论相比，具有两个主要优点：一是把各种能量对人体的伤害归结为伤亡事故的直接原因，从而决定了以对能量源及能量输送装置加以控制作为防止或减少伤害发生的最佳手段这一原则；二是依照该理论建立的对伤亡事故的统计分类，是一种可以全面概括、阐明伤亡事故类型和性质的统计分类方法。

能量转移理论的不足之处是：由于机械能（动能和势能）是工业伤害的主要能量形式，因而按能量转移的观点对伤亡事故进行统计分类的方法尽管具有理论上的优越性，但在实际应用上却存在困难。它的实际应用尚有待于对机械能进行分类和深入细致的研究，以便对机械能造成的伤害进行相应的分类。

3.3.5.2　两类危险源理论

在系统安全研究中，认为危险源的存在是事故发生的根本原因，防止事故就是消除、控制系统中的危险源。危险源是可能导致人员伤害或财物损失事故的、潜在的不安全因素。按此定义，生产、生活中的许多不安全因素都是危险源。

20 世纪 90 年代初，陈宝智教授等把危险源划分为两大类：第一类危险源指系统中存在的、可能发生意外释放的能量或危险物质，实际工作中往往把产生能量的能量源或拥有能量的能量载体作为第一类危险源来处理。第二类危险源指导致约束、限制能量措施失效或破坏的各种不安全因素。该理论认为，一起事故的发生是两类危险源共同作用的结果。第一类危险源的存在是事故发生的前提，决定着事故后果的严重程度；第二类危险源的出现是第一类危险源导致事故的必要条件，决定着事故发生的可能性大小。两类危险源相互依存，相辅相成，共同决定危险源的危险性，事故预防工作的重点是第二类危险源的控制问题。

A　第一类危险源

根据能量意外释放理论，事故是能量或危险物质的意外释放，作用于人体的过量的能量或干扰人体与外界能量交换的危险物质是造成人员伤害的直接原因。于是，把系统中存在的、可能发生意外释放的能量或危险物质称为第一类危险源（见表 3.8）。

表 3.8　伤害事故类型与第一类危险源

事故类型	能 量 源	能量载体
物体打击	产生物体落下、抛出、破裂、分散的设备、场所、操作	落下、抛出、破裂、分散的物体
车辆伤害	车辆、使车辆移动的牵引设备、坡道	运动的车辆
机械伤害	机械的驱动装置	机械的运动部分、人体
起重伤害	起重、提升机械	被吊起的重物
触电	电源装置	带电体、高跨步电压区域
灼烫	热源设备、加热设备、炉、灶、发热体	高温物体、高温物质
火灾	可燃物	火焰、烟气
高处坠落	高差大的场所、人员借以升降的设备、装置	人体
坍塌	土石方工程的边坡、料堆、料仓、建筑物、构建物	边土坡（岩）体、物料、建筑物、载荷

事故类型	能 量 源	能量载体
冒顶片帮	矿山采掘空间的围岩体	顶板、两帮围岩
放炮、火药爆炸	炸药	
瓦斯爆炸	可燃性气体、可燃性粉尘	
锅炉爆炸	锅炉	蒸汽
压力容器爆炸	压力容器	内容物
淹溺	江、河、湖、海、池塘、洪水、储水容器	水
中毒窒息	产生、储存、聚集有毒有害物质的装置、容器、场所	有毒有害物质

能量一般被解释为物体做功的本领。做功的本领是无形的，只有在做功时才显现出来。因此，实际工作中往往把产生能量的能量源或拥有能量的能量载体看作第一类危险源来处理。例如，带电的导体、奔驰的车辆等。

常见的第一类危险源列举如下：

（1）产生、供给能量的装置、设备。

（2）使人体或物体具有较高势能的装置、设备、场所。

（3）能量载体。

（4）一旦失控可能产生能量积蓄或突然释放的装置、设备、场所，如各种压力容器等。

（5）一旦失控可能产生巨大能量的装置、设备、场所，如强烈放热反应的化工装置等。

（6）危险物质，如各种有毒、有害、可燃烧爆炸的物质等。

（7）生产、加工、储存危险物质的装置、设备、场所。

（8）人体一旦与之接触将导致人体能量以外释放的物体。

B　第二类危险源

在生产和生活中，为了利用能量，让能量按照人们的意图在系统中流动、转换和做功，必须采取措施以约束、限制能量，即必须控制危险源。约束、限制能量的屏蔽应该可靠地控制能量，防止能量意外释放。实际上，绝对可靠的控制措施并不存在。在许多因素的复杂作用下，约束、限制能量的控制措施可能失效，能量屏蔽可能被破坏而发生事故。导致约束、限制能量措施失效或破坏的各种不安全因素，称为第二类危险源。

人的不安全行为和物的不安全状态是造成能量或危险物质意外释放的直接原因。从系统安全的观点来考察，导致能量或危险物质的约束、限制措施失效、破坏的原因，即第二类危险源，包括人、物、环境三个方面的问题。

第二类危险源往往是一些围绕第一类危险源随机发生的现象，它们出现的情况决定事故发生的可能性。第二类危险源的出现越频繁，发生事故的可能性越大。

3.3.5.3　三类危险源理论

2001 年，西安科技大学田水承教授首次提出了"三类危险源"理论。

三类危险源理论认为：能量载体或危险物质，即第一类危险源；物的故障、物理性环境因素，个体人失误，即第二类危险源（侧重安全设施等物的故障、物理性环境因素）；组织因素——不符合安全的组织因素（组织程序、组织文化、规则、制度等），即第三类危险源，包含组织人（不同于个体人）不安全行为、失误等，其事故致因机理见图3.7。

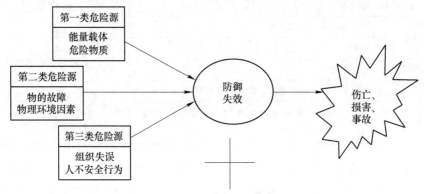

图 3.7　事故致因机理模型

　　三类危险源之间有一定的关系。第一类危险源是事故发生的（物质性）前提，影响事故发生后果的严重程度；第二类危险源是事故发生的触发条件；第三类危险源是事故发生的本质根源，是前两类，尤其是第二类危险源的深层原因，是事故发生的组织性前提。例如安全的组织因素可使第一类危险源中的危险物质如炸药限量分组、分散储存，或置于安全无人地带，以减小其爆炸伤害、破坏的威力和造成的后果。对煤矿而言，可采用安全炸药以防引起瓦斯爆炸；可使第二类危险源中的物、环境的不安全状态通过改变配置或协调维护而得以消除或控制。反之，不安全的组织因素则有利于形成具有重大危险性的危险源或事故，不良的组织因素会使上述第一类、第二类危险源进一步恶化，使事故后果扩大、严重化。第三类危险源之所以重要，是因为：（1）容易被忽视；（2）能直接导致防御失效；（3）仅靠企业组织本身力量难以确保其有能力或有主动性去积极辨识、控制和消除危险源。第三类危险源在一定条件下，甚至决定着第一类、第二类危险源的危险等级和风险程度。

　　在图3.8中，运用集合理论给出了三类危险源之间的关系如下：

　　区域a：个体行为的不可完全控制，可能发生个体事故（偶发失误、仅涉及个体人的事故）。

　　区域b：不发生事故，虽然存在第三类危险源（组织失误），但无第一类、第二类危险源的直接诱发因素。

　　区域c：可能发生个体事故。

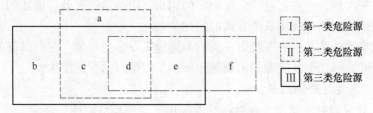

图 3.8　三类危险源之间的关系

区域 d：可能发生组织事故（除个体事故以外的事故，例如：矿井瓦斯爆炸事故）。

区域 e：可能发生组织事故。

区域 f：可能发生自然灾害事故。

3.3.6　动态变化理论

客观世界是物质的，物质是在不断运动变化的，存在于客观世界中的任何系统都是如此。外界条件的变化会导致人、机械设备等原有的工作环境发生变化，如果管理人员和操作人员不能或没有及时地适应这种变化，就可能产生管理和操作失误，造成物的不安全状态，进而导致事故的发生。

3.3.6.1　扰动起源事故理论

1972 年，本尼尔（Benner）提出了扰动起源事故理论，指出在处于动态平衡的系统中是由于"扰动"（perturbation）的产生导致了事故的发生。事故过程包含着一组相继发生的事件，这里事件是指生产活动过程中某种发生了的事情，如一次瞬间或重大的情况变化、一次已经被避免的或导致另一事件发生的偶然事件等。因而，事故形成过程是一组自觉或不自觉的，指向某种预期的或不可预测结果的相继出现的事件链，这种事故进程受生产系统元素间的相互作用和变化着的外界的影响。由事件链组成的正常生产活动，是在一种自动调节的动态平衡中进行的，在事件的稳定运行中，向预期的结果发展。

事件的发生必然是某人或某物引起的。若将引起事件的人或物称为"行为者"，而其动作或运动称为"行动"，则可以用行为者及其行为来描述一个事件。在生产活动过程中，如果行为者的行为得当，则可以维持事件过程稳定地进行，从而实现安全生产；如果行为者行为不当或发生故障，则对上述平衡产生扰动，就会破坏和结束自动动态平衡而开始事故进程，一事件激发另一事件，最终导致"终了事件"——事故和伤害。

生产系统的外界影响是经常变化的，这里将外界影响的变化称为"扰动"，产生扰动的事件称为起源事件。当行为者能够适应不超过其承受能力的扰动时，生产活动维持动态平衡而不发生事故。如果其中的一个行为者不能适应这种扰动时，动态平衡被破坏，开始一个新的事件过程，即事故过程。相继事件过程是在一种自动调节的动态平衡中进行的。

扰动起源理论把事故看成从相继事件过程中的扰动开始，最终以伤害或损坏而告终。也称为"P 理论"。

依照上述对事故起源、发生发展的解释，可按时间关系描述事故现象的一般模型，如图 3.9 所示。该图外围是自动平衡，无事故后果，仅是生产活动异常。该图还表明，在发生事件的当时，如果改善条件，亦可使事件链中断，制止事故进程发展下去而转化为安全。

3.3.6.2　变化-失误理论

1975 年约翰逊（W. G. Johnson）提出了"变化-失误"模型（见图 3.10）。他认为，事故是由意外的能量释放引起的。这种能量释放的发生是由于管理者或操作者没有适应生产过程中物的或人的因素的变化，产生了计划错误或人为失误，从而导致不安全行为或不安全状态，破坏了对能量的屏蔽或控制，即发生了事故，由事故造成生产过程中人员伤亡或财产损失。

按照变化的观点，变化可引起人失误和物的故障，因此，变化被看做是一种潜在的事

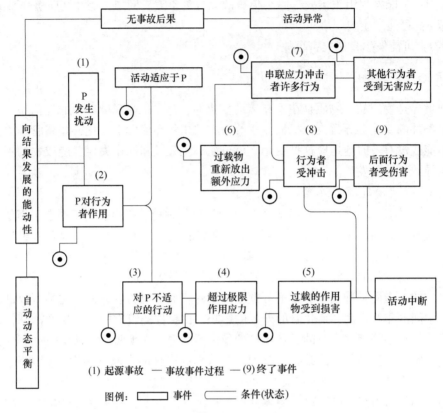

(1) 起源事故　— 事故事件过程　—(9)终了事件

图例：▢ 事件　　▭ 条件(状态)

⊙ 必须在事件发生的当时改善的条件

图 3.9　扰动起源事故理论模型

图 3.10　约翰逊的变化-失误理论示意图

故致因，应该尽早地发现并采取相应的措施。作为安全管理人员，应该对发生的一些变化给予足够的重视。

需要指出的是：在管理实践中，变化是不可避免的，也并不一定都是有害的，关键在于安全管理人员能否适应客观情况的变化。要及时发现和预测变化，并采取恰当的对策，做到顺应有利的变化，消除不利的变化。

约翰逊认为，事故的发生一般是多重原因造成的，包含着一系列的变化-失误连锁。从管理层次上看，有企业领导的失误、计划人员的失误、监督者的失误及操作者的失误等。该连锁的模型如图 3.11 所示。

3.3.6.3　作用-变化与作用连锁理论

1981 年，日本的佐藤吉信提出了一种称为作用-变化与作用连锁模型（Action-Change

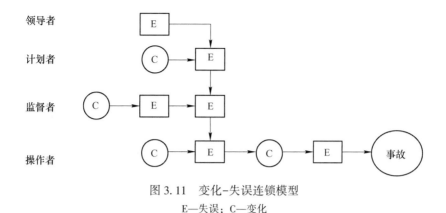

图 3.11　变化-失误连锁模型
E—失误；C—变化

and Action Chain Model）的新的事故致因理论，该模型简称为 A-C 模型。该理论认为，系统元素在其他元素或环境因素的作用下发生变化，这种变化主要表现为元素的功能发生变化进而导致性能降低。作为系统元素的人或物的变化可能是人失误或物的故障。该元素的变化又以某种形态作用于相邻元素，引起相邻元素的变化。于是，在系统元素之间产生一种作用连锁。系统中作用连锁可能造成系统中人失误和物的故障的传播，最终导致系统故障或事故。

根据 A-C 模型，预防事故可以从以下四个方面采取措施：

（1）排除作用源。把可能对人或物产生不良作用的因素从系统中除去或隔离开来，或者使其能量状态或化学性质不会成为作用源。

（2）抑制变化。维持元素的功能，使其不发生向危险方面的变化。具体措施有采用冗余设计、质量管理、采用高可靠性元素、通过维修保养来保持可靠性、通过教育训练防止人失误、采用耐失误技术等。

（3）防止系统进入危险状态。发现、预测系统中的异常或故障，采取措施中断作用连锁。

（4）使系统脱离危险状态。通过应急措施控制系统状态返回到正常状态，防止伤害、损坏或污染发生。

3.3.7　事故的流行病学方法理论

1949 年葛登（Gorden）提出了事故致因的流行病学理论（Epidemiological Theory）：工伤事故与流行病的发生相似，与人员、设施及环境条件相关，有一定的分布规律，往往集中在一定时间和一定地点发生。

流行病特征有三种：

（1）当事人（病人）的特征，如年龄、性别、心理状况、免疫能力等。

（2）环境特征，如温度、湿度、季节、社区卫生状况、防疫措施等。

（3）致病媒介特征，如病毒、细菌、支原体等。

这三种因素的相互作用，可以导致疾病的发生。与此相类似，对于事故，一要考虑人的因素，二要考虑作业环境因素，三要考虑引起事故的媒介。

这种流行病学方法考虑当事人（事故受害者）的年龄、性别、生理、心理状况以及环境的特征，例如工作和生活区域、社会状况、季节等，还有媒介的特性，注入流行病学中的病毒、细菌，但在工伤事故中就不再是范围确定的生物学问题，而应把"媒介"理解为促成事故的能量，即构成伤害的来源，如机械能、位能、电能、热能和辐射能等。能量和病毒一样都是事故或疾病现象的瞬时原因。但是，疾病的媒介总是绝对有害的，只是有害程度轻重不同而已。而能量在大多数时间里是有利的动力，是服务于生产的一种功能，只有当能量逆流于人体的偶然情况下，才是事故发生的原点和媒介。

流行病学方法比只考虑人失误的早期事故理论有了较大的进步，它明确提出了原因因素间的关系特性。该理论认为，事故是三组变量（当事人的特性、环境特性和作为媒介的能量特性）中某些因素相互作用的结果。该理论的不足之处是三组变量包含大量需要研究的内容，众多的因素必须有大量的标本去统计、评价，但缺乏明确的指导。

3.3.8　管理失误论

以管理失误为主因的事故模型，侧重研究管理上的责任，强调管理失误是构成事故的主要原因。

事故之所以发生，是因为在生产过程中客观上存在着不安全因素，此外还有众多的社会和环境因素。虽然造成事故的直接原因是人的不安全行为和物的不安全状态，但是造成"人失误"和"物故障"这一直接原因却常常是管理上的缺陷，这才是造成事故发生的本质原因。

人的不安全行为可以促成物的不安全状态；而物的不安全状态又会在客观上造成人的不安全行为的环境条件（见图 3.12）。

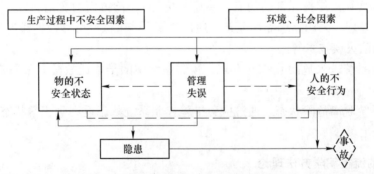

图 3.12　以管理失误为主因的事故模型

"隐患"来自物的不安全状态即危险源，而且要和管理上的缺陷或管理人失误共同作用才能形成；如果管理得当，及时控制，变不安全状态为安全状态，则不会形成隐患。客观上一旦出现隐患，主观上又有不安全行为，就会立即显现为伤亡事故。

3.3.9　人因素的系统理论

人因素的系统理论主要是从人的因素来研究事故致因理论。该事故理论的基本的观点，即人失误会导致事故，而人失误的发生是由于人对外界刺激（信息）的反应失误造成的。

此类模型主要有：1969 年由瑟利（J. Surry）提出的瑟利模型；1970 年由海尔（Hale）

提出的海尔模型；1972 年由威格里沃思（Wigglesworth）提出的"人失误的一般模型"，1974 年由劳伦斯（Lawrence）提出的金矿山人失误模型；1978 年由安德森（Anderson）等提出的瑟利修正模型等。这些模型均从人的特性与机器性能和环境状态之间是否匹配和协调的观点出发，认为机械和环境的信息不断地通过人的感觉反映到大脑。人若能正确地认识、理解、判断，并作出正确决策和采取合适的行动，就可以避免事故的发生。该理论从不同角度探讨了人失误与事故的关系问题。

3.3.9.1　瑟利模型或 S-O-R 的人为因素模型

瑟利模型以人对信息的处理过程为基础，描述了事故发生的因果关系。该理论认为，人在信息处理过程中出现失误从而导致人的行为失误，进而引发事故。

瑟利把事故的发生过程分为危险出现和危险释放两个阶段。在危险出现阶段，如果人的信息处理的每个环节都正确，危险就能被消除或得到控制，反之，只要任何环节出现问题，就会使操作者直接面临危险。在危险释放阶段，如果人的信息处理过程的各个环节都是正确的，则虽然面临着已经出现的危险，但仍然可以避免危险释放出来，不会带来伤害或损害；反之，只要任何一个环节出错，危险就会转化成伤害或损害。瑟利模型见图 3.13。

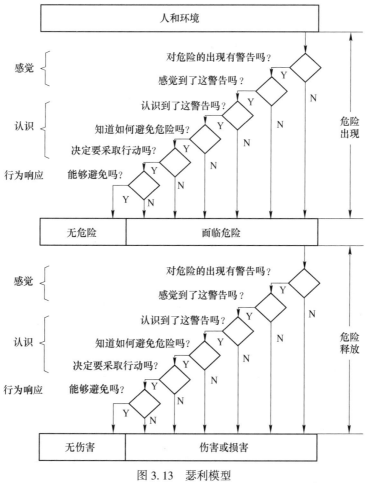

图 3.13　瑟利模型

Y—是；N—否

3.3.9.2　操作过程 S-O-R 的人为因素的综合模型

1978 年，安德森等曾在 60 件工伤事故分析中应用了瑟利模型，发现该模型存在相当的缺陷，并指出瑟利模型虽然清楚地处理了操作者的问题，但未涉及机械及其周围环境的运行过程。其通过在瑟利模型上增加一组前提步骤构成危险的来源及可察觉性，运行系统内的波动性，并通过控制此波动使之与操作波动相一致。这一工作过程的增加使瑟利模型更为实用，见图 3.14。

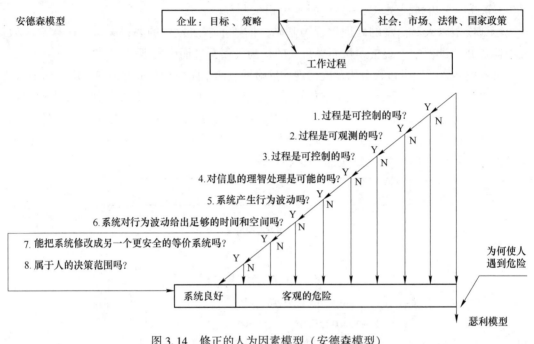

图 3.14　修正的人为因素模型（安德森模型）

Y—是；N—否

3.3.9.3　海尔模型

1970 年，海尔认为，当人们对事件的真实情况不能做出适当响应时，事故就会发生，但并不一定造成伤害后果。海尔模型集中于操作者与运行系统的相互作用。该模型是一个闭环反馈系统，把下列四个方面的相互关系清楚地显示出来：察觉情况，接受信息；处理信息；用行动改变形势；新的察觉、处理、响应（见图 3.15）。

察觉的信息有两种来源：其一是操作者在运行系统中收到出现的信息，这种信息可能由于机械的故障而不正确，也可能由于视力、听力不佳而察觉不到，造成不完整；其二是预期的信息，指由经验指导对信息收集和选择的预测。就预测指导感觉而言，可能发生两种类型的失误：操作者感觉上的失误；对危险征兆没有察觉。当负担过重，有压力、疲劳或药物作用时，使操作者对收集信息的注意力削弱，以致不能保持对危险的警惕。

行为的决策，是根据觉察到的信息，经过处理、决定采取行动。能否采取正确的行动，则取决于指导、培训以及固有的能力。决策要考虑经济效益、社会效益，这包括生产班组群体的利益，也包括原有的经验及由此产生的对危险的主观评估。认识、理解、决策均属于中枢处理，接着便是行为输出（响应行为）。

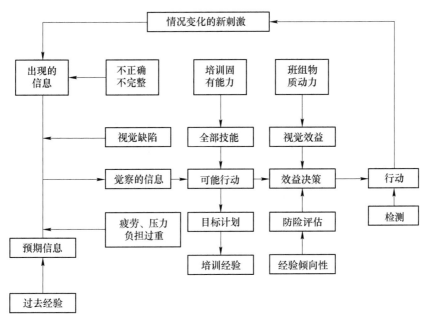

图 3.15 海尔模型

行为输出之后系统会发生变化，使操作者根据新的情况返回到模型的信息阶段，如此循环往复，在系统的反馈环节中关键是要发挥监察和检测的功能。

3.3.10 综合原因论

事故之所以发生是由于多种原因综合造成的，既不是单一原因造成的，也不是个人偶然失误或单纯设备故障所形成的，而是各种因素综合作用的结果。事故之所以发生，有其深刻原因，包括直接原因、间接原因和基础原因。

综合原因论认为，事故是社会因素、管理因素和生产中危险因素被偶然事件触发所造成的结果。综合原因论事故模型见图 3.16。

事故是由起因物和肇事人触发加害物于受害人而形成的灾害现象和经过。

意外（偶然）事件之所以触发，是由于生产中环境条件存在着危险因素即不安全状态，后者和人的不安全行为共同构成事故的直接原因。这些物质的、环境的以及人的原因是由于管理上的失误、缺陷、管理责任所导致，是造成直接原因的间接原因。形成间接原因的因素，包括社会的经济、文化、教育、历史、法律等基础原因，统称为社会因素。

显然，该理论综合地考虑了各种事故现象和因素，因而比较正确，有利于各种事故的分析、预防和处理，是当今世界上最为流行的理论。美国、日本和中国都认同按这种模式分析事故。

事故的发生过程可以表述为由基础原因的"社会因素"产生"管理因素"，进一步产生"生产中的危险因素"，通过人与物的偶然因素触发而发生伤亡和损失。

调查分析事故的过程则与上述经历方向相反。如逆向追踪：通过事故现象，查寻事故经过，进而了解物的环境原因和人的原因等直接造成事故的原因；依次追查管理责任（间接原因）和社会因素（基础原因）。

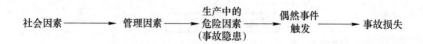

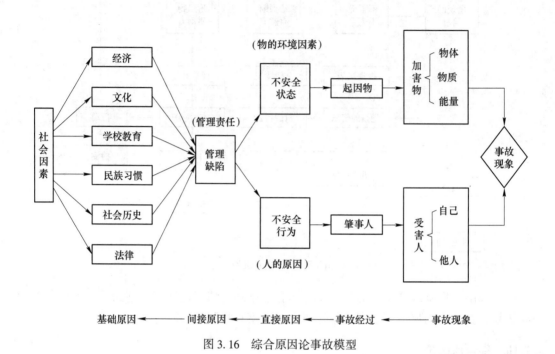

图 3.16　综合原因论事故模型

3.4　事故预防与控制

事故控制的 3E 原则，即工程技术对策（engineering）、安全教育对策（education）、安全管理对策（enforcement）等三个方面的措施。

（1）工程技术对策：运用工程技术手段消除不安全因素，实现生产工艺、机械设备等生产条件的安全。

（2）安全教育对策：利用各种形式的教育和训练，使职工树立"安全第一"的思想，掌握安全生产必需的知识和技术。

（3）安全管理对策（强制）：借助于规章制度、法规等必要的行政乃至法律的手段约束人们的行为。

换言之，为了防止事故发生，必须在上述三个方面实施事故预防与控制的对策，而且还应始终保持三者间的均衡，合理地采取相应措施，或结合上述措施，才有可能搞好事故的预防和控制工作。

工程技术对策着重解决物的不安全状态的问题；安全教育对策和管理对策则主要着眼于人的不安全行为的问题，安全教育对策主要使人知道应该怎样做，而安全管理对策则是要求人必须怎样做。

从现代安全管理的观点出发，安全管理不仅要预防和控制事故，而且要给劳动者提供一个安全舒适的工作环境。所以工程技术对策理论应是安全管理工作者的首选。

3.4.1 工程技术对策

工程技术对策是以工程技术手段解决安全问题，预防事故的发生及减少事故造成的伤害和损失，是预防和控制事故的最佳安全措施。

3.4.1.1 工程技术对策的基本原则

工程技术可以划分为预防事故发生的安全技术及防止或减轻事故损失的安全技术，这是事故预防和应急措施在技术上的保证。评价一个设计、设备、工艺过程是否安全，应从以下几个方面加以考虑。

A 防止人失误的能力

必须能够防止在装配、安装、检修或操作过程中发生的可能导致严重后果的人的失误。

B 对人失误后果的控制能力

人的失误是不可能完全避免的，因此一旦人发生可能导致事故的失误时，应能控制或限制有关部件或元件的运行，以保证安全。

C 防止故障传递的能力

应能防止一个部件或元件的故障引起其他部件或元件的故障，以避免事故的发生。

D 失误或故障导致事故的难易

应能保证有两个或两个以上相互独立的人失误或故障，或一个失误、一个故障同时发生才能导致事故发生。对安全水平要求较高的系统，则应通过技术手段保证至少3个或更多的失误或故障同时发生才会导致事故的发生。常用的并联冗余系统就可以达到这个目的。

E 承受能量释放的能力

运行过程中偶然可能会产生高于正常水平的能量释放，应采取措施使系统能够承受这种释放。

F 防止能量蓄集的能力

能量蓄集的结果将导致意外的过量的能量释放。因而应采取防止能量蓄集的措施，使能量不能蓄集到发生事故的水平。

3.4.1.2 工程技术对策的基本手段

为使系统符合上述基本原则，人们提出了多种实施工程技术对策的基本手段，其中最典型的论述包括以下三个方面。

A 生产设备的事故防止对策

采用围板、栅栏、护罩；隔离；遥控；自动化；安全装置；紧急停止；夹具；非手动装置；双手操作；断路；绝缘；接地；增加强度；遮光；改造；加固；变更；劳保用品；标志；换气；照明等。

B 防止能量意外释放的措施

采取限制能量；用较安全的能源代替危险性大的能源；防止能量蓄集；控制能量释放；延缓能量释放；开辟能量释放渠道；在能源上设置屏障；在人、物与能源之间设置屏障；在人与物之间设置屏障；提高防护标准；改善工作条件和环境，防止损失扩大；修复和恢复等措施。

中断能量非正常流动的屏障，在能量转移过程中建立得越早越好。潜在的事故损失越大，屏障就越应在早期建立，而且应当建立多种不同类型的屏障。

C　消除和预防设备、环境危险和有害因素的基本原则

基本原则是针对设备、环境中的各种危险和有害因素的特点，综合采取各种消除和预防对策措施：从根本上消除危险和有害因素；当危险、有害因素无法根除时，则采取措施使之降低到人们可接受的水平；当根除和减弱均无法做到时，则对危险、有害因素加以屏蔽和隔离，使之无法对人造成伤害或危害；利用薄弱元件，使危险因素未达到危险值之前就预先破坏，以防止重大破坏性事故；以某种方法使一些元件相互制约以保证机器在违章操作时不能启动，或处在危险状态时自动停止；使人不能落入危险或有害因素作用的地带，或防止危险、有害因素进入人的操作地带；提高结构的强度，以防止由于结构破坏而导致发生事故；使人处在危险或有害因素作用的环境中的时间缩短到安全限度之内；增加危险或有害因素与人之间的距离以减轻、消除它们对人体的作用；对于存在严重危险或有害因素的场所，采用机器人或自动控制技术来取代操作人员进行操作；运用组织手段或技术信息告诫人避开危险或危害，或禁止人进入危险或有害区域。这些原则既可以单独采用，也可以综合应用。

3.4.1.3　预防事故的安全技术

通过设计来消除和控制各种危险，防止所设计的系统在研制、生产、使用和保障过程中发生导致人员伤亡和设备损坏的各种意外事故，是事故预防的最佳手段。为了全面提高现代复杂系统的安全性能，在系统安全分析的基础上，即在运用各种危险分析技术来识别和分析各种危险，确定各种潜在危险对系统的影响的同时，系统设计人员必须在设计中采取各种有效措施来保证所设计的系统具有满足要求的安全性能。因此，为满足规定的安全要求，可以采用不同的安全设计方法。

3.4.1.4　避免和减少事故损失的安全技术

如有危险存在，即使可能性很小，也存在导致事故的可能性，而且没有任何办法精确地确定事故发生的时间。另外，事故发生后如果没有相应的措施迅速控制局面，则事故的规模和损失可能会进一步扩大，甚至引起二次事故，造成更大、更严重的后果。因此，必须采取相应的应急措施，避免或减少事故损失，至少能保证或拯救人的生命。这类措施在技术上包括隔离、个体防护、逃逸、救生和营救措施等。

3.4.2　安全教育对策

3.4.2.1　安全教育的意义

安全教育是事故预防与控制的重要手段之一。从事故致因理论中的瑟利模型可以看出，要想控制事故，首先是通过技术手段把某种信息交流方式告知人们危险的存在或发生；其次则是要求人在感知到有关信息后，正确理解信息的意义。而上述过程中有关人对信息的理解认识和反应的部分均是通过安全教育的手段实现的。

开展安全教育既是企业安全管理的需要，也是国家法律法规的要求。另外，开展安全

教育，是企业发展经济的需要，是适应企业人员结构变化，发展和弘扬企业安全文化，安全生产向广度和深度发展的需要，也是搞好安全管理的基础性工作，掌握各种安全知识，避免职业危害的主要途径。

3.4.2.2 安全教育的内容

安全教育的内容可概括为三个方面，即安全态度教育、安全知识教育和安全技能教育。

A 安全态度教育

要增强人的安全意识，首先应使其对安全有一个正确的态度。安全态度教育包括两个方面，即思想教育和态度教育。思想教育包括安全意识教育、安全生产方针政策教育和法纪教育。

B 安全知识教育

安全知识教育包括安全管理知识教育和安全技术知识教育。

（1）安全管理知识教育：内容包括对安全管理组织结构、管理体制、基本安全管理方法及安全心理学、安全人机工程学、系统安全工程等方面的知识教育。

（2）安全技术知识教育：内容包括一般生产技术知识、一般安全技术知识和专业安全技术知识教育。一般生产技术知识教育主要包括：企业的基本生产概况，生产技术过程，作业方式或工艺流程，与生产过程和作业方法相适应的各种机器设备的性能和有关知识，工人在生产中积累的生产操作技能和经验，以及产品的构造、性能、质量和规格等。一般安全技术知识是指企业所有职工都必须具备的安全技术知识。专业安全技术知识是指从事某一作业的职工必须具备的安全技术知识。

C 安全技能教育

（1）安全技能：仅有了安全技术知识，并不等于能够安全地从事操作，还必须把安全技术知识变成进行安全操作的本领，才能取得预期的安全效果。要实现从"知道"到"会做"的过程，就要借助于安全技能培训。安全技能培训包括正常作业的安全技能培训，异常情况的处理技能培训。

（2）安全技能培训计划：在安全技能培训时要制订训练计划。在安全教育中，第一阶段应该进行安全知识教育，使操作者了解生产操作过程中潜在的危险因素及防范措施等，即解决"知"的问题；第二阶段为安全技能训练，掌握和提高熟练程度，即解决"会"的问题。第三阶段为安全态度教育，使操作者尽可能地掌握安全技能。三个阶段相辅相成，缺一不可。

（3）安全教育的形式和方法：按照教育培训的对象，可把安全教育分为对管理人员的安全教育和对生产岗位职工的安全教育。

3.4.2.3 安全教育的形式

安全教育形式大体可分为以下7种：

（1）广告式。包括安全广告、标语、宣传画、标志、展览、黑板报等形式，它以精练的语言、醒目的方式，在醒目的地方展示，提醒人们注意安全和怎样才能安全。

（2）演讲式。包括教学、讲座的讲演，经验介绍，现身说法，演讲比赛等。这种教育形式可以是系统教学，也可以是专题论证、讨论，用以丰富人们的安全知识，提高对安全生产的重视程度。

（3）会议讨论式。包括事故现场分析会、班前班后会、专题研讨会等，以集体讨论的形式，使与会者在参与过程中进行自我教育。

（4）竞赛式。包括口头、笔头知识竞赛，安全、消防技能竞赛，以及其他各种安全教育活动评比等，激发人们学安全、懂安全、会安全的积极性，促进职工在竞赛活动中树立"安全第一"的思想，丰富安全知识，掌握安全技能。

（5）声像式。利用声像等现代艺术手段，使安全教育寓教于乐。主要有安全宣传广播、电影、电视、录像等。

（6）文艺演出式。以安全为题材编写和演出的相声、小品、话剧等文艺演出的教育形式。

（7）正规教学式。利用国家或企业办的大学、中专、技校，开办安全工程专业，或穿插渗透于其他专业的安全课程。

3.4.2.4　提高安全教育的效率

在进行安全教育过程中，为提高安全教育效果，应注意以下五个方面。

（1）领导者要重视安全教育。

（2）安全教育要注重效果。

（3）要重视初始印象对学习者的重要性。

（4）要注意巩固学习成果。

（5）应与企业安全文化建设相结合。

3.4.3　安全管理对策

在长期的生产管理实践活动中，人们总结出了许多行之有效的安全管理措施。如依据"管生产必须管安全"的原则确立的安全生产责任制，"国家监察，行业管理，企业负责，群众监督，劳动者遵章守纪"的安全管理体制，"三同时"、"三不放过"及各项安全法规、标准、安全手册、安全操作规范等，都在现代企业安全管理工作中起着举足轻重的作用。

3.4.3.1　安全检查

安全检查是安全生产管理工作中的一项重要内容，是保持安全环境、矫正不安全操作、防止事故的一种重要手段。它是多年来从生产实践中创造出来的一种好形式，是安全生产工作中运用群众路线的方法，是发现不安全状态和不安全行为的有效途径，也是消除事故隐患、落实整改措施、防止伤亡事故、改善劳动条件的重要手段。

A　安全检查的内容

其主要内容是查思想、查管理、查隐患、查整改。此外，还应检查企业对工伤事故是否及时报告、认真调查、严肃处理；在检查中，如发现未按"四不放过"的要求而草率处理事故，要严肃处理，从中找出原因，采取有效措施，防止类似事故再次发生。

B　安全检查的划分

按照检查的性质分：（1）一般性检查。（2）专业性检查。（3）季节性检查。（4）节假日前后的检查。

按检查的方式分：（1）定期检查。（2）连续检查。（3）突击检查。（4）特种检查。

3.4.3.2　安全审查

从源头上消除可能造成伤亡事故和职业病的危险因素，保护职工的安全健康，保障新工程的正常投产使用，防止发生事故，避免因安全问题引起返工或因采取弥补措施造成不必要的投资扩大，对新建、扩建工程进行预先安全审查是一种极其重要的手段。

对工程项目的安全审查是依据有关安全法规和标准，对工程项目的初步设计、施工方案以及竣工投产进行综合的安全审查、评价与检验，目的是查明系统在安全方面存在的缺陷，按照系统安全的要求，优先采取消除或控制危险的有效措施，切实保障系统的安全。

建设项目中职业安全与卫生技术措施和设施，应与主体工程同时设计、同时施工、同时投产使用，习惯上称为"三同时"。"三同时"安全审查验收包括可行性研究审查、初步设计审查和竣工验收审查。

3.4.3.3　安全评价

安全评价是系统安全工程的重要组成部分。它采用系统科学的方法辨识系统存在的危险因素，并根据其事故风险的大小采取相应的安全措施，以实现系统安全的目的。

3.4.3.4　安全目标管理

安全目标管理是目标管理在安全管理方面的应用，是企业确定在一定时期内应该实现的安全生产总目标，分解展开，落实措施，严格考核，通过组织内部自我控制达到安全生产目的的一种安全管理方法。它以企业总的安全管理目标为基础，逐级向下分解，使各级安全目标明确、具体，各方面关系协调、融洽，把企业的全体职工都科学地组织在目标体系之内，使每个人都明确自己在目标体系中所处的地位和所起的作用，通过每个人的积极努力来实现企业安全生产目标。推行安全目标管理应注意以下三个问题。

A　目标设定的依据

企业安全生产目标主要依据党和国家的安全生产方针、政策，本企业安全生产的中、长期规划，工伤事故和职业病统计数据，企业长远规划和安全工作现状，企业技术经济条件等。

B　目标设定的原则

确定安全目标应突出重点，体现安全工作的关键问题；目标要有一定先进性，一般应略高于国内同行业平均水平，并具有较好的可行性；所确定的目标应尽量使其数量化，以有利于对目标的检查、评比、监督与考核，也有利于调动职工努力工作实现目标的积极性；目标与措施要相互对应，用具体措施保证目标的实现。所设定的目标也应有一定的可调性，以使环境等变化不影响主要目标的实现。

C　目标设定的内容

设定的指标：

（1）重大事故次数，包括死亡事故、重伤事故、重大设备事故、重大火灾事故、急性中毒事故等。

（2）死亡人数指标。

（3）伤害频率或伤害严重率。

（4）事故造成的经济损失，如工作日损失天数、工伤治疗费、死亡抚恤费等。

（5）作业点尘毒达标率。

（6）劳动安全卫生措施计划完成率、隐患整改率、设施完好率等。

（7）全员安全教育率，特种作业人员培训率等。

设定的保证措施：

（1）安全教育措施，包括教育的内容、时间安排、参加人员规模、宣传教育场地。

（2）安全检查措施，包括检查内容、时间安排、责任人、检查结果的处理等。

（3）危险因素的控制和整改。

（4）安全评比。

（5）安全控制点的管理。

思 考 题

3-1　事故的特征有哪些？

3-2　简述事故的发展阶段。

3-3　事故是如何分类的？

3-4　简述事故致因理论的产生与发展过程。

3-5　事故致因理论有哪些？

3-6　简述 3E 对策。

4 安全文化建设

安全文化是人类在生产、生活的实践过程中，为保障身心健康安全而创造的一切安全物质财富和安全精神财富的总和。安全文化是人类生存和社会生产过程中的主观和客观存在，伴随着人类社会的进步而发展。

4.1 安全文化

4.1.1 安全文化的概念及定义

安全文化一般有"广义说"和"狭义说"两类。

"狭义说"的定义强调文化或安全内涵的某一层面，如人的素质、企业文化范畴等。国际核安全咨询组（INSAG）给出的安全文化的定义：安全文化是存在于单位和个人中的种种素质和态度的总和。西南交通大学曹琦教授的定义：安全文化是安全价值观和安全行为准则的总和。还有学者认为：安全文化就是运用安全宣传、安全教育、安全文艺、安全文学等文化手段开展的安全活动。

"广义说"把"安全"和"文化"两个概念都作为广义解，安全不仅包括生产安全，还扩展到生活、娱乐等领域，文化的概念不仅包含观念文化、行为文化、管理文化等人文方面，还包括物态文化、环境文化等硬件方面。

上述定义的共同点：

（1）文化是管理、行为、物态的总和，既包括主观内涵，也包括客观存在。

（2）安全文化强调人的安全素质，要提高人的安全素质，需要综合的系统工程。

（3）安全文化是以具体的形式、制度和实体表现出来的，并具有层次性。

（4）安全文化具有社会文化的属性和特点，是社会文化的组成部分，术语文化的范畴。

（5）安全文化的最重要领域是企业，要建设好企业安全文化。

其不同点：

（1）内涵不同。广义的定义既包含安全物质又包含安全精神层面，狭义的定义主要是强调精神层面。

（2）外延不同。广义的定义既涵盖企业，又涵盖公共社会、家庭、大众领域；狭义的定义主要强调的领域是企业。

根据人们活动领域、活动方式、活动目的的不同，安全文化可分为具有各种特征的分支学科，如企业安全文化、减灾安全文化、社区安全文化、大众安全文化、居家安全文化、休闲保健安全文化、城市减灾安全文化、青少年安全文化、中老年人安全文化等。

4.1.2　安全文化的产生与发展

安全文化是 1986 年由国际原子能机构召开的"切尔诺贝利核电站事故评审会"提出的，其后，国际原子能机构在 1991 年首次定义了"安全文化"的概念，并建设了一套核安全文化建设的思想和策略。这是人类有意识地发展安全文化。我国核工业不失时机地跟踪国际核工业安全的发展，把国际原子能机构的研究成果和安全理念引入国内。1993 年，劳动部部长李伯勇指出，"要把安全工作提高到安全文化的高度来认识"。在这一认识基础上，于 1994 年年初，国务院核应急办公室等单位组织了跨学科的首次"安全文化研讨会"。之后，安全文化的研究与应用在我国各行各业推广，把这一高技术领域的思想引入了传统产业，把核安全文化深化到一般安全生产与安全生活领域，从核安全文化、航空航天安全文化等企业文化，拓宽为全民安全文化，从而形成一般意义上的安全文化。

从人类历史的发展来看，人类安全文化伴随人类的生存而生存，伴随人类的发展而发展。其发展可分为四个阶段：17 世纪前，人类安全观念是宿命论的，行为特征是被动承受型的，这是人类古代安全文化的特征；17 世纪末期至 20 世纪初，人类的安全观念提高到经验论水平，行为方式有了"事后弥补"的特征；20 世纪 50 年代，随着工业社会的发展和技术的不断进步，人类的安全认识论进入了系统论阶段；随着高技术的不断应用，如宇航技术、核技术等的发展，人类的安全认识论进入了本质论阶段，超前预防型成为现代安全文化的主要特征。这种高技术领域的安全思想和方法论推进了传统产业和技术领域的安全手段和对策的进步（见表 4.1）。

表 4.1　人类安全文化的发展过程

时代的安全文化	观念特征	行为特征
古代安全文化	宿命论	被动承受型
近代安全文化	经验论	事后型，亡羊补牢
现代安全文化	系统论	综合型，人机环对策
发展的安全文化	本质论	超前，预防型

4.1.3　安全文化的基本功能

安全文化具有规范人们行为的作用，其基本功能表现在四个方面：

（1）导向功能。企业安全文化提倡、崇尚什么，将通过潜移默化的作用，接受共同的价值观念，职工的注意力必然转向企业所提倡、崇尚的内容，将职工个人目标引导到企业目标上来。

（2）凝聚功能。当一种企业安全文化的价值观被企业成员认同时，它就会成为一种黏合剂，从各方面把其成员团结起来，形成巨大的向心力和凝聚力，这就是文化力的凝聚功能。

（3）激励功能。文化力的激励功能，指的是文化力能使企业成员从内心产生一种情绪高昂、奋发进取的效应。通过发挥人的主动性、创造性、积极性、智慧能力，使人产生激励作用。

（4）约束功能。这是指文化力对企业成员的思想和行为具有约束和规范作用。文化力的约束功能，与传统的管理理论单纯强调制度的硬约束不同，它虽也有成文的硬制度约束，但更强调的是不成文的软约束。

安全文化通过对人的观念、道德、伦理、态度、情感、品行等深层次的人文因素的强化，利用领导、教育、宣传、奖惩、创建群体氛围等方法，不断提高人的安全素质，改进其安全意识和行为，从而使人们从被动地服从安全管理制度，转变为自觉主动地按安全要求采取行动，即从"要我遵章守法"转变为"我要遵章守法"。

4.2 企业安全文化理论与建设

企业安全文化是指企业物质财富与精神财富的总和。它包括：企业（或行业）在长期安全生产经营中形成的或有意识塑造的，又为全体职工接受的、遵循的，具有企业特色的安全思想和意识、安全作风和态度、安全管理机制和行为规范；企业安全生产的奋斗目标和进取精神；为保护职工身心健康与安全而创造的安全而舒适的生产、生活环境和条件；安全的价值观、安全的审美观、安全的心理素质和企业的安全风貌、习俗等。

建设企业安全文化，是有其时代背景的。具体表现在：其一，从我国安全生产的现状来看，随着改革开放和市场经济的发展，我国安全管理水平的确有了很大的提高。为了提高安全生产水平，各级政府、各行业主管部门及企业都分别制定了一系列的安全条例、规程、规范和技术标准，各级安全管理机构也在不断完善，管理技术也在不断提高。但是，事故仍然不断发生，安全生产的水平还基本停留在一个较低的水平上。因此，从把我国的伤亡事故降低到当代社会可接受的水平看，我国的安全管理水平还有待于大幅度的提高。其二，生产系统安全运行的基本条件是人、机、环境系统的本质安全化，而人的本质安全化品质是关键因素；人们在反复思考这样一个问题，为什么有些企业领导和员工不重视自身本质安全化建设？为什么不能严格执行安全规章制度？谁都知道生命是最宝贵的，可是在生产管理和生产作业中有人却对爱惜生命缺乏自觉性。其三，我国每年有10万人左右死于各类事故，因技术失控引起的灾难的直接经济损失在年均300亿元以上，每年要用450多亿元应急救援。对这些由我们自己失误造成的巨大灾难，企业领导和广大职工有多少人知道？正如原劳动部部长李伯勇所指出的那样，要把安全工作提高到安全文化的高度来认识。因此，为了实现长期的安全生产，保障职工的安全与健康，为保障现代社会生活和现代企业生产长期稳定和发展的需要，就必须扎扎实实地、系统地进行企业安全文化的建设。

4.2.1 企业安全文化的建设层次

企业安全文化建设就是要在企业的一切方面、一切生产经营活动的过程中，形成一个强大的安全文化氛围。建设企业安全文化，就是用安全文化造就具有良好的心理素质、科学的思维方式、高尚的行为取向和文明生产活动秩序的现代人，使企业的每个成员，在正确的安全心态支配下，在安全化的环境中，高度自觉地按照安全制度、准则来规范自己的行为，并能有效地保护自己和他人的安全与健康，同时又能确保各类生产作业活动的顺利进行。

企业安全文化是多层次的复合体，由安全物质文化、安全制度文化、安全精神文化、安全价值和规范文化组成。企业安全文化是以人为本，提倡"爱"与"护"，以"灵性管理"为中心，以职工安全文化素质为基础所形成的群体和企业的安全价值观（即生产与人的价值在安全取向上的统一）和安全行为规范，表现为职工的激励安全生产的态度和敬业精神。

4.2.1.1　物质安全文化建设

物质安全文化建设的目标是实现机、物、环境系统的本质安全化，这是人类长期追求的目标，也是企业安全文化建设的必然要求。进行物质安全文化建设，就需要依靠企业的技术进步和技术改造来不断提高系统本质安全化程度，主要包括三个方面：

（1）工艺过程本质安全化。工艺过程主要是指对生产、操作、质量等方面的控制过程。工艺过程本质安全化应做到：操作者不仅要了解物料、原料的性质，还要正确地控制好温度、压力、质量等参数，必须有严格的工艺规范和技术管理制度。企业应当落实和检查科室和专人负责日常工艺过程管理的情况，认真监督、检查操作规程、制度和工艺规范的执行情况。

（2）设备控制过程的本质安全化。应当加强对生产设备、安全防护设施的管理，主要内容包括：从设备的设计、制造到订货等都要考虑其防护能力、可靠性和稳定性，要大力推广和开发应用安全新技术、新产品、新设施和先进的安全检测设备，在抓设备"正确使用、精心维护、科学检修、技术攻关、革新改造"的同时，要抓好设备、工艺、电气的连锁和静止设备安全措施的落实。

（3）整体环境的本质安全化。主要是为作业环境创造安全、良好的条件。

4.2.1.2　制度安全文化的建设

制度安全文化是指与物质、心态、行为规范安全文化相适应的组织机构和规章制度的建立、实施及控制管理的总和。其主要内容包括：建立健全企业安全管理制度，建立完善企业安全管理各项基本法规和标准，并且高效地运用这些法规和标准，使其真正落到实处。

4.2.1.3　员工心态安全文化的建设

员工心态安全文化是指安全文化中精神层面的文化。从本质上看，它是人的思想、情感和意志的综合表现，是人对外部客观世界和自身内心世界的认识能力与辨识结合的综合体现，其目的就是要增强职工的安全意识和安全思维。

安全意识来源于人们安全生产经验和安全管理科学知识相结合的实践，又反过来支配安全生产的复杂心理过程。它包括以认识、情感和意志为基础的有机整体，从个体的安全防护意识层次上分析，大致可以归纳为三个层次，即应急、间接和超前的安全保护意识。

A　应急安全保护意识

它主要体现在，当事故以显性危害方式出现时，能对这种直接的危害迅速察觉、避让和采取应急措施。这种应急保护意识是自发的、本能的、快速的反应。一般来说，职工的表现都比较强烈，但表现的正确与否和职工的安全技术素质有很大的关系。

B　间接安全保护意识

它主要体现在，当危险因素以隐性的危害方式出现时，对间接的、慢性的伤害及其所造成的后果，人们往往认识不清；对这种隐性的危害应采取的防护、隔离等安全措施，需经过安全教育与培训方可逐步形成。

C　超前安全保护意识

它主要体现在，对于安全管理的缺陷造成人的态度、情绪与不安全行为，需要采取预防与控制的手段，人们在这方面的安全意识比较薄弱，对潜在危险因素的洞察性、预防性和控制性都比较差。促使人们树立正确的安全意识最有效的手段是通过各种形式的宣传教育方法，并从安全哲学、安全科学、安全文学、安全艺术等角度对职工进行安全文化渗透，唤醒人们对生命安全健康的渴望，从而从根本上提高对安全的认识，增强应急安全保护意识、间接安全保护意识和超前安全保护意识。

4.2.1.4　员工行为规范安全文化的建设

员工行为规范安全文化是指人的安全价值观和行为规范，公认的价值标准存在于人们的内心，制约其行为，这就是行为规范。其具体表现为安全道德、风俗、习惯等。安全道德就是人们在生产劳动过程中维护国家和他人利益、人与人之间共同劳动、生产、工作（生活）的行为准则和规范。缺乏安全道德的行为表现是我国伤亡事故高发的重要原因之一。它对企业劳动安全卫生造成最大、最直接的危害，有的还造成了无可挽回的巨大损失。进行员工的行为规范安全文化建设，就是要提倡树立安全道德，具体做法如下：

（1）树立集体主义的精神风貌。这是安全道德的基本原则，也是人们在劳动、生产过程中体现出人与人之间的关系所应当遵循的根本指导原则。

（2）安全道德宣传工作的开展，靠社会舆论、环境氛围和人们的内心信念的力量，来加强安全道德的修养。

（3）做好安全道德教育，培养人们安全道德的情感，树立安全道德的信念，遵循由安全道德所引导的正确的行为动机，以养成良好的安全道德的行为习惯。

只要把人伦和道德有机地结合起来，在没有人监督的情况下，人人都能够自觉地按照安全道德的约束去做，把安全道德规范转化为人们的道德力量，就能有效地控制伤亡事故的发生，这就是行为规范安全文化建设的最终目的。

企业安全文化的层次结构原则是以安全文化的层次结构为基础的，如图4.1所示。

4.2.2　企业安全文化的形态与对象

企业安全文化建设是近年来安全科学领域提出的一项企业安全生产保障新对策，是安全系统工程和现代安全管理的一种新思路、新策略，也是企业事故预防的重要基础工作。安全文化是一个大的概念，它包含的对象、领域、范围是广泛的。也就是说，安全文化的建设是全社会的，具有"大安全"的理念。企业的安全生产主要关心的是企业安全文化的建设，企业安全文化是安全文化最为重要的组成部分。

4.2.2.1　企业安全文化的形态体系

A　安全观念文化

要建立起全民的、全社会的安全观念，包括预防为主的观念、安全也是生产力的观念、安全第一的观念、安全就是效益的观念、风险最小化的观念、最适安全性的观念、安全超前的观念、安全管理科学化的观念等，同时需要树立自我保护的意识、保险的意识、防患于未然的意识等。

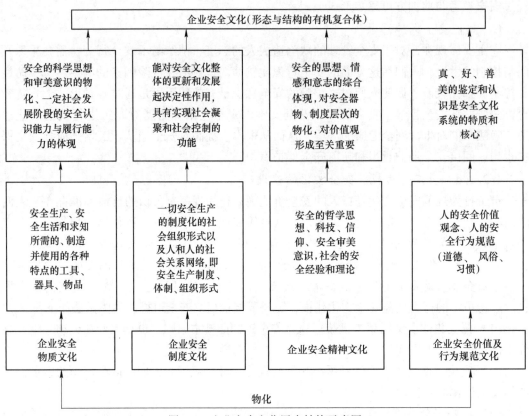

图 4.1　企业安全文化层次结构示意图

B　安全行为文化

行为既是时代文化的反映，同时又作用于和改变社会的文化。现代工业社会，需要发展的安全文化是：进行科学的安全思维、强化高质量的安全学习、执行严格的安全规范、进行科学的安全指挥、掌握必需的应急自救技能、进行合理的安全操作等。

C　安全管理（制度）文化

安全管理（制度）文化的建设要从建立法制观念、强化法制意识、端正法制态度、科学地制定法规、标准和规章到严格的执法程度和自觉的执法行为等进行。同时，管理文化建设还包含行政手段的改善和合理化、经济手段的建立与强化等。

D　安全物质文化

物质是文化的体现，又是文化发展的基础。生产中的安全物质文化体现在：一是生产技术、生活方式与生产工艺的本质安全性；二是生产和生活中所使用的技术和工具等人造物及与自然相适应的安全装置、用品等物态本身的可靠性。

4.2.2.2　企业安全文化的对象体系

从对象的角度看，企业安全文化的对象体系包括法人代表的安全文化、企业生产各级领导的安全文化、安全专职人员的安全文化、职工的安全文化、职工家属的安全文化。其中，企业法人的文化素质中应该建立的观念文化有：安全第一的哲学观、尊重人的生命与健康的情感观、安全就是效益的经济观、预防为主的科学观。企业安全文化建设的体系如

图 4.2 所示，企业安全文化建设系统工程如图 4.3 所示。

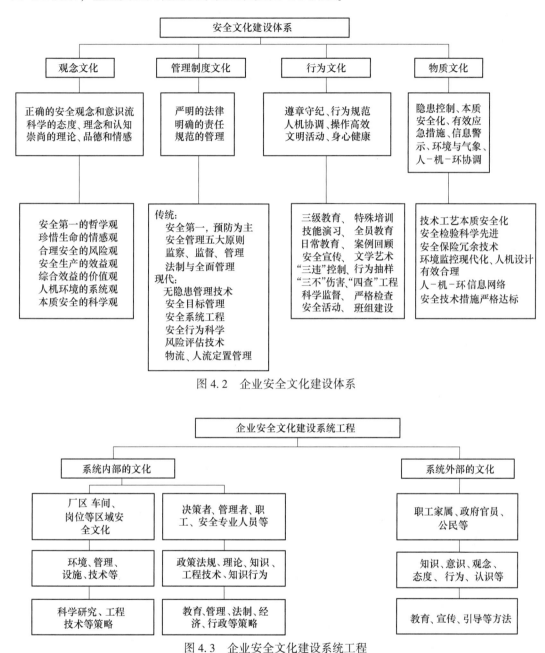

图 4.2 企业安全文化建设体系

图 4.3 企业安全文化建设系统工程

4.2.3 企业安全文化建设的必要性

企业安全文化是企业稳定发展与生存的基石，是人的意识在企业安全方面的反映。它包含企业员工所共同遵循的安全理念、目标、思想、价值观、作业行为等。

企业安全文化建设是弘扬企业精神，塑造企业形象，实现企业安全生产目标的动力。随着科技的进步、工业技术水平的提高、规模的扩大，安全管理成为企业管理的重要组成部分。为了提高全员的安全意识和整体安全文化素质，在企业形成一种稳定、和谐的安全生产环境，增强企业抵抗风险的能力和竞争能力，企业必须加强安全文化建设。

安全生产是一项系统工程，如何保证企业安全生产，如果仅仅就事论事地抓职工安全教育、治理设备缺陷、消除现场事故隐患是远远不够的。必须从根本上着手，从企业的基础工作抓起，把企业的安全生产工作上升为安全文化建设，让全体员工成为有文化、有责任心、立足岗位、安全意识强、遵章守纪、技术好的文化人。

企业安全文化建设的必要性体现在以下三个方面：

（1）安全工作的需要。突出人的主导作用，强调以人为本，不断提高员工的安全意识，引导与规范安全行为，提高安全工作水平，是企业安全文化的核心。它有利于增强安全工作的自觉性。

（2）预防事故的需要。强调事故预知与应急，通过教育培训提高人的安全素质，是企业安全文化的精髓。它有利于更准确地预知事故，掌握预防事故的能力，培养员工好的心理素质与对突发事故正确处理的应变能力，达到控制事故，减少事故损失的目的。

（3）员工素质提高的需要。强调多种形式的文化教育，提高安全文化水平与安全科学技术，是企业安全文化的灵魂，有利于员工整体综合素质的提高。

4.2.4　企业安全文化建设模式

要建设企业安全文化，就必须围绕着企业安全文化各个层次的具体内容，在广大职工群众中开展各种各样、生动活泼的活动，使一个企业在安全生产上有自己独特的指导思想、经营哲学和宗旨，有明确的价值观、道德准则、文化传统、生活信念等，能够用崇高的精神力量说服人、吸引人、团结人、鼓舞人，发挥人的聪明才智和创造力，在全体职工中形成共同的目标感、方向感和使命感，从根本上解决企业安全生产的问题。

企业安全文化建设的模式可设计成如下十大类模式，每种模式可采用定期组织操作或非定期组织操作的方式进行。若定期组织操作，它就可能成为安全宣传月、安全教育月、安全管理（法制）月、安全活动月、安全科技月、安全检查月、安全总结月等。若非定期组织操作，每一种模式就可能成为企业安全文化建设的一项经常性工作，需常抓不懈。其主要内容见表 4.2~表 4.11。

表 4.2　安全宣传建设

项　目	内　容	方　式	目　标	对象	责任者
三个"第一"	第一个文件是"安全文件"； 第一个大会是"安全大会"； 第一项工作是"安全一号文件的宣传月活动"	会议、学习、广播、电视、考试	突出安全，抓好安全，为全年的安全工作开好头	全员	党政负责人、安技、宣传部门
"三个一"工程	车间一套挂图，厂区一幅图标，每周一场录像	实物建设	增长知识	全员	安技、宣传部门
标志建设	安全标志	实物建设	警示、强化	职工	安技、宣传部门
宣传壁报	安全知识、事故教训等	实物建设	增长知识	全员	安技、宣传部门

表 4.3 安全教育（学习）建设

项 目	内 容	方 式	目 标	对象	责任者
特殊教育	特殊工种、岗位、部门必须的安全知识、安全规程	学习、演练、考核	强化意识、掌握知识和技能	特殊工种	车间、安技、动力部门
全员教育	安全知识、事故案例、政策法规	学习、研讨、广播	增强观念、扩展知识、提高素质	全员	安技各级机构
家属教育	厂情、工程岗位知识	座谈、家访	创造协调的家庭生活背景	结合岗位	安技、工会部门
班组读报活动	选择与自己安全生产相关的读报内容，如事故案例分析、安全知识、政策法规等	班组安全活动	提高认识、增强知识、强化意识	班组成员	班组长或组安全员
干部教育	政策、法规、知识	学习、报告、座谈	强化意识、提高管理素质	各级领导	主要负责人、安技部门

表 4.4 安全管理建设

项 目	内 容	方 式	目 标	对象	责任者
全面管理	责任制建设、各种法规文件、技术标准	通过安全规章建设，定员、定岗、定责	强化责任、落实措施、明确目标，做到横向管理到边（各职能部门）、纵向管理到底（班组岗位）	全员	企业法人、安技部门人员
"四全"管理	全员、全面、全过程、全天候	全员运动	人人、处处、时时把安全放在首位	全员	党政负责人、企管部门、安全人员
"三群"对策	安全生产实行群策、群力、群管	人人献计献策；人人遵章守纪；人人参与监督检查	创造全方位的科学管理、严格管理的群众氛围，使安全责任得以贯彻、安全规章得以遵守、事故对策得以落实	全员	各级管理人员、安技部门
"三负责"制	从文化精神的角度激励情感，从行政与法制的角度明确"三负责"：向职工负责、向家人负责、向自己负责	通过各种教育手段，学习规程、制度，明确责任	落实安全生产人人有责的原则，激发安全生产的责任心与责任感	企业全员	各级管理人员
系统管理工程	人员、设备、环境的安全性分析与对策	专题研究，分析报告	找出问题、分析对策、提出措施	生产要素	安技部门
无隐患管理	隐患分析、管理、控制	全员运动	查出隐患、分析排列、重点对策	人、机、环	安技部门

项　目	内　容	方　式	目　标	对象	责任者
"定置"管理	对工作车间（岗位）和职工操作行为进行定置管理	通过严格的标准化设计和建设规范要求，实施生产设计工具的物态和职工操作行为的管理	创造良好的生产物态环境，使物态环境隐患得以消除；控制人工作业操作过程的空间行为状态，使行为失误减少和消除	车间或岗位的物态、现场工人	车间生产管理人员和班组长
"5S"活动	整理、整顿、清扫、清洁、态度（其英语发音均以"S"起头）	全员运动	改变工作环境，养成良好的工作和生活习惯，达到提高工作效率、职工素质，确保安全生产的目标	人、机、环	党政负责人，安全、企管、环保部门
保险对策	对保险效果进行比较研究，提出新的对策	研究、分析、对比、投保	有效投保，提高安全投资效益	相关人员	安技、财务部门

表4.5　安全百日竞赛活动

项　目	内　容	方　式	目　标	对象	责任者
安全竞赛	车间、班组、岗位进行全面安全竞赛	查现场、问职工、看效果、定量评比	强化观念、落实措施、提高事故预防能力	生产一线	主要负责人、安技部门
安全生产周	结合全国活动主题，进行针对性活动	根据形势适时确定	提高安全生产水平	人员	各级党政负责人
安全演讲比赛	安全常规知识、专业知识、厂情状况	演讲	深入基层、动员全员参与、强化知识	班组	相关部门
事故祭日	本单位案例或同行业重大事故案例回放	会议报告、挂黑旗	警钟长鸣、教训常温、强化意识	全员	安技部门
"信得过"活动	生产、工艺、纪律、安全、环保等方面	"四一"工作程序法：班组一日考核，一周一汇报；车间一月一检查，一季一总结；厂半年一次检查验收；公司半年一次验收	改善工作环境，养成良好的工作习惯和生活习惯，达到提高工作效率和职工素质，确保安全生产的目标	全员、各班组	党政负责人、主管部门、环保部门、工会
文艺活动	诗歌、歌曲、灯谜等文艺形式	自编节目或邀请	寓教于乐、增强安全意识	全员	工会、安技人员

表 4.6　安全科技建设

项　目	内　容	方　式	目　标	对象	责任者
标准化岗位建设标兵	车间、班组、岗位进行安全标准化作业建设（防火、防毒、防电、防尘）	定标准、定项目、定内容、硬件建设	在硬件上做到达标合格，提高硬件的本质安全化	生产一线	技术、安技部门
"绿色岗位"建设	针对特殊岗位进行全方位（人、机、环）安全建设	定方案，进行全面建设	提高特殊岗位的事故防范能力	人机操作岗位	安技、技术、生产部门
"三点"控制	对生产现场的重要位置进行整体重点控制	以车间或岗位为单位，进行有目标、责任明确的分级控制和分析管理	对危险性和危险性严重的生产作业，进行整体有效的控制	事故多发点、事故危险点、尘毒危害点	班组、车间、工厂安技部门全面负责
"三治"工程	治烟、治尘、治毒	每年进行项目预算、立项，实行安技项目推广制	通过采用各种新技术、新方法，落实安全生产的工程技术对策，尽力实现物态本质安全化	生产工艺关键部位	安技、生产、技术部门
隐患整治	对生产技术及工艺中存在的隐患进行分期、分批的改造和整治	技术革新、改造工艺	按隐患的严重性程度，进行有计划的达标整治评估	隐患设施	技术设计、安技部门

表 4.7　安全日常活动

项　目	内　容	方　式	目　标	对象	责任者
"三不伤害"活动	不伤害自己、不伤害别人、不被别人伤害的宣传教育活动	教育、宣传、查行为、表态度	让企业每个职工在思想、意识、观念上有深刻的认识	一线职工	安技、宣传、工会、青工部门
事故判断活动	经过专门设计，组织车间一线安全兼职人员对可能发生的事故的状态进行分析判断	座谈会、分析填表、做综合统计分析	对可能发生事故的状态进行超前判定，以指导有效的预防活动	兼职安全员	安全、技术部门
危险预知活动	生产班组通过定期的班前、班后会议，进行危险作业分析等活动	以生产班组为单位，对生产过程进行危险分析	通过职工自身的安全活动，控制生产过程中的危险行为和物的危险状态	生产中的人和机	车间、生产班组

项　目	内　容	方　式	目　标	对象	责任者
班组建"小家"活动	班组活动室的卫生、文明建设	组织全体成员，对环境和物态进行文明、卫生建设	创造卫生、文明环境，形成一种环境的行为约束力，使职工自觉地执行安全文明的行为规范，对不安全行为有一种无形的约束力	班组活动室或操作间	班组全体成员
"六个一"安全主题活动	查一个事故隐患、提一条安全建议，背一条安全规程、讲一件事故教训、当一周安全监督员、献一元安措经费	定方案，有选择、分步进行	对青年职工进行一次自我的安全教育，提高其安全生产的能动性，做到预防为主	青年职工	青年团、安技部门
安全目标管理	在安全教育、安全制度建设、安全技术推广、安措经费等方面进行目标化的管理，实现管理现代化	使安全管理做到有目标、有计划、有步骤、有措施、有资金、有条件	安全管理层	安全部门	
安全生产委员会会议	上季安全工作总结，安全隐患治理通报，下季安全工作布置，重大的安全生产发展事宜	有布置、有总结、分级管理并落实	安全决策、措施落实、隐患控制	厂长或经理、各级管理者	安全生产委员会成员
经济对策	运用事故罚款、入厂风险金、安全奖金、安全措施保证金、工伤保险、建立安全基金等手段，强化安全管理		建立激励机制，强化安全的科学管理	职工、车间、班组	安全部门
风险抵押制度	采取安全生产风险抵押承包方式，进行事故目标控制管理	年初承包抵押，年底考核奖罚	强化安全意识、加大管理力度，使责任到位，严格管理	各级领导，基层安全员	安全部门
无隐患管理	对生产工程中的隐患进行目标控制管理	分类、分级、建档、报表、统计、分析	对隐患管理达到像事故管理一样的程度，保证安全	岗位职工	安全部门
开工安全警告会	对新上项目、更新项目等以仪式形式的开工安全警告会	会议	强化安全意识、深化安全管理	生产管理者	企业法人、安技人员

项 目	内 容	方 式	目 标	对 象	责任者
现场安全计时	在生产现场挂牌，标记表明安全生产（无重大伤亡、无事故停产、无火灾爆炸等）的天数	警示牌	警告作用	现场职工	车间
事故告示	对事故状况进行挂牌警告	警示牌	警告作用	现场职工	安全部门

表 4.8 安全检查活动

项 目	内 容	方 式	目 标	对 象	责任者
人因安全性检查	对各级领导和职工进行责任制、安全培训、安全技能等方面的考评	填表、抽表、分析、评价	使企业各级领导和职工的安全意识、安全知识技能达标	全员	安技、教育、人事部门
物因安全性检查	各种生产设备、装置、工具、材料等	安全检查技术	通过全面检查、评价，发现隐患，指导有效整改	生产物资管理人员	技术、设备、安技部门
"四查"工程	查思想、查制度、查设施、查教育、查防护品、查隐患、查"三违"	岗位一天一查，班组一周一查，厂级一月一查，公司一季一查	岗位设施安全运行，工人安全操作；班组安全作业，生产安全，车间环境安全，规范文明生产；工厂责任落实到位，安全管理规范化	岗位、班组、车间、工厂	班组长、车间主任、安技人员
管理效能检查	对企业的机构、人员、职能、制度、经费投入等安全管理的效能进行全面系统检查	分层次、分对象，采用座谈分析、项目对照方式	通过系统分析和检查，促使企业完善安全管理，提高安全管理效能	第一责任人、人事、安技部门	
岗位责任制检查	岗位专责制、交接班制、巡回检查制、设备维护保养制、质量负责制、岗位练兵制、安全生产制、班组经济核算制、文明生产制、班组思想政治工作制	每一季现场生产管理大检查，先自查，后公司联合检查	全面贯彻落实以岗位责任制为中心的十大规章制度	生产、车间、处室	企管、安全部门

表 4.9　安全演练活动

项　目	内　容	方　式	目　标	对象	责任者
灭火技能演习	进行各种消防器材的实际使用演练	模拟式实物训练	使职工熟悉每一种常规消防器材的使用	职工	安技部门
火灾应急技能演习	对可能出现的火灾事故进行有效的车间岗位应急处置、个人救生等应急技能演练	现场模拟方式,按应急预案进行	对可能发生的险情,做到正确的判断、处置、求生	职工	安技部门
爆炸应急技能演习	对可能出现的爆炸事故进行有效的车间岗位应急处置、个人救生等应急技能演练	现场模拟方式,按应急预案进行	对可能发生的险情,做到正确的判断、处置、求生	职工	安技部门

表 4.10　安全报告活动

项　目	内　容	方　式	目　标	对　象	责任者
知识竞赛	举办安全知识竞赛活动	会议方式、电视实况	职工大会或车间会议	车间、班组、职工	安技、宣传、教育部门
事故报告会	对当年企业或同行业发生的事故进行报告	职工大会或车间会议	吸取教训,警钟长鸣	车间	生产、安全部门
安全汇报会	以二级分厂为单位,对安全状况、隐患、问题、全年工作状况、来年的工作重点进行报告	中层干部会议	总结工作,分析问题,规划目标,制定对策	中层管理人员	企业领导、生产与安全部门

表 4.11　安全评价表彰活动

项　目	内　容	方　式	目　标	对　象	责任者
安全评价	对企业在安全管理、安全教育、安全设施、现场环境等安全生产的硬件进行全面评价	专家组检查、分析方式	发现问题,抓住薄弱环节,指导来年工作对策	管理、设施、设备、环境	技术、安全、生产部门负责人
安全庆功	对安全生产先进的班组、车间、个人进行表彰和奖励	全体会议	鼓励先进,鞭策落后	车间、班组、职工	企业最高行政机构
安全人生祝贺活动	对安全生产 30 年、安全驾驶 500km 等长期安全生产的职工进行安全人生祝贺活动	举办生日晚会的形式	激励职工安全生产的热情,用文化和精神的力量感染人、教育人	一线生产工人	安全、宣传、工会部门

4.3　公共安全文化

公共安全文化主要包括社区安全文化、交通安全文化、消防安全文化、休闲娱乐安全文化和保健安全文化。

4.3.1　社区安全文化

构成社区的要素为人口、地域、相联系的有组织的社会经济、政治生活及与之相适应的管理机构，维持集体生活所需的共同道德风尚。社区安全文化专门研究在社区范围内安全文化的应用问题，保护社区成员的身心健康与安全，创建文明、稳定、和谐的安全文化氛围。社区安全文化是公众安全文化的重要组成部分，也是社会主义精神文明建设的组成部分。

社区安全文化要求，社区每个成员无论何时何地做任何事情都必须以大众安全为第一要务。社区安全文化要求，各社会群体在生产、经营等各项活动中要始终坚持安全第一的思想，时时为大众安全着想，事事为大众安全服务，以有组织的生产活动和社会行为来保障大众安全。

4.3.1.1　社区安全文化建设的主要内容

A　安全观念的正确引导

观念文化首先是安全价值观的确立，安全价值是人的价值观中有关安全行为选择、判断、决策的观念总和，是处理人与人关系和人与自然关系的行为基础。主张"珍惜生命，爱护自然"、"爱护自己，保护他人"的安全价值观。安全价值观的另一个重要的方面就是安全意识，通过安全文化的建设，在社会大众中树立强烈的安全第一、居安思危、防微杜渐、警钟长鸣、亡羊补牢等的安全意识。

B　大众安全制度文化的科学建设

通过法律、规章、政府告示、行政条例等对公众建设、公共行为的安全性、目的、标准提出要求和作出规定，建设大众安全制度文化。

C　公众的安全行为文化建设

社区成员无论在公共场所，还是在私人住宅，都存在安全行为文化的问题。大众安全行为文化建设需要考虑到交通行人的安全行为文化，倡导遵章守纪、礼让他人的行为文化；饮食的安全文化；娱乐中的安全文化；家庭生活中的安全行为文化，以及在安全生存方面训练有素，即防火中的安全行为文化。

4.3.1.2　社区安全文化建设的意义

A　增强人们的安全意识

安全社区建设，目的就是要解决社会经济发展中的突出矛盾，解决关系人民群众切身利益的突出问题。随着社会的发展，人们对安全、健康与环保的追求日益迫切，避免日常工作、生活中的身体伤害和精神损害，已成为人们的"第一需要"。因此，大力开展安全教育，开展安全社区活动，加强社区安全文化建设，可以有效地增强居民的安全意识，改善居民的工作生活环境，提高居民的安全健康素质，使居民生活安康，社会和谐安定。可以通过教育和现场体验活动，增强社区成员的安全意识，促进社区成员良好安全习惯的养成。

B　协调人们的关系

安全文化作为先进价值观，为人们树立了良好的道德规范，把人们对安全的不同认识融合起来，形成了统一意志。这就使每一个社区成员都把保证自己和他人的安全作为自己的行为准则，从而在社区中形成和谐局面。

C　规范人们的行为

安全文化不仅是一种文化，也是一种规范和制度。它要通过国家和政府的法律法规及社会道德标准来约束社区成员的行为。

4.3.2　交通安全文化

21 世纪的中国，高速公路、高速铁路、海上快艇、空中大型客机等海、陆、空交通网络将日趋完善，人们休闲旅游，汽车、火车、轮船、飞机任其乘坐，快捷方便。对于游客来说，旅途中的交通安全是头等重要的大事，不论是汽运、铁运、海运、航运都要求舒适、快捷、安全、可靠。这就要求各营运系统采用高新技术，提高营运装置的可靠性，培养技术熟练、心理素质好的驾驶员，建立完善的安全管理机制。

对于某些不可抗拒的因素，在特殊条件下或复杂的气象环境中，为了尽量避免或减少灾难或伤害，要宣传安全性自救、互救的应急方法。例如，如何使用高速汽车、火车、飞机上的安全装备，如何使用飞机上的氧气罩，如何使用船上、飞机上的救生衣、救生圈，大巴车、火车、轮船、飞机的紧急出口如何打开，这些自救、互救的知识都是应该熟练地掌握交通安全文化知识。人们一旦掌握了这些知识，则在紧急状态下人人都是救护员，人人都懂得如何逃生。

4.3.3　消防安全文化

21 世纪的中国，都市高楼林立，酒店、夜总会、商场星罗棋布，而对在这些公共场所休闲、购物、娱乐的人们来说，消防安全就是头等重要的大事。

近年来发生在各地城市大楼的火灾事故还历历在目，如哈尔滨白天鹅宾馆特大火灾、唐山林西百货大楼特大火灾、北京隆福大厦特大火灾、南昌地下商场特大火灾、阜新艺苑歌舞厅特大火灾、克拉玛依友谊宫特大火灾、洛阳老城区的东都商厦特大火灾等，这几起特大火灾，死亡人数之多，损失之大，震惊世界。为了加强消防工作，保卫社会主义现代化建设成果，保护公共财产和人民生命财产的安全，全国人大早在 1984 年就通过了《中华人民共和国消防条例》，对预防火灾作出了十一条规定，对消防组织、火灾救护、消防监督也都制定了相关条款。为了加强全社会的消防意识，公安部 1995 年 11 月发布了《消防安全二十条》，可以说这是消防安全文化的缩影。其具体内容如下：

（1）父母师长要教育儿童养成不玩火的好习惯。

（2）任何单位不得组织未成年人扑灭火灾。

（3）切莫乱扔烟头和火种。

（4）室内装饰装修不宜采用可燃易燃材料。

（5）消防栓关系公共安全，切勿损坏、圈占或埋压。

（6）爱护消防器材，掌握常用消防器材的使用方法。

（7）切勿携带易燃易爆物品进入公共场所、乘坐公共交通工具。

（8）进入公共场所要注意观察消防标记，记住疏散方向。

（9）在任何情况下都要保持疏散通道畅通。

（10）生活用火要特别小心，火源附近不要放置可燃易燃物品。

（11）发现煤气泄漏，迅速关阀门，打开门窗，切勿触动电器开关和使用明火。

（12）电器线路破旧老化要及时修理更换。

（13）电器线路保险丝（片）熔断，切勿用铜线、铁线代替。

（14）不能超负荷用电。

（15）发现火灾迅速打报警电话"119"，消防队救火不收费。

（16）了解火场情况的人，应及时将火场内被困人员及易燃易爆的物品情况告诉消防人员。

（17）火灾袭来时，要迅速疏散逃生，不要贪恋财物。

（18）必须穿过浓烟逃生时，应尽量用浸湿的衣服披裹身体，捂住口鼻，贴近地面。

（19）身上着火可就地打滚，或用厚重衣服覆盖压灭火苗。

（20）大火封门无法逃生时，可用浸湿的被褥、衣物等堵塞门缝，泼水降温，呼救待援。

《消防安全二十条》告诉人们如何预防火灾、火灾发生后如何报警逃生，语言简练，通俗易记，便于操作，实用性强。我们应该将上述的条例规范变成自己的自觉行为，在公共场所形成浓郁的消防安全文化氛围。

4.3.4 休闲娱乐安全文化

一家三口双休日到公园、游乐园、冲浪游泳馆去娱乐健身，是人们休闲娱乐的新内容。随着物质生活的不断丰富，高新技术的广泛应用，娱乐设施不断推陈出新。在公园、游乐园中迷你过山车、航天飞机、碰碰车、太空飞船等娱乐设施淋琅满目。但是，随着科学的发展，社会的进步，文明程度的提高，安全与不安全的因素也在同时增长。近年来游乐园多次发生事故，大多是娱乐器械安全可靠性低而造成的。就目前我国娱乐场所的游乐设施，由国家技术监督局组织抽查的结果是，游乐设施合格率仅为42.3%。

安全带、安全把手、安全距离及车辆连接器的二道保险装置等，都是保证游客人身安全必不可少的安全措施，国家标准均有明确规定。但是，目前游乐设施自动控制不合标准，焊接与螺栓连接不合标准，站台及栅栏尺寸不合标准，游戏机未做电气连接，游乐园重要受力部件探伤不合标准，机械传动不合标准等，在全国各地都有不同程度的存在，这些缺陷将直接影响游客特别是中小学生的人身安全。加大对游乐设施的安全监察、检测的力度，时刻不能放松。尽管科技进步将给游乐设施的安全可靠性增加保险系数，但设施运营、设备维修与保养的好坏将直接影响人身的安全。因此，对于安全保障系统达不到标准的，要采取强制措施，禁止其运营。

另外，要加强对游客的安全教育。教师、家长带小孩去游玩，首先要注意游乐设施的安全设施是否完好，有把握才可带小孩去玩。同时，教育小孩在游玩中一定要遵守游玩的规则。

游泳是人们喜爱的运动，一到夏季，学校组织学生夏令营活动必有一项游泳活动，家长也都喜爱带小孩去江河及游泳池游泳。但游泳是一项有一定危险性的运动，每个夏季都有溺水事件发生，其中大部分是中小学生，这不能不引起家长、教师和游泳池管理人员的重视。

孩子去游泳池游泳，要有成年人陪伴。成年人带孩子去游泳池游泳，一定要加强监护责任心，以防不测。同时，游泳池工作人员也要加强责任心，不能麻痹大意，要切实做到让儿童玩得开心，让父母放心，这是娱乐安全文化教育的目的所在。

4.3.5 保健安全文化

随着我国经济的发展，人民生活水平的提高，人们都希望自己活得年轻，并健康长寿。因此，人们对饮食营养和美容更加关心。根据人们新的需求，各种花样食品、营养品、化妆品应运而生，并以铺天盖地之势迅猛发展。就饮食而言，原本就有中国特色。但国人在生活水平提高后，有少数人不注意科学养生和保健。例如：营养品也是人们保健不可缺少的物质。但从医学角度来看，一般正常人在日常的饮食中已经获取身体所需要的微量元素，没有必要专门滋补营养品。但是随着生活水平的提高，人们对自身的生命看得很重，再加上广告宣传等应有尽有。由于人们的体质、血型和体内各种微量元素的需求不同，哪些营养品吃了真正吸收，哪些营养品吃了根本就是浪费，这应该由保健医生来判断，不是吃什么营养品都能得到滋补。

目前，我国城市河段水质超过了三类标准而不适于生活用水的已占78%，50%以上的城市水受到污染。

思 考 题

4-1 如何理解安全文化？
4-2 简述安全文化的产生与发展。
4-3 安全文化的基本功能有哪些？
4-4 简要说明企业安全文化的建设层次。
4-5 简述社区安全文化建设的主要内容。

5 公共安全

5.1 公共安全概述

5.1.1 什么是公共安全

公共安全是社会群体和个体从事正常生产、工作和生活的必要秩序状态，是不特定多数人生命财产维持安全的状态，是人类的基本社会要求。

公共安全是社会发展中的一个重大问题，尤其在当前经济、社会大发展与社会转型并存时期，公共安全的影响因素众多，稍有不慎，就可能对社会发展和人民生命财产安全产生致命影响。据 2006 年的一份统计，我国平均每年发生各类事故近 100 万起，发生一次死亡 3~9 人的事故 2500 多起，平均每天 7 起；发生一次死亡 10 人以上的特大事故 120 多起，平均每周 2.5 起；发生一次死亡 30 人以上的特别重大事故 10 多起，平均每月发生 1.2 起；平均每年发生一次死亡 100 人以上的事故 1 起。

目前，影响公共安全的因素主要有以下 10 种：

（1）自然因素。包括地质灾害，如地震、滑坡、崩岸、塌陷、泥石流等气象灾害；其他灾害，如暴雨、洪涝、旱灾、风灾、雹灾、雪灾、霜冻、雷击、寒潮、沙尘暴、海啸等。

（2）卫生因素。包括人体卫生安全，如各类传染病、流行病、职业病、突发病、中毒等；动物防疫安全，如各类传染病、流行病、突发病、中毒等；水生物防疫安全，如鱼、虾、蟹、贝等。

（3）社会因素。包括刑事安全，如打、砸、抢、盗、杀、烧、炸、绑架、毒品等；社会动乱，如暴乱、非法集会游行、非法宗教活动等；社会灾难，如火灾等。

（4）生态因素。包括海洋生态安全，如赤潮、海岸带侵蚀、海水入侵、海水污染、渔业生态失衡、海岸工程毁坏等；自然生态安全，如动植物群及物种灭绝、生物灭绝、农作物与树林病虫灾、森林火灾、水土流失等。

（5）环境因素。包括废气、废水、废渣、噪声、毒气、腐蚀性物质、光化学、放射性危害等。

（6）经济因素。包括生产安全，如爆炸、各类事故等；金融安全，如信贷、外汇、股市等；交通运输安全，如铁路、公路、航空、海运、管道、索道、重要桥梁等；能源安全，如煤、油、电、气、水、火、热等。

（7）信息因素。包括国家机密、计算机信息、网络信息、核心技术、商业秘密等。

（8）技术因素。包括重要公共技术设施保护，如电视台、电台、通信等重要信息枢纽等；高新技术的负面危害，如克隆技术、转基因技术等。

（9）文化因素。包括民族矛盾、文化冲突等。

（10）政治因素。包括政治动乱、国家分裂等；国防因素，包括外敌入侵、主权危害等。

5.1.2　公共安全的相关概念

对于公共安全的含义，可以从法学和管理学两个方面来考察。

从法学理论分析，对公共安全的含义，专家学者的认识不尽相同。什么是公共安全？在我国刑法教科书及有关论文中对其限定进行了探讨。法学理论界对公共安全的含义主要有四种不同见解：

第一种观点认为，所谓公共安全，是指故意或者过失实施或者足以危害不特定多数人的生命、健康或重大公私财产的安全。

第二种观点认为，所谓公共安全，是指故意或者过失危害不特定多数人的生命、健康或者重大公私财产的行为。

第三种观点认为，所谓公共安全，是指故意或者过失实施危害不特定多数人的生命、健康、重大公私财产以及公共生产、工作和生活的安全。

第四种观点认为，所谓公共安全，是指故意或者过失实施危害或足以危害不特定多数人的生命、健康、重大财产安全，重大公共财产安全和法定其他公共利益的安全。

从管理理论分析，对公共安全的含义，有的专家认为，公共安全问题由自然因素、生态环境、公共卫生、经济、社会、技术、信息等多重侧面所组成。现代国家安全观已经超出传统的军事和国防范畴，而囊括了人民身体健康、生态环境、互联网络安全、生物物种安全、科学技术秘密、矿产资源保护、国际贸易畅通、货币金融稳定、公众心理稳定等方面。

影响和危害公共安全的因素和事件纷繁复杂，危害程度各异。当前，公共安全事件存在的共同形态及特点如下：

（1）发生的突然性。这些事件会突然发生。在何时何地或何种情况下发生，具有极大的不确定性。这对防止公共安全事件的发生和选择采取应对措施的时机和地点，增加了难度。因此，制定公共安全应急措施，建立健全公共安全应急体制具有特殊意义。

（2）危害的灾难性。这些事件会带来突然性的损害。对社会大众的财产和生命有时会带来灾难和毁灭，而且这种损害是刚性的、不可逆转的。一旦发生，必须动员必要的力量和资源进行紧急救援，力争把损失减少到最低程度。

（3）范围的广泛性。不少突发事件涉及范围广。2002 年年底至 2003 年的"非典"疫情扩散到全国 20 多个省（直辖市、自治区），并波及欧美地区。为此，有必要建立区域性或全国性的应急机制，并与其他国家或有关国际组织建立联系，共同抗击突发事件。

（4）影响的关联性。这些事件发生后会影响和波及经济社会的多个部门、各个方面，公共安全事件一旦发生，往往会造成连锁反应。如大洪水不仅影响农业，而且影响教育、交通运输、工业生产、商业流通等。洪水退后还可能造成大面积的流行病疫情暴发，房屋和基础设施损毁，影响建筑业等。为此，必须采取一系列应对措施，统筹全局。

（5）原因的复杂性。它不以人的意志为转移，是由多种原因、多种因素、多种条件造成的，而且这些原因、因素和条件往往相互联系、相互影响，甚至相互转化。因此，既要进行科学分类管理，又要加强相互协调和沟通，采取科学、系统、综合的措施应对。

（6）演变的隐蔽性。如1998年的特大洪水，在很大的程度上是由于长期以来对森林的过度采伐和对植被的破坏，导致区域自然生态失衡。这有一个量变过程，具有隐蔽性。所以，应当极其重视这一阶段，加强科学研究，进行提前预防，防止量的扩张和质的突变。因此要积极倡导、认真贯彻预防为主的方针。

5.1.3 公共安全事件的分类

公共安全事件一般按照事件的原因、危害形式、发生过程、规模、严重程度等进行分类。国家突发公共事件总体应急预案中，将公共安全事件划分为四类：自然灾害、事故灾难、公共卫生事件、社会安全事件。按照公共安全事件性质、严重程度、可控性和影响范围等因素分成四级，特别重大的为Ⅰ级，重大的为Ⅱ级，较大的为Ⅲ级，一般的为Ⅳ级。

自然灾害主要包括水旱灾害、气象灾害、地震灾害、地质灾害、海洋灾害、生物灾害和森林草原火灾等；事故灾难主要包括工矿商贸等企业的各类安全事故、交通运输事故、公共设施和设备事故、环境污染和生态破坏事件等；公共卫生事件主要包括传染病疫情、群体性不明原因疾病、食品安全和职业危害、动物疫情以及其他严重影响公众健康和生命安全的事件；社会安全事件主要包括恐怖袭击事件、经济安全事件、涉外突发事件等。

5.1.4 公共安全管理

5.1.4.1 公共安全管理的基本原则

公共安全管理是根据国家法律、法规、政策以及公安工作的原则，针对公共安全管理的规律、特点和现实的社会要求确定的，贯穿于社会公共安全管理整个过程中，公安机关和人民警察认知、分析、处理公共安全问题的基本准则。包括：

（1）预防为主，保障安全。预防和安全的关系，是手段和目的的关系，预防是手段，安全是目的。在各类管理工作中，通过行政、法律、经济、教育等手段，努力消除不安全因素，千方百计地防止危害公共安全的违法犯罪和各类安全事故的发生，从而达到保障安全的目的。

（2）依法管理，科学管理。"依法管理"是指公安机关在公共安全管理中，根据国家法律、法规和政策的规定，管理涉及公共安全的人、事、地、物，严格依法查处各种危害公共安全的违法行为和事故，切实做到有法必依、执法必严、违法必究。"科学管理"是指公安机关应根据公共安全管理的客观规律，从实际情况出发，运用现代管理科学和技术，合理调配人力、物力和财力，形成高效的管理机制，充分发挥各职能部门的作用，最大限度地发挥管理效能。

（3）以人为本，服务社会。"以人为本"是指公安机关在公共安全管理中，要以人为管理工作的出发点，强调对人性的理解，尊重人、关心人、教育人，树立以人为中心的管理理念。"服务社会"是指公安机关在公共安全管理中，要以保障和促进社会主义市场经济发展为宗旨，采取有利于我国经济实力增长、人民生活水平提高的管理办法和措施，实现最佳的社会效益和经济效益，从而达到确保安全的目的。

5.1.4.2　公共安全管理的基本方法

A　事先预防

（1）加强公共安全教育。公共安全教育是通过各种形式的学习和培养，大力提高人的公共安全意识和素质，使人们学会从公共安全的角度观察和理解所从事的活动及面临的形势，用公共安全的观点解释和处理自己遇到的新问题。公共安全教育可以分为安全教育和安全培训两大部分。

（2）构建全面管理的战略模式。要构建全面管理的战略模式，实现综合集成和管理效益的最大化。一是要整合协同的组织系统。二是要建立覆盖广泛、反应灵敏的预警系统。三是要建立资源共享的信息系统。四是要建立协同作战的应急救援系统。

（3）加强公共安全隐患的排查。深入扎实开展排查。深入基层、深入实际、深入群众，对重点区域、重点单位和重点群众的矛盾纠纷、安全隐患开展全面排查，摸清可能引发人员伤亡和财产损失的安全隐患，摸清导致矛盾纠纷突出的原因。完善预警预测分析机制，及时发现矛盾纠纷和安全隐患，尤其对可能影响安全稳定的重大隐患，要及时制定切实可行的工作措施，坚决防止形成现实危害。

B　事中处置

事中处置是指当出现危害公共安全的事件和发生安全事故时，公安机关以及相关责任部门依据法律及相关规定，按照程序，对事件和事故进行调查，收集提取证据，进行分析和认定，从而得出结论，最终依法处理相关责任人的一系列活动的总称。

C　事后处罚

对危害公共安全的事件和发生安全事故的相关责任人或行为人的处罚，根据其行为的性质，造成的后果不同，往往依据的法律法规不同，从而处罚的结果也不同。

5.1.4.3　公共安全体系和管理需要创新与完善的内容

我国在建立健全和完善公共安全体系和强化公共安全管理方面，未来还需要创新与完善以下方面：

（1）建立健全公共安全保障体系。
（2）建立健全公共安全的行政管理体系。
（3）建立健全公共安全的法规体系。
（4）建立健全公共安全科学与技术的研究体系。
（5）建立健全公共安全的人才保障体系。
（6）建立健全公共安全的物质和财政保障体系。
（7）建立健全社区治安和公共安全体系。
（8）建立健全安全的教育、宣传、培训体系。

5.2　城市公共安全

5.2.1　城市公共安全概论

随着城市化进程的加快，城市公共事故发生的频率越来越高，危害后果也越来越大，造成重大的人员伤亡和财产损失。城市公共安全的研究是我国经济和社会发展面临的重大问题。制定保障城市安全和城市经济社会协调发展的安全规划是城市公共安全研究的重要内容。城市公共安全系统的规划与设计本质是对城市风险进行预测后所作的安全决策，或者是对城市的安全设计，目的是控制和降低城市风险，使之达到可以接受的水平。主要从城市建设和社会发展总体规划的角度出发，在城市系统风险分析和预测的基础上，确定城市公共安全规划目标，提出风险减缓的对策措施。

城市公共安全是一个复杂的系统问题，要实现城市公共安全，必须建立城市公共安全管理系统，实行以风险分析、安全规划、风险控制和应急救援为主要内容的策略。到目前为止，国内外对公共安全以及城市公共安全的定义尚无统一认识。一些学者认为城市安全是指城市生态环境、经济、社会、文化、人身健康以及资源供给等方面保持的一种动态稳定与协调状态，以及对自然灾害和社会与经济异常或突发事件干扰的一种抵御能力。

城市公共安全专门研究城市由于人为因素和自然因素导致的事故灾害及其对城市带来的风险。这些风险存在于生产、生活、生存范围的各个方面，包括衣、食、住、行、休闲娱乐等各个领域及环节。城市公共安全问题是城市问题和安全问题的耦合，城市和安全问题本身的复杂性，使得城市公共安全问题变成更为复杂的系统问题。城市公共安全具有人群聚集性、脆弱性和社会敏感性。若把城市公共安全看成一个系统，它的风险，由于人群的聚集而被放大；由于系统的脆弱性而易受攻击和破坏；由于系统的社会敏感性而被激化及猝变。随着经济和社会的快速发展，我国城市化进程日益加快，由此带来的公共安全问题日益突出。既然城市公共安全是复杂的系统问题，城市安全就只有通过建立城市公共安全系统来实现。

城市公共安全系统由一定的要素按特定的组织形式构成，以实现城市安全保障功能为目的的统一整体。城市公共安全系统是涉及生产、生活和生存的各个领域的大安全系统。城市公共安全系统包括7个研究范围及对象，分别是城市工业危险源、城市公共场所、城市公共基础设施、城市自然灾害、城市道路交通、城市突发公共卫生事件和恐怖袭击与破坏。

城市公共安全研究的理论基础是风险理论，通过对可能发生的城市公共事故灾害进行风险分析；制定保障城市安全和城市经济社会协调发展的安全规划；实施风险减缓对策措施，进行风险管理；加强应对城市突发公共事件的应急与疏散能力，从而实现建设和建立城市公共安全系统的目的。

5.2.1.1 城市公共安全的研究内容

主要内容包括以下几个方面：

（1）城市公共安全风险分析。风险分析包括风险辨识与风险评价。风险辨识是在资料收集及现场查看的基础上，找出风险之所在和引起风险的主要因素，并对其后果作出定性的估计。风险评价是对城市系统存在的风险进行定性或定量分析，评价系统发生危险的可能性及其严重程度。

（2）城市公共安全规划。城市公共安全规划的本质是对城市风险进行预测后所作的安全决策，或者是对城市的安全设计，目的是控制和降低城市风险，使之达到可以接受的水平。城市公共安全规划主要从城市建设和社会发展总体规划的角度出发，在城市系统风险分析和预测的基础上，确定城市公共安全规划目标，提出风险减缓的对策措施，编制城市公共安全规划的样本及指南。

（3）城市公共安全的风险管理。风险管理是研究风险发生规律和风险控制技术的一门管理科学。它是指各组织机构通过风险辨识、风险分析、风险评价，并在此基础上优化组合各种风险管理技术，对风险实施妥善处理、有效控制，从而降低和减缓风险所致损失的后果，以期以最小的成本获得最大安全保障的目标。根据城市公共安全风险分析的结果，分析确定城市系统的脆弱部位或环节，设计有针对性的风险管理方案。设计风险管理方案时应以提升现有的城市公共安全水平，实现规划安全目标为目的。风险管理方案设计完成后，需要从经济技术可行性、公众心理承受力、法律法规符合性等方面进行论证。只有论证结果说明设计方案可行，才能进入风险管理的实施阶段，否则必须重新设计，以保证风险管理方案具备可行性。

（4）城市公共安全应急与疏散。城市系统事故灾害发生不仅有理论上的必然性，而且现实中不断发生的各类事故灾害也证明有时是不可能完全避免的。一旦重大事故灾害爆发，不仅造成巨大的经济损失，人员伤亡，还造成极坏的社会影响，反过来也会制约经济的增长和社会进步。因此为确保城市公共安全，一方面通过对城市系统进行风险分析，提出规划目标，并且实施各种风险管理措施来消除、减少各种事故灾害的发生，另一方面应积极做好各种应对与疏散措施，一旦事故发生就能及时、有效地实施应急救援和营救，减少伤亡，减轻事故后果。

5.2.1.2　城市公共安全的研究范围

主要集中在以下几个方面：

（1）城市工业危险源。主要对象为有毒有害、易燃易爆的物质和能量以及工业设备、设施、场所。

（2）城市公共场所。人群高度聚集、流动性大的公共场所，如影剧院、体育场馆、车站、码头、商务中心、超市和商场等，易发生群死群伤恶性事故。

（3）城市公共基础设施。城市生命线中的水、电、气、热、通信设施和信息网络系统以及地铁、轻轨等设施。

（4）城市自然灾害。指地震、洪涝等灾害始终严重威胁着城市的安全。

（5）城市道路交通。指作为城市命脉的城市道路交通的事故率、死亡率始终是最高的。

（6）恐怖袭击与破坏。指城市中恐怖分子、暴力主义者故意制造极端事件，如恐怖爆炸、纵火、释放毒气等。

（7）城市突发公共卫生事件。诸如 AIDS（acquired immune deficiency syndrome）类造成公众健康严重损害的重大传染病疫情、群体性不明病因疾病、重大食物和职业性中毒以及其他严重影响公众健康的事件。

5.2.1.3　城市公共安全的分类

为了更好地对城市系统进行公共安全风险评价，把原发事故灾害分为以下三类：

A　城市自然灾害及其次生灾害

(1) 洪灾
(2) 地震
(3) 龙卷风
(4) 风暴潮　　　　火灾
(5) 地面沉降　　　爆炸
(6) 泥石流　　　　毒物泄漏
(7) 沙尘暴　　　　坍塌
　⋮　　　　　　　⋮

B　城市常见人为事故灾害

(1) 火灾。
(2) 爆炸。
(3) 毒物泄漏。
(4) 建筑物及其附属设施倒塌。
(5) 电气事故。
(6) 电梯事故。
　　　⋮

C　城市特殊事故灾害

(1) 道路交通事故。
(2) 恐怖袭击与破坏。
(3) 突发公共卫生事件。

5.2.2　城市公共安全原理

　　城市公共安全风险评价是建立城市公共安全系统的重要内容之一。其目的是实现城市公共安全系统的安全。利用风险辨识方法辨识了系统可能存在的风险后，就可以从事故发生的可能性、事故的影响范围与损失程度等方面入手，按照科学的程序和方法对系统的固有或潜在的危险因素发生事故的可能性以及这些危险因素可能造成的损失进行评价，并以风险指数、级别或概率，对所评估的系统的危险性给以量化处理，确定其发生概率和危险程度，以便采取最经济、合理及有效的安全对策，保障系统的安全运行。为预防事故的发生提供行之有效的安全对策和管理办法。

　　5.2.2.1　城市公共安全风险的评价方法和一般程序

　　A　城市公共安全风险的评价方法

　　对于城市公共安全风险评价来说，主要有两类城市风险评价方法，一类是目前应用比较广泛的工业安全或职业安全的评价方法，另一类是处于探索阶段的城市公共安全的风险评价方法。

　　B　城市公共安全风险的一般程序

　　城市公共安全风险评价的原理是在假定城市系统原发事故已经明确的条件下来进行的。主要考虑城市系统由于人口聚集、建筑物密集、能量与物质聚集以及城市系统所具有的特性，例如系统的敏感性、脆弱性等对原发事故的放大作用，从而构成了城市公共安全的固有风险。城市固有风险是可以通过一系列的风险对策措施来减缓风险，从而使城市公共安全现实风险达到一个可接受的风险水平。城市公共安全风险分析的一般程序如图 5.1 所示。

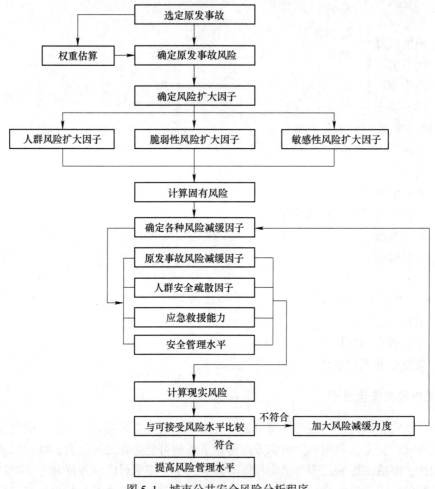

图 5.1　城市公共安全风险分析程序

5.2.2.2　城市公共安全风险评估指标

根据城市公共安全风险分析程序构筑城市公共安全风险评估指标体系，如图 5.2 所示。

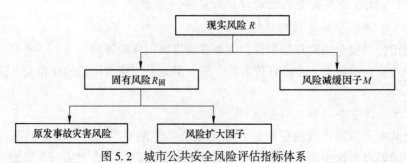

图 5.2　城市公共安全风险评估指标体系

风险指标 R 计算表达式为：

$$R = R_{固} M = R_{原} EM$$

式中，M 为风险减缓因子；E 为风险扩大因子；$R_{原}$ 为原发事故灾害风险。

5.2.3 城市重大工业危险源风险分析

城市的重大危险源一般有化工厂、发电厂、石油库和加油站等。

对于城市重大危险源分析，选取全市范围内后果比较严重、影响范围比较大的中毒、火灾和爆炸事故，综合考虑影响事故后果的多种因素，分别对重大危险风险因素、重大事故影响范围、重大事故个人风险进行分析。

5.2.3.1 重大危险风险因素

（1）危险品特性，如毒性、易燃易爆性等。

（2）设备参数，如设备尺寸、温度、压力、泄漏等。

（3）气象条件因素，如风向、风速、大气稳定度、相对湿度等。

考虑上述因素对危险事故后果的影响，对危险装置事故后果按图5.3所示的流程进行计算。

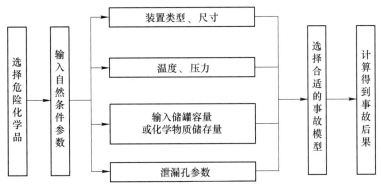

图 5.3　事故后果计算流程

典型风险因素的重大事故后果，以某城市的重大危险源为例，如表5.1所示。

表 5.1　典型风险因素重大事故后果

危险源名称	装置名称	事故类型	发生概率	划分标准	影响范围（下风向距离）/m
化工企业	储罐	中毒	4×10^{-6}	ERPG-1	3800
				ERPG-2	1100
				ERPG-3	426
		火球	3×10^{-6}	2.0kW/m²	579
				5.0kW/m²	370
				10.0kW/m²	260
		蒸气云爆炸	8×10^{-6}	1.0psi	137
				3.5psi	62
				8.0psi	42

续表 5.1

危险源名称	装置名称	事故类型	发生概率	划分标准	影响范围 （下风向距离）/m
石油库	乙醇罐区	火球	$4×10^{-6}$	$2.0kW/m^2$	1300
				$5.0kW/m^2$	830
				$10.0kW/m^2$	580
	柴油罐	池火灾	$6×10^{-6}$	$2.0kW/m^2$	118.4
				$5.0kW/m^2$	68.5
				$10.0kW/m^2$	61.4
	汽油罐	池火灾	$6×10^{-6}$	$2.0kW/m^2$	120.6
				$5.0kW/m^2$	69.8
				$10.0kW/m^2$	62.6
加油站	$5270m^3$ 油罐	火球	$4×10^{-6}$	$2.0kW/m^2$	581
				$5.0kW/m^2$	806
				$10.0kW/m^2$	1200
	$20m^3$ 储罐	火球	$4×10^{-6}$	$2.0kW/m^2$	213
				$5.0kW/m^2$	301
				$10.0kW/m^2$	468
	$30m^3$ 储罐	火球	$4×10^{-6}$	$2.0kW/m^2$	258
				$5.0kW/m^2$	363
				$10.0kW/m^2$	562

表中，ERPG(emergency response planning guidelines，ERPGs) 为三种表述暴露后果的浓度。ERPG-1 为空气中最大容许浓度，ERPG-2 为造成不可恢复伤害的浓度阈限值，ERPG-3 为死亡阈限值。

火球和池火灾的 $2.0kW/m^2$、$5.0kW/m^2$ 和 $10.0kW/m^2$ 分别为火球的一度烧伤、二度烧伤和死亡热辐射阈值；蒸气云爆炸的 1.0psi、3.5psi、8psi 分别为蒸气云爆炸造成建筑破坏、严重伤害、玻璃震碎的冲击超压阈值。

5.2.3.2　重大事故影响范围

通过地理信息系统（如 GIS）和生成事故后果图结合在一起，具体显示气体扩散图，实现事故后果在地理信息中的应用。

在建立一个实用的地理信息系统过程中，从数据准备到系统完成，必须经过各种数据转换，每个转换都有可能改变原有的信息。一般的地理信息系统 GIS 包括以下几项基本功能：数据采集与输入；数据编辑与更新；数据存储与管理；空间查询与分析；数据显示与输出。

5.2.3.3　重大事故个人风险

个人风险是指在危险设施附近的一个人在没有任何保护的情况下，一年中可能死于该设施潜在事故的可能性（死亡数年）；个人风险只表示某一位置的风险水平，而与人的存在与否无关。事故影响的严重性通常随着距危险源距离的增加而降低，所以个人风险也随着距离的增加而降低。个人风险通常用风险等值线直观表示。

在 N 个重大事故风险源的 m 种事故场景作用下，任意网格中心点的个人风险值计算模型可用公式表示为：

$$IR(x, y) = \sum_{S=1}^{N} \sum_{D=1}^{m} f_{s,d} u_{s,d}(x, y) \tag{5.1}$$

式中，$IR(x, y)$ 为多个风险源作用下位置 (x, y) 处的个人风险；$f_{s,d}$ 为第 S 个风险源发生第 d 种事故的概率；$u_{s,d}(x, y)$ 为该事故发生时 (x, y) 点的个体致死概率。

个体致死概率 $u_{s,d}(x, y)$ 可通过各事故后果模型计算出某一事故场景在位置 (x, y) 处产生的毒物浓度值、热辐射通量或冲击波超压值，然后根据概率函数法计算得到。

概率变量 Y 和概率（或百分数）P 的关系可以用下式表示：

$$P = \frac{1}{\sqrt{2\pi}} \int_{-\infty}^{Y-5} \exp\left(-\frac{u^2}{2}\right) du \tag{5.2}$$

式中，P 为个体死亡概率；Y 为概率变量；u 为一个积分变量。

其中概率变量 Y 服从正态分布，Y 可通过人体脆弱性模型计算得到，具体的数学模型见表 5.2。

表 5.2　人体脆弱性模型

脆弱性影响因子	概率数学模型	剂量
毒物泄漏	$Y = a + b\ln D$	$D = c^n t_e$
热辐射	$Y = -37.23 + 2.56\ln D$	$D = I^{1.33} t_e$
冲击波超压	$Y = 5.13 + 1.37\ln D$	$D = p_S$

注：表中，Y 为概率变量；I 为辐射强度，W/m^2；p_S 为静态超压的峰值，Pa；c 为毒物浓度，mg/kg；t_e 为暴露时间，s。

5.2.4　城市公共场所风险评价

城市公共场所风险评价一般以风险指数的形式，评估公共场所的相对现实风险，涉及公共场所原发事故风险和风险扩大或减缓因子等。其中，原发事故主要是火灾、拥挤踩踏事故以及二者兼有，风险扩大或减缓因子主要有疏散因素、公共场所管理和应急因素。具体关系如图 5.4 所示。

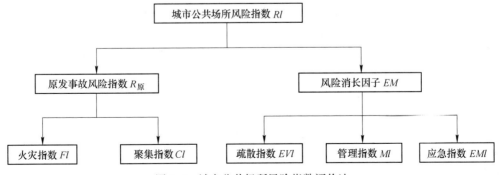

图 5.4　城市公共场所风险指数评价法

城市公共场所原发事故火灾较多，其次是拥挤踩踏事故，发生突然、群死群伤、后果严重，分别采用火灾指数和聚集指数表示。

火灾指数是基于"道化学火灾爆炸指数"思想，主要从公共场所的空间特性来表征其危险性，由公共场所空间系数、一般危险性系数（多为场所共性）、特殊危险性系数（多为场所特性）三部分组成。

聚集指数用来表征人群的高度聚集这一特性，由公共场所的事故易发性系数、容纳的总人数与有效活动面积、进出口人群流动系数、人群移动的平均速度以及人群聚集修正系数组成，聚集指数越大，人群聚集危险性就越高。

人群疏散是衡量公共场所安全性的一个重要指标，而公共场所本身的结构特性以及疏散设置是人群能够安全疏散的一个主要影响因素。疏散指数主要从公共场所安全疏散设施、疏散路线、引导系统以及安全疏散管理进行综合疏散能力评估，可近似用疏散时间、人群密度和相对疏散评估能力取值来表征疏散的困难程度。

应急指数和管理指数分别表示城市公共场所的应急能力和管理水平，为风险减缓因素。应急过程包括预防、预备、响应和恢复 4 个阶段，选取 15 个评价指标；管理评估分为场所管理、人群管理、监控管理、应急管理 4 部分，共 20 项。

城市公共场所风险指数表达式如下：

$$RI = R_{原} EM$$

式中，RI 为城市公共场所风险指数（risk index）；$R_{原}$ 为城市公共场所原发事故风险指数；EM 为风险消长因子（enhancing and mitigating factors）。

进一步，城市公共场所风险指数可表示为

$$RI = (FI + CI) \times EVIw_1 \times (1 - MIw_2) \times (1 - EMIw_3)$$

式中，FI（fireindex）为火灾指数；CI（crowdindex）为聚集指数；EVI（evacuatingindex）为疏散指数；MI（managementindex）为管理指数；EMI（emergenceindex）为应急指数；w_1 为疏散指数的风险消长系数；w_2 为管理指数的风险消长系数；w_3 为应急指数的风险消长系数。

5.2.5　城市人群聚集风险分析

大多数公共场所人群聚集程度高，人员情况复杂，这样高密度复杂人群本身就存在着人群拥挤、踩踏等人群聚集风险。一旦在这样有限的空间内发生拥挤踩踏事故，后果将会非常严重。人群拥挤、踩踏事故风险主要有三个特征：一是人群恐慌特征，二是恐慌人群在疏散或逃跑过程特征，三是恐慌人群在特定狭窄区域表现出的特殊现象。

对人群聚集事故后果产生影响的因素有很多，主要涉及人群的年龄、性别、生理、心理、教育水平等，还包括人群在危险状态下的自救意识，在拥挤情况下的纪律性，对管理人员的服从等等。人群聚集主要风险的辨识如表 5.3 所示。

人群聚集风险主要来自人群活动风险和人群自身属性对事故严重性的影响两个方面。人群活动风险可分为由于人的行为导致的风险，如火灾、爆炸（包括恐怖活动）、人潮、惊慌、人群过度拥挤、毒气泄漏（投毒）和暴力 6 种类型。人群自身属性对事故严重性起扩大作用的影响因子有心理因子、行为因子和理智因子，这些因子对人群安全有着不同程度的影响。

表 5.3 人群聚集风险辨识

		入口排队拥挤	买票时有插队和过度拥挤现象
人群聚集风险	进入公共场所	入口暴力事件	个别人发动暴力事件
		恐怖活动	对社会不满，报复社会
人群活动风险	在公共场所内	火灾风险	可燃物多，违反规定的操作，蓄意放火等
		爆炸风险	携带易爆炸物品、场所内存放易爆炸物品、恐怖活动等
		毒气泄漏	基础设施失效、恐怖袭击
		人群过度拥挤风险	人员情况复杂，触发因素很多
		暴力风险	故意闹事者、酗酒者和陌生人发生暴力行为
	离开公共场所	人们企图比正常情况更快地离开公共场所	
		人群中有些人开始推，身体之间相互作用	
		在出口处可观察到人群形成拱形和拥挤现象	
		出现堵塞现象	
		人群中有人绊倒或受伤的情况起障碍物的作用	
		出现朝一个方向大量运动的趋势，有跟随别人的现象	
		可供选择的出口经常被遗忘或者在逃脱情况下不能有效使用等	
人群对事故严重性的影响	心理因子	意识	事故发生时能否做出正确的判断
		性格	影响个人的行为
		人群惊慌	人群惊慌影响人的知觉、思考问题做出判断的能力
		人群聚集行为	人群聚集影响个人速度和人群流量
		因子的影响	
	行为因子	人群互助行为	老年人、小孩儿、体弱多病者成了需要照顾的对象
		运动对人群	人群的反向运动
		安全的影响	期盼速度对人群疏散的影响

行为心理是人群自身属性中最重要的因素。人的各种行为都是受心理支配的。当人们进入某个公共场所时，其行为过程可以分为 4 个环节：信息的感知和获取、信息的分析和处理、下一步的行动计划、采取行动，如图 5.5 所示。由图可以看出，影响聚集人群行为的因素可以分为五大类，即人群类型、目标和期望、环境、人群心理学和个体行为间的相互影响。

在场所类型和活动类型确定后，人们的目标和期望、人群类型以及环境都会随之确定下来。而人群心理学对人群行为的影响却是复杂多变的。事实证明，由于人群聚集灾难事故发展过程的双重性演化规律（即事故发展过程具有确定性和随机性的双重特征），通过有效的管理和干预，可以减缓事故的发生过程，避免灾害次生、衍生灾害的发生，降低事故的财产损失和人员伤亡。而人群心理学则是对人群实施有效管理和干预的基础理论之一。

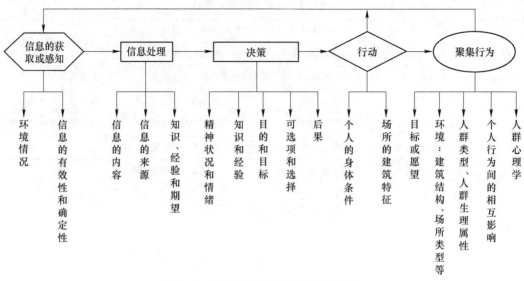

图 5.5　公共场所人群行为的影响因素

5.2.6　人群动力学及人群疏散运动学

　　紧急疏散过程中，为确保疏散人群及时地到达安全区域，公共场所的疏散路径必须有足够的疏散能力（即单位时间内路径中某断面上通过的人数）。如果路径的疏散能力过小，将不能及时地对人群进行疏散。更为严重的是，还可能因此而引发路径堵塞。堵塞发生之后，如果不能及时恢复，很可能会引起恐慌，甚至引发拥挤踩踏事故。路径的疏散能力可以用人流通过率与路径宽度的乘积来表示。其中人流通过率即在单位时间内，单位宽度的通道上通过的人数。

　　通常把疏散路径的人流通过率作为一个固定的数值来确定其疏散能力。然而，实践表明，人流通过率并不是一个固定的数值。影响人流通过率的因素有很多，主要可以归纳为人群的状态与路径的状态。与人群有关的因素有人群密度、运动速度、人群组成（年龄构成、性别、文化差异等）和人群的动机等；与路径有关的因素有路径中的障碍物、瓶颈、路径的平坦度、光滑度、坡度等。在特定的路径条件下，最主要的影响因素是人群密度。

5.2.7　城市公共基础设施风险分析

5.2.7.1　城市市政管线风险分析

　　城市市政管线的构成包括城市燃气系统、城市供热系统、城市给水系统和城市排水系统，因而城市市政管线风险分析非常重要，特别是在地震灾害下的风险分析始终是城市公共基础设施的核心问题。城市市政管线的地震风险分析，如图 5.6 所示。

　　地震、振动等会引起的地下管线失稳甚至破坏的现象，特别是在强烈地震袭击下，管网系统的破坏和由此造成的生命财产的损失严重。初步研究表明，城市地下管线具有不同于地面结构的抗震性能和破坏特征，在某些情况下，同样会发生严重甚至强于地面结构的破坏。近年来，我国大陆地区地震频发，造成管网系统的破坏不计其数。国内外管线地震破坏的机理研究主要包括三个方面。

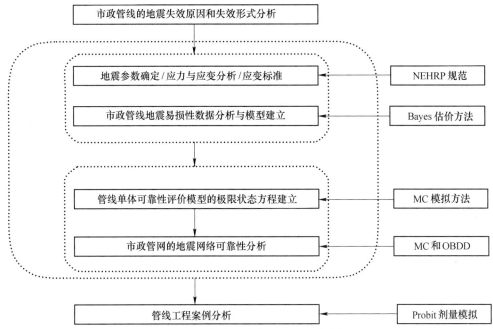

图 5.6 城市市政管线的地震风险分析

A 构造性地运动

构造性地运动包括地壳的上升与下陷，断层错动等。1976 年唐山地震，1995 年阪神地震，大量的管线因跨越断层或位于断层附近由于受压、受拉或弯曲发生破坏。大量的震害调查认为，具有高强度和韧性的钢管一般能抗拒地震的地面运动，却不能抵御断层作用和永久地面变形（PGD）的影响。

B 地震引起的土壤液化、滑坡等场地失效

1971 年美国圣费尔南多地震，由于水库附近土壤液化，地下管线破坏严重，11 条穿过大位移区的主要干线和支线都遭破坏。1976 年唐山地震时，塘沽和汉沽地区由于土壤液化，其管线破坏比震中 11 度区还要严重。

C 地震波的传播效应

前两种作用对于地下管线的破坏是灾难性的，管线铺设应尽力避开可能发生这样地震效应的场地，而地震动的波动对管线的破坏是最普遍的，地震波本身对于均质坚硬土层的地下管线破坏影响相对较小，但是影响所涉及的区域相当大，大多数地下管线的破坏是由于地震波动造成的。当场地土松软或不均匀时，尤其是在场地条件差异较大的交界处，破坏将加重。因而管线对此作用的抵抗能力应加强。

5.2.7.2 地铁火灾风险分析

对地铁火灾一般采用蒙特卡罗模拟及风险分析方法。对火灾进行计算机模拟的基础是建立描述火灾发展物理过程的数学模型，简称火灾模型。

火灾模型，分为确定性模型和不确定性模型两大类。确定性模型是根据质量守恒、动量守恒和能量守恒等基本物理定律建立的。给定了空间的几何尺寸、物性参数、相应的边界条件和初始条件，利用这种模型就可以得到许多准确的计算结果。不确定性模型也有多种形式，如统计模型和随机模型。现在常用的确定性火灾模型主要有经验模型、区域模型、场模型和网络模型等。

5.2.7.3 城市自然灾害风险分析

自然灾害具有危害面广、破坏力强和社会影响大等特点，对社会和经济发展造成的影响不断加剧，成为制约城市可持续发展的重大隐患。自然灾害往往具有很大的突发性，如对地震，居民难以预测和躲避，从而造成巨大损失。"阪神大地震"、"卡特里娜飓风"、"印尼海啸"、"汶川地震"和"玉树泥石流"等灾害造成大量的人员伤亡、经济损失及环境破坏。城市由于其生态环境脆弱的特殊性，自然灾害对城市环境破坏严重，遭受灾害后生态环境恢复较慢。自然灾害容易引发次生灾害，如因建筑物倒塌而引起的火灾，供水、供电、供气、供热及交通等生命线系统破坏而引起的水灾、火灾、爆炸和泄漏。自然灾害不仅造成生命财产的损失，还可能导致人群恐慌，甚至社会的不安。

城市自然灾害包括地震、洪水、飓风、海啸、风暴和滑坡等。由于城市自然灾害具有其特殊性，对其风险分析不能像其他事故灾害那样直接计算概率和后果，自然灾害注重的是防灾，也就是确定防灾标准，制定防灾规划，发生不可抗拒的自然灾害时防止灾害后果的扩大化。

在地震风险分析方面，国内有关地震分析的研究中，遥感资料、航拍图像、以往地震造成损失的数据统计和专家判断是分析地震造成损失的常用方法。美国联邦应急计划署将开发的软件 HAZUS 看成是 ArcGIS 的一个插件，用于不同地区的地震风险评估。经过不断地完善推广，该软件与美国各地建筑物、地质条件、模型所需参数和人口分布等数据库结合起来分析地震风险，成为评估地震损失的有力工具。国际地质灾害中心（ICG）、挪威以及西班牙阿利坎特大学开发的软件 SELENA，可在 MATLAB 平台下运行，通过概率方法和确定性方法计算地震造成建筑物的破坏状态、人员伤亡及经济损失。Ajmar 等人根据高分辨率卫星数据计算地震发生后建筑物破坏的面积，由人口统计数据算出人员伤亡，并利用 ArcGIS 软件可视化表达人员伤亡及物理破坏的空间分布。Dolce 等人根据希腊及意大利有关地震风险评估方法，评估意大利波坦察市地震建筑物的破坏和经济损失，由损失概率矩阵得到建筑物破坏状态的概率值，并利用统计数据求出相应损失。Badal 等构建地震造成损失的模型，以震源深度、震级、建筑物结构、人口密度和 GDP 等为指标体系，并用此模拟对西班牙多个城市的灾后人员受伤、死亡数量及其造成相应的经济损失。

在火灾风险分析方面，对单个建筑、企业及区域是火灾评估的主要对象，"亚洲城市减灾计划"通过构建指标体系对老挝、尼泊尔及斯里兰卡等城市进行网格划分，制定火灾风险分析指标体系，得到城市不同区域火灾危险等级，并通过图层叠加的方式在 GIS 平台下可视化表达。《美国爱达荷州火灾规划》根据火灾本身发生可能性，可能的承灾体及救援能力，建立了城市火灾风险评估指标体系，根据各指标权重求得火灾风险值，并对其进行分级以说明火灾危险性的大小。Maillet 等利用火灾发生的次数、造成房屋及基础设施的损坏数据，根据统计方法对法国南部城市进行火灾风险分析。Rohde 等利用贝叶斯方法对澳大利亚东南部城市不同区域发生的火灾次数进行分析，并将分析结果在 GIS 环境下表达。以系统安全工程为基础，建立城市火灾风险事故树，根据模糊重要度法对事故树的基本事件进行排序，把导致火灾的因素进行模糊分级。部分研究利用模糊综合评价、层次分析法、信息扩散原理、神经网络、遗传算法等方法，确定城市火灾的风险评估模型。

在洪水风险分析方面，美国联邦应急计划署将开发的 HAZUS 软件可用于不同地区的洪水风险评估，与美国各地建筑物、地形、洪水高程、模型所需参数和人口分布等数据库结合起来分析洪水风险，是评估洪水损失的有力工具。考虑致灾因子、承灾体和孕灾环境，构建洪水风险评估指标体系和洪水风险评估模型，并将该模型用于城市洪水风险评估。Natale 等利用蒙特卡罗方法模拟罗昌市受到千年一遇洪水时河流左右岸淹没范围及水深。

Jonkmana 等研究洪水带来的个人风险、社会风险及其经济损失等，最终计算出洪水的综合风险。Sinnakaudan 综合考虑了导致洪水风险的人为因子和气象因子，利用 HEC 软件在 GIS 平台上对洪水流量淹没等进行模拟，并对洪水灾害风险进行了评价。

国内外许多学者对自然灾害都有研究，主要是从三个方面考虑，如图 5.7 所示。

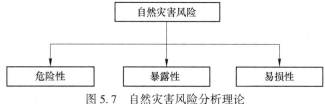

图 5.7　自然灾害风险分析理论

城市自然灾害危险性分析主要研究城市遭受自然灾害的可能性及其带来的后果，是自然灾害损失预测与评估的基础。暴露性是指位于自然灾害影响范围内的人员或财产。易损性指受自然灾害影响时，承灾体可能遭受的破坏程度。若将城市作为承灾体时，易损性不仅要考虑建筑物、人群和基础设施本身对灾害的抵御能力，还需考虑社会、生态、经济等多方面的抗灾能力。一般来说，城市的经济发展水平越高、基础设施建设越完善、人口素质越高，其抗灾能力就越大，易损性就越小。

5.2.7.4　城市道路交通风险分析

城市道路交通安全风险分析是指城市范围的道路交通系统在将来一定时期内，能出现的由车辆造成不确定对象的人身伤亡或财产损失的一种未来情景分析。

而对于城市道路交通安全风险控制系统是由驾驶人-车，道路，环境，交通流，交通安全管理，交通控制，交通安全决策以及承险的人和物等系统要素构成。这个系统属于耦合系统，城市道路交通安全风险具有耦合特性。其中，人-车要素，驾驶人操作车辆的行为，是关键、核心要素；道路、环境、交通流等要素是直接作用要素；交通安全管理、交通控制、交通安全决策等要素是间接影响要素；人和物要素是系统被动要素。

城市道路交通安全风险控制系统中，系统要素都是造成系统风险的风险源。根据其在系统中的作用情况，可将系统要素划分为作用风险源、直接风险源、承险源及间接风险源四个类型。作用风险源是指系统的驾驶人-车要素；直接风险源是指系统的道路、环境等要素；承险源是指系统的人和物要素；间接风险源是指系统的交通流、交通安全管理、交通控制、交通安全决策等要素。表 5.4 中列出了城市道路交通安全风险控制系统风险源结构。

城市道路交通安全风险控制系统组成要素构成的不同类型风险源，不同规模、特点的城市道路交通系统中的不同时期风险作用都是不同的。针对表中得到系统风险源结构，可以根据风险源类型区别分析其风险作用。对于作用风险源和直接风险源这两个类型的风险源结构，由于其风险作用较其他类型风险源作用直接且作用明显，对其风险作用定量评价时就需

表 5.4 城市道路交通安全风险控制系统风险源结构

风险源类型	要素风险源	主要子风险源	风险源类型	要素风险源	主要子风险源
作用风险源	人-车	低驾龄缺乏驾驶经验	间接风险源	交通流	不同性质交通流干扰
		驾驶人各种违法行为			交通流流向混乱
		驾驶人操作失误			交通流速度突变
		车辆爆胎			不利饱和度
		制动失效		交通安全管理	应急反应差
		制动不良			安全监管缺失不力
		转向失效			驾驶人考试瑕疵
		照明与信号装置失效			管理者缺乏责任心
直接风险源	道路	道路线形差			交通安全法律缺陷
		路面附着情况差		交通控制	控制方法措施不合理
		路面破损			无控制
		道路交叉设计缺陷			交通控制缺陷
		道路出入口设计缺陷			公共交通优先
		道路及视距缺陷			路口未规划
		未设置道路安全设施		交通安全决策	车辆准入标准缺陷
	环境	不良天气影响			区域交通供求矛盾突出
		自然灾害影响			新建大型场所影响
		不利环境影响			各部门间管理分工混乱
承险源	人-物	交通安全意识差			驾驶人准入标准缺陷
		遵守交通安全法律意识差			安全目标制定失准
		重点承险要素承险能力弱			
		出行量大			

要以大范围海量风险事件致害统计数据为依据,才可以较为准确客观地描述其风险作用。此外,这两类风险源结构中的子风险源在系统风险中处于微观层面,风险作用较为不稳定,动态变化较为明显,但受不同城市规模等影响较小,对于不同类型城市可以不做修正。

由此,利用道路交通事故信息系统数据库中的年度交通事故统计数据,利用风险概率指数评价法对其风险作用进行定量评级。风险概率指数评价法是依据历史的海量统计数据,确定模型分别计算风险源导致风险事件的发生概率以及伤亡后果的级别概率指数,确定合成法则,即可获得风险源各自的风险概率指数,进而定量评价该风险源的风险作用。

5.2.7.5 危险品公路运输风险

道路运输的大多数危险货物,危险性在于其特殊的物理、化学性质,或是由于本身具有不稳定的化学结构,或是含有化学性质活泼的元素或官能团。根据国家标准 GB 6944—2012《危险货物分类及品名编号》对危险货物的定义为:凡具有爆炸、易燃、毒害、腐蚀、放射性等性质、在运输、装卸和贮存保管过程中,容易造成人身伤亡和财产损毁而需要特别防护的货物,均属危险货物。

危险品比其他货物更加容易发生中毒、火灾、爆炸等事故，且破坏性强。表 5.5 列出了危险品运输过程中危害因素。

表 5.5 危险品运输过程中危害因素

人的失误	装备故障	系统或程序失效	外部事件
司机受伤生病	拖车不好		故意破坏的行为/阴谋破坏
错误加速	交叉口防护装置的故障	司机培训	雪
司机过度疲劳	装置发生泄漏	容器规格	雨
污染	车闸的故障	路线选择	冰
加热和制冷	绝缘/热保护的故障	应急培训	雾
超载	轮胎的故障	速度执行	风
无活动	路肩松软	司机休息期间	洪水/冲失
其他车辆的司机	超压	维修	岩石滑动/山崩
急转弯/陡坡	材料缺失	检查	在休息/停车场的火灾
不安全的装载	真空	白天的限制时间	飓风
	方向盘失效		龙卷风
	摇晃		地震
	重心过高		已发生的事故
	腐蚀		
	焊接得不好		
	交叉口设计得不好		
	监督系统		
	备用车胎故障		

5.3 道路、交通安全

5.3.1 道路交通安全及管理概述

道路、交通安全指涉及车辆驾驶人、行人、乘车人以及与道路交通活动有关的单位和个人的人身、财产安全。

对于我国道路、交通安全管理，《中华人民共和国道路交通安全法》明确指出，道路、交通安全管理定义为在对道路交通事故进行充分研究并认识其规律的基础上，由国家行政机关根据有关法律、法规、标准规范，采用科学的管理方法，在社会公众的积极参与下，对构成道路交通系统的人、车、路、交通环境等要素进行有效的组织、协调、控制，以实现防止事故发生、减少死伤人数和财产损失、保证道路交通安全、畅通目标的管理活动。

道路、交通安全管理包含如下五层含义：

（1）交通安全管理的目标是减少交通事故的发生，保障道路交通安全、畅通，根本上是保障人民生命财产安全。

（2）交通安全管理的主体是国家公安机关的交通管理职能部门。

（3）交通安全管理的客体是道路交通构成要素及其相互关系。

（4）道路交通管理的依据是道路交通管理法律、法规和有关技术规范。

（5）道路交通管理的基本职能是协调、控制。

5.3.1.1　道路交通安全管理体制

"体制"指的是国家机关、企业和事业单位机构设置和管理权限划分的制度。交通安全管理体制则是指关于国家机关、企事业单位、民间组织以及社会公众在交通安全管理中的权责划分和操作方法等的制度体系。要形成有效的安全管理，必须明确各类管理主体的权限以及对管理交通的制度规则、方式方法的约定。管理体制问题也一直是我国行政立法的核心问题。在我国现行行政管理体制下，明确管理体制对一部法律以及该法律所规范的社会事务都是非常关键的问题。

我国《道路交通安全法》第五条对道路交通安全管理体制作了明确规定：国务院公安部门负责全国道路交通安全管理工作。县级以上地方各级人民政府公安机关交通管理部门负责本行政区域内的道路交通安全管理工作。县级以上各级人民政府交通、建设管理部门依据各自职责，负责有关的道路交通工作。现行交通安全管理体制分为纵向管理和横向管理。

由于交通、建设行政主管部门对涉及道路交通秩序的"路、车、人"均具有一定的管理职责，因此，《道路交通安全法》明确规定，县级以上各级人民政府交通、建设行政管理部门依据各自职责，负责有关的道路交通工作。

5.3.1.2　道路交通安全管理对象

对象包括：（1）人员；（2）车辆；（3）道路；（4）道路交通环境。

5.3.1.3　道路交通安全管理目标

A　扩大道路的"安全空间"

以道路的线形设计为例。道路线形的安全设计要能根据道路线形及时、准确地判定行驶路段的特征和线形的变化，防止产生视觉曲折、紊乱和错误。如有的道路线形缺乏自然的视线诱导作用，车辆在行驶时视线盲区大，驾驶员容易产生恐惧感，行动犹豫，一旦出现突然情况很容易惊慌失措而肇事。有的道路线形组合不当，容易使驾驶员视觉产生误差或错觉，造成判断失误。

以上种种给驾驶员带来的不适或紧张心理，都是由于道路条件未能给驾驶员提供足够大的"安全空间"，这样就增加了发生道路交通事故的危险。

B　提高道路的"宽容度"

道路安全设计追求的另一个目标是，通过对路网的调节和合理设计，使道路环境更加"宽容"。也就是说，即使驾驶员发生驾驶失误，该道路仍能保持安全行车的道路条件，对可能发生的危险起到消除或者减缓的作用，以避免交通事故的发生或减轻交通事故的损伤程度。

道路交通系统安全空间与风险规律如图5.8所示。

5.3.2　道路交通安全核查

5.3.2.1　道路交通安全核查定义

道路安全核查的理念是在道路设计与运营的实践中逐步形成的。近年来，尤其在国外

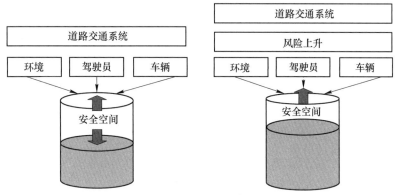

图 5.8　道路交通系统安全空间与风险规律

道路建设相对成熟的发达国家，开始研发各种不同的理论与方法体系，并在对道路交通系统的安全检查中加以应用。由于这些方法体系具有对于道路交通系统实施专项安全检查与修正的统一特性，因此统称为道路安全核查（road safety audit）理论体系。

美国联邦公路局对道路安全核查的定义是：道路安全核查是由一个独立的核查小组所实施的，针对现有或未来的道路、交叉口的正式安全性能测试。

美国道路工程师协会 4S-7 技术委员会将道路安全核查进一步详细地描述为："安全核查是对已有或拟建的道路建设项目、交通工程项目及其他任何将与用路者发生相互影响的工程的项目方案所进行的正式的安全性能测试。在该测试中，将由一组独立的、训练有素的安全专家对工程项目的规划（设计）方案中的事故隐患作出鉴别，并评估项目方案的安全特性，从而修正方案中的安全瑕疵，或推荐具有较佳安全性能的项目方案。"

"道路安全核查"与若干近似或紧密相关概念的区别。

"道路或交通安全审查（或称为审计、检核、预审等）"在外延与内涵上均与道路安全核查一致，只是不同的名词表述。

"道路安全设计（highway safety design）"在美国相关文献中广泛引用，它的理论基础与方法框架也与道路安全核查相近，其目标也均为改进道路的安全性能，但道路安全设计这一概念偏重于道路设计方案的安全分析，并且强调理论力法体系，而道路安全核查更着重于道路的工程实践体系。

"道路安全评价"、"道路安全评估"等也与道路安全核查具有相同的理论基础，在体系结构中与道路安全审查亦有相当成分的重叠，它们都是对道路安全性能的专项分析体系，但外延有所不同。"道路安全评价"一般局限于对道路安全水平实施界定或预测这样的特定环节，而道路安全核查往往涵盖安全水平度量、安全改造、效果追踪等各个环节。

5.3.2.2　道路交通安全核查实现方式与主要内容

A　实现方式

在各种类型道路安全核查中，如高速公路，被认为是设施较为完备的道路系统，由于全封闭和全立交，因此避免了横向干扰造成的事故隐患，它的安全问题常常与其服务于快速交通的根本性特征相关联。其中最典型的问题包括：

（1）高速公路连续长下坡造成的刹车失灵等相关问题。

（2）重载车辆在高速公路上的安全问题。

（3）运行车速中的系列安全问题。

（4）高速公路施工区的安全问题。

因此，在道路安全核查中，改善道路安全性能有两种途径。第一种是排除、更改方案中带有事故倾向性的元素；第二种是通过设置相应的预防与加强性设施（如抗滑路面、护栏、交通控制设施、标志、标线等）化解方案中存在的安全问题。包括：

（1）清除现有或设计道路中的视距障碍。

（2）增加或改进转弯车道的设计与交通组织。

（3）加强或改进加减速车道的功能。

（4）改善标志与标线。

（5）改进道路中央隔离带或中央隔离标线。

（6）根据行人实际的穿越能力，改善行人过街设施。

（7）改进超高的设计与功能。

（8）加强排水功能。

（9）加强路肩功能，调整车道宽度。

（10）改进道路进出口的设计与交通组织。

（11）对道路交叉口进行安全诊断和改进。

B　各阶段主要内容

（1）规划与可行性研究：从安全的角度，考察道路网络的功能适配性、不同层次路网衔接的顺适性以及多方式交通系统转换的平滑性。在可行性研究阶段，重点评析项目的控制点、路线方案、设计标准等是否可能导致安全问题，以及备选方案的路线连续与平顺性，立体交叉、平面交叉、道路出入口分布（针对交通安全）的合理性等。

（2）初步设计方案：该阶段进行安全性能评估的对象包括横、纵线形、视距特征、平面交叉口、立交设计方案、车道与路肩宽度、路面横坡与超高值、超车道特性、停车设施、非机动车与行人设施。其他评估对象包括设计方案与设计规范的偏差所带来的影响、预测施工中可能发生的安全问题等。该阶段的安全核查值得特别重视，因为一旦道路征地拆迁完成后，再进行大幅度的修改将变得比较困难。

（3）详细设计方案：该阶段核查需研究下述设计要素的安全性能：标志、标线、控制信号、照明、交叉口细节设计与交通组织方案、护栏设计方案、路侧设计、路侧净距、路侧景观、施工中的交通管制方案等。

（4）施工阶段：该阶段安全核查的重点包括施工区、施工组织与管理、施工准备与实施方案，以及与施工过程密切相关的交通导流方案、临时交通控制设施等。另外，在该阶段应特别关注施工相关人员与车辆、经过施工区域的用路者的安全保障问题。

（5）运营前的验收与运营后的核查：运营前的测试包括在路上分别驾车、骑自行车、步行进行现场试验，以保证所有用路者的安全需求都得到满足。这些现场测试应分别在白天与夜间、晴天与雨天进行。在道路通车后，对其安全状况进行系统的监视与评估，主要是找出安全缺陷点的存在，以图改进。

5.3.3　道路交通事故紧急救援

根据我国国情，由公安机关协调当地人民政府及保险公司，组织城市医院和急救中心，建立具有快速反应能力的交通事故紧急救援系统，加强交通事故伤害的抢救力量。交通事故紧急救援系统的构成和实施过程见图5.9。

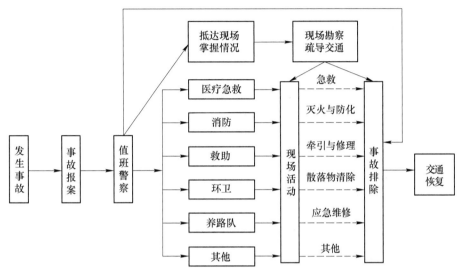

图5.9　交通事故紧急救援系统的构成和实施过程

交通事故紧急救援系统运作程序：
（1）事件的检测和确认。
（2）事件快速反应。
（3）现场管理。
（4）交通管理。
（5）事件清理。
（6）事件信息发布和记录。

5.4　大型娱乐设备安全

5.4.1　大型娱乐设备定义及其分类

"娱乐设施"是指用于经营目的，在封闭的区域内运行，承载游客游乐的设施。

根据《特种设备安全监察条例》，纳入安全监察范围的大型游乐设施，是指用于经营目的，承载乘客游乐的设施，其范围规定为设计最大运行线速度大于或者等于2m/s，或者运行高度距地面高于或者等于2m的载人大型游乐设施。

大型游乐设施种类繁多，形式多样，结构及运动形式各不相同。它的分类主要是根据其结构及运动形式划分的。根据《特种设备目录》，主要有观览车类、滑行车类、架空游览车类等13类。

国家质检总局《娱乐设施安全技术监察规程》对娱乐设施根据其危险程度，将规定纳入安全监察范围的娱乐设施划分为 A、B、C 三级。

各类大型娱乐设施的特点及其包含的品种：

（1）观览车类娱乐设施（包括 6 个系列）。

（2）滑行车类娱乐设施（包括 6 个系列）。

（3）架空游览车类娱乐设施（包括 4 个系列）。

（4）陀螺类娱乐设施（包括 2 个系列）。

（5）飞行塔类娱乐设施（包括 5 个系列）。

（6）转马类娱乐设施（包括 5 个系列）。

（7）自控飞机类娱乐设施（包括 3 个系列）。

（8）赛车类娱乐设施（包括 3 个系列）。

（9）小火车类娱乐设施（包括 2 个系列）。

（10）碰碰车类娱乐设施（包括 1 个系列）。

（11）电池车类（1 个系列）。

（12）水上娱乐设施（包括 6 个系列）。

（13）无动力娱乐设施（包括 7 个系列）。

5.4.2　大型娱乐设施的主要安全保护装置

5.4.2.1　安全带

安全带可以有轻微摇摆或升降速度较慢；座舱是敞开式的娱乐设施一般都采用安全带作为安全保护装置，如"自控飞机"、"碰碰车"、"架空游览车"、"小赛车"等，另外，安全带还作为一些危险性较大的娱乐设施的后备保护措施，如"探空飞梭"，"摩天环车"等。

5.4.2.2　安全压杠

娱乐设施在运行时有可能导致游客被甩出危险的，必须设置相应形式的安全压杠。安全压杠必须有足够的锁紧力，其锁紧机构不能由乘客开启，当自动开启装置失效时，应能够手动打开，对危险性较大的娱乐设施，必须设置两套独立的人身保险装置。一般安全压杠用无缝钢管或不锈钢管制成，主要作用是压住游客的腿部并挡住身体，在座舱有倾斜运动或摆动的娱乐设施中应用较多，如"海盗船"、"金龙滑车"、"章鱼"等。

5.4.2.3　锁紧装置

封闭的座舱舱门必须设有内部不能打开的两道锁紧装置，例如观览车的门，采用门把手上的一个撞块把门锁住；另外，在座舱门的外面再装一个插销，防止游客在运行过程中自行打开。非封闭座舱舱门也应设锁紧装置；锁紧装置必须灵活、可靠。如"双人飞天"娱乐设施等。

5.4.2.4　制动装置

制动装置必须平稳可靠，制动能力（力或力矩）不小于 1.5 倍额定负荷轴扭矩（或冲力），当切断电源时，制动装置应处于制动状态（特殊的除外）；同一轨道有两辆（或两组）以上车辆运行时，必须设有防止碰撞的自控停止制动和缓冲装置，制动装置的制动行程应可调节，滑行车辆的停止，严禁采用碰撞方法。

5.4.2.5 止逆装置

沿斜坡牵引的提升系统，必须设有防止载人装置逆行的装置，在最大冲击负荷时必须止逆可靠，止逆装置安全系数不小于4。如"滑行车"。

5.4.2.6 运动限制装置

绕固定轴支点转动的升降臂，或绕固定轴摆动的构件，都应有极限位置限制装置，限制装置必须灵敏可靠。如"自控飞机"、"海盗船"等。

5.4.2.7 超速限制装置

采用直流电机驱动或者设有速度可调系统时，必须设有防止超出最大设定速度的限速装置，限速装置必须灵敏可靠。

5.4.2.8 缓冲装置

可能碰撞的娱乐设施，必须设有缓冲装置。碰碰车、高架自行车、赛车、多车滑行车（疯狂老鼠）等，每辆车辆的前后均应装有不同形式的缓冲装置，以防止撞击可能造成的危险。

5.4.3 大型娱乐设施的现场安全监察

使用单位应当设置安全管理机构或者配备专职安全管理人员；建立以岗位责任制为核心的使用安全管理制度，并严格执行。

表5.6所示为大型娱乐设施使用情况检查项目。

表5.6　大型娱乐设施使用情况检查项目

类　别	检查项目	检查项目编号	检查内容
大型娱乐设施	作业人员	1	现场作业人员是否具有有效证件
	合格标志及警示标志	2	是否有安全检验合格标志，并按规定固定在显著位置，是否在检验有效期内
		3	是否设有显著的警示标志，出入口是否设有显著的乘客须知和上下线等安全标志
		4	乘客乘坐处是否有必要的安全说明
	安全装置	5	是否按规定配有有效的安全带、安全压杆等安全保护装置
		6	座舱舱门是否按规定设置有效的锁紧装置
	运行情况	7	检查当日运行维保记录，是否及时填写

5.5　其他公共安全

5.5.1 医药安全

药品是指用于预防、治疗、诊断人的疾病或有目的地调节人的生理机能，并规定有适应证或者功能主治、用法和用量的物质。药品是一种特殊商品，它的特殊性在于药品与人们的生命健康紧密相关，受到政府相关部门的监督和管理。药品从研发到使用的全过程都受各级食品药品监督管理部门的监督和管理。

药品产业链长，有研发、生产、流通和使用等多个环节，每个环节都存在着可能危害消费者的风险。药品安全管理就是药品安全的风险管理，最核心的要求就是要将事前预防、事中控制、事后处置有机结合起来，坚持预防为先，发挥多元主体作用，落实好各方责任，形成全链条管理，切实把药品安全风险管控起来。

医药药品安全风险大致有以下几方面特点：

（1）复杂性。一方面，药品安全风险存在于药品生命周期的各个环节，受多种因素影响，任何一个环节中出现问题，都会破坏整个药品安全链；另一方面，药品安全风险主体多样化，即风险的承担主体不只是患者，还包括药品生产者、经营者、医生等。

（2）不可预见性。由于受限于当代的认识水平与人体免疫系统的个体差异，以及有些药品存在蓄积毒性的特点，药品的风险往往难以预计。

（3）不可避免性。囿于人类对药品认识的局限性，药品不良反应往往会伴随着治疗作用而不可避免，这也是人们必须要承担的药物负面作用。

医药药品安全风险可分为自然风险和人为风险。

药品安全的自然风险，又称"必然风险"、"固有风险"，是药品的内在属性，属于药品设计风险。药品安全的自然风险是客观存在的，和药品的疗效一样，是由药品本身所决定的，来源于已知或者未知的药品不良反应。

药品安全的人为风险。属于"偶然风险"的范畴，是指人为有意或无意违反法律法规而造成的药品安全风险，存在于药品的研制、生产、经营、使用各个环节。人为风险属于药品的制造风险和使用风险，主要来源于不合理用药、用药差错、药品质量问题、政策制度设计及管理导致的风险，是我国药品安全风险的关键因素。

5.5.1.1   药品生产安全事故

药品安全事故的发生，首当其冲的，药品生产企业负有不可推卸的主要责任。中国目前的药品产业结构不尽合理，"多、小、散、乱"的企业结构还没有彻底改变，低水平重复生产现象严重。药品市场秩序的混乱局面也未根本好转，企业的法律意识、质量意识、自律意识还不强。

我国的《药品生产质量管理规范（2010年修订）》（药品GMP）经卫生部部务会议审议通过，自2011年3月1日起施行。药品GMP是一种在药品生产过程中实施的、关注药品质量与卫生安全的规范制度，对公众用药安全的有效保证。药品GMP要求药品生产企业应具备良好的生产条件，严谨的生产过程，完整的质量管理和检验体系，始终确保符合法规要求的产品质量。在药品安全管理中，对药品生产企业的各个环节均提出了严格要求。

药品安全事故，并可能导致药品质量问题的原因可归纳为以下几种情况：

（1）违规生产操作。

（2）物料管理。

（3）违背生产工艺。

（4）库存管理。

5.5.1.2   药品生产安全监管

药品电子监管是一种现代化的药品安全监管手段，用信息、网络以及编码技术将药品生产、流通环节的数据进行采集和处理，建立从药品生产、物流配送、药品批发、药品零售、医疗机构最终到消费者的全过程监管网络。药监部门通过电子监管系统对收集的数据信息进行存储、分析、处理，最终实现药品安全的全过程监管。电子监管具有科技性强、数据客观与监管便利三大特点，药品监管工作变得更加高效。从 2005 年我国开始实施药品电子监管工作，2012 年 2 月底，分三期将麻醉药品、精神药品、血液制品、中药注射剂、疫苗、基本药物全品种纳入电子监管。

药品电子监管码是指在规定药物的外包装上附加的电子标签。就像公民的身份证，每件药品的电子监管码也是唯一的，如图 5.10 所示，电子监管码就药品的电子身份证，具有以下特点：

（1）一件一码。一改之前"一类一码"的机制，每一批、每一箱甚至每一盒药品均做唯一标识。从药品的生产环节开始跟踪，而延续到物流运输、批发零售，政府监管提供有力的支撑。当产品遇到问题时，通过监管码可以迅速向上游追溯，确定问题产品生产流通的各个环节，便对问题药品进行及时全面的召问。

（2）全国覆盖。由于药品生产和销售的空间特点，只有覆盖到全国才可实现对药品的全程监管。药品监管人员在进行现场检查时，可以使用移动执法终端，通过无线网络或者手机网络连接后台系统，便于执法工作。

（3）全程跟踪。电子监管网对药品从生产源头到流通消费全程进行信息采集，各个相关政府监管部门的信息共享和联合办公提供了技术功能，便于对药品的质量跟踪。当发现问题药品时，可以及时地进行责任溯源、产品召回，药品监管工作的开展提供了强有力的信息依据。

（4）消费者查询。电子监管网提供公众查询功能，消费者可以通过多种手段对药品的真实性和质量信息进行查询。可查询到的信息包括药品通用名、剂型、规格、生产企业、生产日期、生产批号、有效期等。

图 5.10　药品电子监管码

药品生产安全监管总体目标：

（1）提高药品质量监管的"主动性、及时性、准确性、有效性"。提高监管效能，药品质量安全监管中有效实施科学监管。解决监管被动、发现问题滞后、对出现问题的判断缺少技术支撑、解决问题效果不明显等药品质量监管中存在的主要问题。

（2）规范生产及岗位人员操作过程。提高企业管理人员及关键岗位人员素质。帮助企业规范生产过程，梳理、发现薄弱环节，执行各岗位人员操作规范，减少人为操作失误。

（3）提高应急处理能力，完善应急处理机制。通过预警机制及时发现药品生产过程中的问题，通过物料流向及产品流向记录，快速查找问题产品，快速封停、快速召回，遏制事故扩大，减少损失。

（4）提高信息共享能力。监管部门及时发布各种不合格原辅料通告信息，有利于生产企业对供应商的选择和追踪，帮助企业及时了解上游厂商产品的质量情况，为企业的生产提供源头上的保证。

（5）提高企业管理水平，保证药品生产质量。切实提高企业管理水平，从生产源头上早发现、早解决、早控制质量隐患问题，切实保证药品生产质量，提升企业竞争力。

5.5.1.3　药品使用安全

药品滥用（drug abuse）行为是指非医疗目的的反复、大量使用具有依赖特性的药品（或物质），使用者对此类药品产生依赖（瘾癖），强迫和无止境地追求药品的特殊精神效应，由此带来严重的个人健康与公共卫生和社会问题。

当前药品滥用行为是危害医药安全管理的主要因素，其危害特征表现为身体依赖性（physical dependence）、精神依赖性（psychic dependence）、药品耐受性（drug tolerance）、药品依赖性（drug dependence）。

药品滥用监测作为疾病监测的一个组成部分，同其他公共卫生监测既有联系又有区别。其特点是对人群中麻醉药品和精神药品使用和滥用情况进行长期、连续、系统的观察、调查并收集资料，及时发现麻醉药品、精神药品非法流通和滥用问题，及时掌握药品滥用现状、动态分布、滥用者的人口学特征、滥用麻醉药品和精神药品的种类、滥用方式和可能的发展趋势，分析、确定各地区乃至全国药品滥用的基本情况，为麻醉药品的科学管理和禁毒工作提供科学依据。

与一般意义上的疾病监测比较，药品滥用监测在观察对象、调查和收集资料方式上具有其自身特点。药品滥用监测不局限于某一特定研究范围，它涉及医学、药品管理、社会和法律等多领域。从药品滥用监测性质看，它对禁毒工作、麻醉药品和精神药品的管理，以及疾病控制具有重要意义。

从组织形式看，药品滥用监测分为被动监测和主动监测两种形式。前者指各级监测网站按上级单位要求和规定收集资料，定期汇总上报；后者是根据某特定问题，由上级部门部署或计划定期不定期地开展调查或系统收集资料。主动监测在降低漏报率方面明显优于被动监测，所调查掌握的数据更接近于药品滥用实际发生情况。从监测所针对的对象看，可分为以普通人群为基础的一般人群监测、以戒毒康复机构为基础的药品滥用人员监测和以青少年等人群为基础的高危人群监测。

5.5.2　食品安全

食品是人类赖以生存的物质，人体从食物中汲取营养，维持人体的新陈代谢。"民以食为天，食以安为先"。食品安全是当前在全球范围内受到高度关注的一个公共卫生问题。食品安全问题直接影响人民身体健康、产品出口和国家形象，影响一个国家的社会安定和经济发展。

食物的生产条件、过程难免会存在一些对人体健康有不利影响的因素。这些不利因素包括生物性、化学性和物理性三类，成为有害因素。其中对人类健康有威胁的主要是生物性危害和化学性危害。

5.5.2.1　食品的生物性危害

食物的营养成分不仅为人体所必需，其他生物也需要，因此食品经常受到其他生物的污染，有些生物可能会造成对人体健康的影响，常见的生物污染有细菌、病毒、真菌和寄生虫。

5.5.2.2 食品的化学性危害

食品中的化学危害物质与生物危害的最大区别是化学危害一般不会在食品、体内增加，因此，产生对人体危害的作用需要达到一定的剂量。产生健康伤害所需要的剂量越小，毒性越大，反之，毒性越小。如果人体摄入的某种有害化学物质低于其危害剂量，这种有害物质就不会对人体健康产生伤害。

对人体健康的影响一般表现为：

（1）引起化学性食物中毒。常见的化学性食物中毒有农药中毒、砷化物中毒、亚硝酸盐中毒等。

（2）引起慢性中毒性器官损伤。常见引起慢性中毒的物质有重金属、黄曲霉毒素等。

（3）致癌。常见的可能致癌物有黄曲霉毒素、N−亚硝基化合物、多环芳烃、杂环胺、丙烯酰胺等。

（4）致畸。致畸物主要是二噁英，其他还可能包括黄曲霉毒素、N−亚硝基化合物、镉等。

食品的化学污染的来源和途径一般分为：动植物天然毒素、农业投入品、环境污染物、食品加工产生的物质、食品添加剂、食品包装材料的污染。

5.5.2.3 安全食品

安全食品包括食用农产品和加工产品，从种植到收获、贮藏、运输都采用无污染的生产资料和技术，实行从农田到餐桌全程监控，保证了安全性。

安全食品分为3个层次：无公害食品、绿色食品、有机食品。如图5.11所示。

图5.11 安全食品"金字塔"

A 无公害食品

无公害食品是指产地环境、生产过程和最终产品符合无公害食品标准和规范的食品。在这类产品的生产过程中，允许限量、限品种、限时间地使用化学合成农药、肥料、兽药、鱼药、食品添加剂等生产资料。

B 绿色食品

绿色食品不是指"绿颜色"的食品，而是指遵循可持续发展原则，按照指定的生产方式生产、经专门机构认证、许可使用绿色食品标志、无污染的安全优质营养类食品。

我国是世界上第一个由政府部门倡导开发绿色食品的国家。

C 有机食品

有机食品是指生产环境无污染，在生产和加工过程中不使用化学合成的农药、肥料等生产资料，不使用基因工程技术，应用天然物质和对环境无害的方式生产加工形成的环保型安全食品。

5.5.3 信息安全

信息安全问题出现的初期，人们主要依靠信息安全的技术和产品来解决信息安全问题，技术和产品的应用，一定程度上解决了部分信息安全问题。但是仅仅依靠这些产品和技术还不够，即使采购和使用了足够先进、数量足够多的信息安全产品，如防火墙、防病毒、入侵检测、漏洞扫描等，仍然无法避免一些安全事件的发生。更何况，对于组织中人员信息的安全问题、信息安全成本投入和回报的平衡问题、信息安全目标、业务连续性、信息安全相关法规符合性等问题，只依靠产品和技术是解决不了的。

依据国家计算机应急响应中心发布的数据（如图 5.12 所示），简单归类，属于管理方面的原因占比高达 70% 以上，而这些安全问题中的 95% 是可以通过科学的信息安全管理来避免的。因此，管理已成为信息安全保障的重要基础，管理在解决信息安全问题中具有十分重要的作用。只有将有效的安全管理自始至终贯彻落实到信息安全建设的各个方面，信息安全的有效性和长期性才能得到保障。

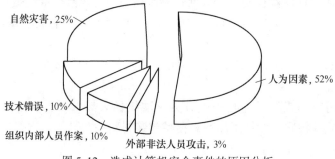

图 5.12　造成计算机安全事件的原因分析

信息安全管理（information security management，ISM）是通过维护信息的保密性、完整性和可用性等来管理和保护信息资源的体制，是对信息安全保障进行指导、规范和管理的一系列活动和过程。信息安全管理是信息安全保障体系建设的重要组成部分，对于保护信息资源、降低信息系统安全风险、指导信息安全体系建设具有重要的作用。

信息安全管理涉及信息安全的各个方面，包括制定信息安全政策、风险评估、控制目标和方式选择、制定规范的操作流程、对人员进行安全意识培训等一系列工作。

信息安全建设是一个系统工程，它需要对信息系统的各个环节进行统一的综合考虑、规划和构架，并要时时兼顾组织内外不断发生的变化，任何环节上的安全缺陷都会对系统构成威胁。因此实现信息安全是一个需要完整体系来保证的持续过程，这也是组织需要信息安全管理的基本出发点。

总之，信息安全管理是组织中用于指导和管理各种控制信息安全风险的、一组相互协调的活动，有效的信息安全管理应该是在有限的成本下，尽量做到安全"滴水不漏"。

5.5.3.1　信息安全管理现状

在计算机时代到来之前，人们会将重要的文件资料锁到文件柜或保险柜中进行保存，但是现在，人们将各种重要的信息存放在各种计算机或网络信息系统中。由于计算机的开放性和标准化等结构特点，使计算机信息具有高度共享和易于扩散等特性，从而导致计算机信息在处理、存储、传输和应用过程中很容易被泄露、窃取、篡改和破坏，或者受到计算机病毒的感染。

计算机犯罪大多具有瞬时性、广域性、专业性和时空分离等特点。通常，计算机犯罪很少留下犯罪证据，这也是计算机高技术犯罪案件频发的诱因。2011 年 4 月 CNCERT/CC 发布的《2010 年中国互联网网络安全报告》指出，2010 年我国基础网络运行总体平稳，但重要联网信息系统安全问题突出，政府网站安全防护薄弱，金融行业网站成为不法分子骗取钱财和窃取隐私的重点目标，工业控制系统安全面临严峻挑战，公共网络环境安全更不容乐观，木马和僵尸网络依然对网络安全构成直接威胁，手机恶意代码日益泛滥，DDOS 攻击也严重危害网络安全，互联网应用层服务的市场监管和用户隐私保护工作亟待加强。报告同时指出，目前发达国家政府普遍在加强网络安全管理，如美国政府出台《加强网络安全法案》等相关网络安全法律文件，推进网络安全立法，并推出"完美公民"计划，拟建立全美联网监控体系以对抗网络犯罪；欧盟正式发布《欧洲数字化议程》五年规划，提出增强网络安全相关举措；瑞典政府拟设国家信息技术安全中心，以应对网络攻击及处理信息技术案件；日本政府批准制定"保护国民信息安全战略"，加大监管力度，构筑安全网络社会；新加坡信息通信发展管理局通过制定新准则、加强信息分析能力以及提高公民网络安全意识来加强新加坡网络安全；澳大利亚启动国家计算机应急响应官方机构 CERT Australia，支持政府打击网络犯罪和网络恐怖主义威胁。

我国目前的计算机安全防护能力还处于发展的初级阶段，许多计算机基本上处于不设防状态，从防范意识、管理措施、核心技术到安全产品，还远未构成一个较成熟的体系。由于安全问题，尤其是因为管理的不善而导致的各种重要数据和文件的滥用、泄露、丢失、被盗等，给国家、企业和个人造成的损失数以亿计，这还不包括那些还没有暴露出来的深层次的问题。计算机安全问题解决不好，不仅会造成巨大的经济损失，甚至会危及国家的安全和社会的稳定。

当然，这几年信息安全管理在国际上有了很大的发展，我国信息安全管理虽然起步较晚，但我国政府主管部门以及各行各业已经认识到了信息与信息安全的重要性，体现了信息化带动工业化发展的重要意义。

5.5.3.2　信息安全管理内容和原则

在我国，信息安全管理是对一个组织机构中信息系统的生命周期全过程实施符合安全等级责任要求的管理，包括以下内容：

（1）落实安全管理机构及安全管理人员，明确角色与职责，制定安全规划。

（2）制定安全策略。

（3）实施风险管理。

（4）制定业务持续性计划和灾难恢复计划。

（5）选择与实施安全措施。

（6）保证配置、变更的正确与安全。

（7）进行安全审计。

（8）维护支持信息。

（9）进行监控、检查，处理安全事件。

（10）安全意识与安全教育。

（11）人员安全管理等。

在进行信息安全管理的过程中，需要遵循的原则有基于安全需求原则、主要领导负责原则、全员参与原则、系统方法原则、持续改进原则、依法管理原则、分权和授权原则、选用成熟技术原则、分级保护原则、管理与技术并重原则、自我保护和国家监管结合原则。

5.5.3.3 信息系统安全因素

信息系统的主要安全因素包括资产、威胁、脆弱性、意外事件影响、风险和保护措施等。这些信息系统的安全因素之间的关系如图 5.13 所示。

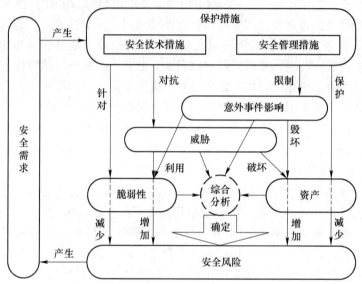

图 5.13 信息系统的主要安全因素之间的关系

A 资产

主要包括：支持设施（例如建筑、供电、供水、空调等）；硬件资产（例如各种计算机设备、通信设施、存储媒介等）；信息资产（例如数据库、系统文件、用户手册、操作支持程序、持续性计划等）；软件资产（例如应用软件、系统软件、开发工具、实用程序等）；生产能力和服务能力。

B 威胁

它主要包括自然威胁和人为威胁。自然威胁有地震、雷击、洪水、火灾、静电、鼠害和电力故障等。人为威胁有盗窃类型的威胁（例如偷窃设备、窃取数据、盗用计算资源等）；破坏类型的威胁（例如破坏设备、破坏数据文件、引入恶意代码等）；处理类型的威胁（例如插入假的输入、隐瞒某个输出、电子欺骗、非授权改变文件、修改程序和更改设备配置等）；操作错误和疏忽类型的威胁（例如数据文件的误删除、误存和误改、磁盘误操作等）；管理类型的威胁（例如安全意识淡薄、安全制度不健全、岗位职责混乱、审计不力、设备选型不当、人事管理漏洞等）。

C 脆弱性

与资产相关的脆弱性包括物理布局、组织、规程、人事、管理、行政、硬件、软件或信息等弱点，以及与系统相关的脆弱性，如分布式系统易受伤害的特征等。

D 意外事件影响

影响资产安全的事件，无论是有意还是突发，其后果都可能毁坏资产，破坏信息系统，影响保密性、完整性、可用性和可控性等。可能的间接后果包括危及国家安全、社会稳定，造成经济损失，破坏组织或机构的社会形象等。

E 安全风险

安全风险是某种威胁利用暴露系统脆弱性对组织或机构的资产造成损失的潜在可能性。风险由意外事件发生的概率及发生后可能产生的影响两种指标来评估。另外，由于保护措施的局限性，信息系统总会面临或多或少的残留风险，组织或机构应考虑对残留风险的接受程度。

F 保护措施

保护措施是应对威胁、减少脆弱性、限制意外事件影响、检测意外事件并促进灾难恢复而实施的各种实践、规程和机制的总称。

应考虑采用保护措施实现下述一种或多种功能：预防、延缓、阻止、检测、限制、修正、恢复、监控以及意识性提示或强化。保护措施作用的区域可以包括物理环境、技术环境（例如硬件、软件和通信）、人事和行政。保护措施有：访问控制机制、防病毒软件、加密、数字签名、防火墙、监控和分析工具、备用电源以及信息备份等。选择保护措施时要考虑由组织或机构运行环境决定的影响安全的因素，例如，组织的、业务的、财务的、环境的、人事的、时间的、法律的、技术的边界条件以及文件的或社会的因素等。

5.5.3.4 信息安全管理模型

信息安全管理从信息系统的安全需求出发，以信息安全管理相关标准为指导，结合组织的信息系统安全建设情况，引入合乎要求的信息安全等级保护的技术控制措施和管理控制规范与方法，在信息安全保障体系基础上，建立信息安全管理体系。信息安全管理模型如图5.14所示。

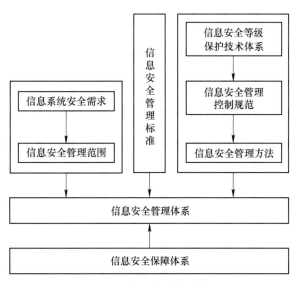

图5.14 信息安全管理模型

信息安全需求是信息安全的出发点。它包括保密性需求、完整性需求、可用性需求、可控制性需求和可靠性需求等。信息安全管理范围是由信息系统安全需求决定的具体信息安全控制点，对这些实施适当的控制措施可确保组织相应环节的信息安全，从而保证整个组织的整体信息安全水平。信息安全管理标准是在一定范围内获得的关于信息安全管理的最佳秩序，对信息安全管理活动或结果规定共同的和重复使用的具有指导性的规则、导则或特性的文件。

信息安全管理控制规范是为解决具体信息安全问题而设置的技术或管理手段，并运用信息安全管理相关方法来选择和实施控制规范，为信息安全管理体系服务。信息安全保障体系则是保障信息安全管理各环节、各对象正常运作的基础，在信息安全保障过程中，要实施信息安全工程。

思 考 题

5-1　简述公共安全的含义和公共安全事件特点。

5-2　简述城市公共安全风险分析一般程序及其风险评估指标体系。

5-3　简述城市重大工业危险源风险因素。

5-4　简述城市人群聚集风险特征及其影响因素。

5-5　一般的城市公共基础设施风险分析包括哪几个方面？

5-6　简述道路、交通安全管理的含义。

5-7　简述道路交通安全管理对象和管理目标。

5-8　大型娱乐设施的主要安全保护装置有哪些？

5-9　简述药品生产安全监管方法及其总体目标。

5-10　简述信息安全管理内容和原则。

5-11　简述信息系统安全因素及其关系。

6 行业安全技术

国家安全生产监督管理局的职责是承担国家安全生产综合监督管理责任，依法行使综合监督管理职权，指导协调、监督检查国务院有关部门和各省、自治区、直辖市人民政府安全生产工作。国家安全监督管理总局内设安全监督管理一司、三司、四司，依法监督检查非煤矿山行业、石油、化工（含石油化工）、医药、危险化学品和烟花爆竹、冶金、有色金属、建材、机械、轻工、纺织、烟草、商贸等行业生产经营单位安全生产情况。安全监督管理二司，指导、协调和监督有专门安全生产主管部门的行业和领域安全监督管理工作（有主管部门的行业有道路交通、民爆、消防、水上交通、铁路及其他）；职业安全健康监督管理司依法监督检查工矿商贸作业场所（煤矿作业场所除外）职业卫生情况；煤矿则单列为煤矿安全监察局负责综合监管。因此，本章重点介绍煤矿、非煤矿山、石油化工、烟花爆竹、建筑、冶金、有色金属及通用的机械、电气安全技术。

6.1 煤矿安全技术

6.1.1 矿井瓦斯防治技术

6.1.1.1 矿井瓦斯

矿井瓦斯的主要成分是甲烷（CH_4），约占 80% ~ 90%。此外，还含有其他烃类（乙烷、丙烷）等。它是严重威胁煤矿安全生产的主要自然因素之一。

A 瓦斯的性质

瓦斯是无色、无味、无臭的气体，但有时可以闻到类似苹果的香味，这是由于芳香族的碳氢化合物气体同瓦斯同时涌出的缘故。瓦斯对空气的相对密度为 $0.544kg/m^3$，在标准状态下瓦斯的密度为 $0.716kg/m^3$，所以常积聚在巷道的上部及高顶处。瓦斯的渗透能力是空气的 1.6 倍，难溶于水，不助燃也不能维持呼吸，瓦斯在空气中达到一定浓度时，遇火能燃烧或爆炸。在煤矿的采掘过程中，当条件合适时，会发生瓦斯突出（喷出），产生严重的破坏作用，甚至造成巨大的财产损失和人员伤亡事故。瓦斯的燃烧、爆炸或突出是矿井的主要灾害。

B 煤层瓦斯的含量

煤层瓦斯含量是指单位质量或单位体积的煤体，在一定压力和温度下所含的瓦斯数量（即游离瓦斯和吸着瓦斯的总和），单位为 m^3/t 或 m^3/m^3。煤层瓦斯含量的大小受很多因素的影响，但主要受生成瓦斯的条件和保存瓦斯条件两因素的影响。

C 瓦斯的涌出形式

a 普通涌出

瓦斯从煤层或岩层表面非常细微的缝隙中缓慢、均匀而持久地涌出，称为普通涌出。

这种涌出方式，涌出的面积大、时间长，是瓦斯涌出的主要形式。

　　b　特殊涌出

特殊涌出又可以分为瓦斯喷出和煤（岩）与瓦斯突出两种。瓦斯喷出是指大量瓦斯突然喷出的现象，喷出的时间可长可短（数天或数年），每昼夜的喷出量可达数百立方米。

煤（岩）与瓦斯突出（简称突出）是在一瞬间（几秒钟或几分钟）突然喷出大量瓦斯和煤炭（岩石），并伴随有强烈的声响和强大的冲击力现象。

　　D　矿井瓦斯等级

矿井瓦斯等级是根据矿井相对瓦斯涌出量、绝对瓦斯涌出量和瓦斯涌出形式划分为三类：低瓦斯矿井、高瓦斯矿井、煤（岩）和瓦斯（二氧化碳）突出矿井。

不同瓦斯等级的矿井，供风标准、设备选型、瓦斯管理制度均有所不同。

6.1.1.2　瓦斯爆炸及其预防

瓦斯爆炸是一定浓度的甲烷和空气中的氧气在高温热源的作用下发生剧烈氧化反应的过程，瓦斯爆炸后产生高温、冲击波和大量有毒有害气体。瓦斯爆炸能造成大量的人员伤亡及井下设备、设施被严重摧毁等，有时还会引起煤尘爆炸和井下火灾，从而使灾害加重。

　　A　瓦斯爆炸的条件及其影响因素

瓦斯爆炸的三个充分必要条件：瓦斯浓度、引火温度和氧的浓度。

　　a　瓦斯浓度

瓦斯只在一定浓度范围内才发生爆炸，该浓度范围称为瓦斯爆炸界限。瓦斯在空气中的爆炸下限为 5%~6%，上限为 14%~16%。

　　b　引火温度

瓦斯的引火温度随瓦斯浓度、火源性质及混合气体的压力等因素变化而变化。一般认为，瓦斯的引火温度为 650~750℃，最低点燃能量为 0.28MJ。当混合气体在压力增高时，引燃温度即降低；在引火温度相同时，火源面积越大、点火时间越长，越容易引燃瓦斯。

　　c　氧的浓度

井下含瓦斯的混合气体中氧的浓度降低时，瓦斯爆炸界限随之提高。当氧的浓度低于 12% 时，混合气体即失去爆炸性。

　　B　预防瓦斯爆炸的措施

瓦斯浓度、引火温度、氧的浓度是矿井发生瓦斯爆炸必须具备的三个条件，三者缺一都不会发生瓦斯爆炸。《煤矿安全规程》规定井下空气中氧浓度不得低于 20%，因此预防瓦斯爆炸的有效措施，主要从防止瓦斯积聚和消除火源着手。

（1）防止瓦斯积聚。主要从三个方面预防：加强通风、及时处理局部积聚的瓦斯、加强瓦斯监测检测。

（2）防止瓦斯引燃。

（3）限制瓦斯爆炸范围扩大。

6.1.1.3　瓦斯喷出与突出及其预防

瓦斯喷出和煤与瓦斯突出是矿井瓦斯的特殊涌出现象。瓦斯喷出和煤与瓦斯突出能使工作面或井巷充满瓦斯，造成窒息，形成爆炸条件，以致破坏通风系统、造成风流紊乱或短时逆转。突出的煤和瓦斯能堵塞巷道，破坏支架、设备及设施。

除了煤与瓦斯突出外，当煤层中含有大量二氧化碳气体时，由于煤对二氧化碳的吸附能力极强，故也会发生煤和二氧化碳突出。我国煤矿已发生过数起煤和二氧化碳突出。

A 瓦斯喷出及其预防

a 瓦斯喷出的特点

如果煤层或岩层中存在着大量高压游离瓦斯，当采掘工作面接近或沟通这一区域时，瓦斯就会同喷泉一样从裂缝或裂隙中大量喷出，突然涌向采掘空间，在短时间内造成风流中瓦斯突然增大，具有突然性和集中性。瓦斯喷出可导致突出地点的人员窒息，扩散到风流中遇高温火源可能发生爆炸等重大事故。

b 瓦斯喷出的预防与处理

预防与处理瓦斯喷出的措施，应根据瓦斯喷出量的大小和瓦斯压力的高低来确定。有些矿井总结为探、排、引、堵4类方法。

此外，对有瓦斯喷出危险的工作面要有独立的通风系统，并要适当加大风量，以保证瓦斯不超限和影响其他区域。

B 煤与瓦斯突出及其预防

a 煤与瓦斯突出的特点

煤与瓦斯突出是指地下开采过程中，在很短的时间内（几秒钟或几分钟），突然由煤体内部大量喷出煤（岩）与瓦斯，并伴随着强烈振动和声响的一种矿井动力现象。突出的煤（岩）从几吨到几百吨以至上万吨，喷出的瓦斯从几百立方米到几万立方米，甚至几十万立方米。短时间内大量的煤和瓦斯突然喷出，可以造成极其严重的后果。

煤与瓦斯突出可以发生在矿井的各类巷道和采煤工作面的各种作业时间，但以上山、石门揭煤和平巷掘进时最容易发生。

煤与瓦斯突出机理十分复杂，一般认为煤与瓦斯突出主要是矿山压力和煤层瓦斯压力及煤岩力学性质等综合作用的结果。

b 预防煤与瓦斯突出的措施

预防煤与瓦斯突出的措施，可以分为区域性措施和局部性措施。

（1）区域性措施。区域性措施是指使消除大范围煤层突出危险性的措施，主要有开采解放层和预抽煤层瓦斯两种。

（2）局部性防突措施。局部性防突措施是指在有煤与瓦斯突出危险的煤层中采掘时，采用影响范围比较小的局部预防性方法，在较小范围内消除或降低突出威胁。

通常采用的是：钻孔排放瓦斯；振动爆破；水力冲孔。预防煤与瓦斯突出的措施除上述几种外，还有采用大直径超前钻孔、煤层高压注水及开卸压槽卸压等方法。

6.1.2 矿尘防治技术

矿井在生产过程中所产生的各种矿物微粒，统称矿尘。其中飞扬在空气中的叫浮尘，从空气中沉降下来的叫落尘。矿尘的两种存在状态是相对的，随着外界气候条件的改变，浮尘和落尘之间是可以互相转化的。

6.1.2.1 矿尘及其危害性

煤矿矿尘，就其危害和数量而言，主要是煤尘和岩尘。其生成量以采掘工作面为最高，其次为运输过程中的各转载点。矿尘危害的主要表现为：污染工作场所，危害人体健康，引起职业病、燃烧或爆炸；加速机械设备的磨损，缩短仪器设备的使用寿命。

6.1.2.2　煤尘的爆炸及其预防

煤尘接触高温热源时，首先迅速放出挥发分，因其燃点较低，所以一经和空气混合便在高温作用下燃烧起来，燃烧生成的热又使煤尘加快挥发而燃烧，生成更多的热。这些热量传播给附近煤尘并使其重复以上的过程，在此过程连续不断地进行中，氧化反应越来越快，温度越来越高，范围越来越大，当其达到一定程度时，便由一般燃烧发展成剧烈爆炸。煤尘爆炸一旦形成，爆炸波便可将巷道中的落尘扬起而成为浮尘，为爆炸的延续和扩大补充尘源，因此煤尘爆炸不仅表现出有连续性的特点，而且在连续爆炸的条件下，还可能有离开爆源越远其破坏力越大的特征。

煤尘引燃的温度变化范围较大，一般为700~800℃以上，有时也可达1100℃。煤矿中能点燃煤尘的高温热源有爆破时出现的火焰、电气设备的电火花、电缆和架线上的电弧、采掘机械工作时出现的冲击火花、安全灯火焰、井下火灾以及瓦斯爆炸等。

煤尘爆炸性可以分为有爆炸危险性及无爆炸危险性两种，需经过煤尘爆炸试验来确定。一般来讲，无烟煤的煤尘没有爆炸危险性。但煤尘无论有无爆炸危险，对人体健康都是有害的，因此在矿井生产过程中应当采取必要的防尘措施。

防止煤尘爆炸的措施分为降尘措施、防止煤尘引燃措施、隔爆措施三类。

A　降尘措施

减少煤尘发生量和浮尘量，是防尘措施中最积极的办法，具体措施有：

（1）煤层注水湿润煤体。

（2）采空区灌水。

（3）水封爆破及水炮泥。

（4）喷雾洒水。

（5）采用合理的风速。

（6）清扫积尘。

B　防止煤尘引燃措施

防止煤尘引燃的措施与防止瓦斯引燃的措施基本相同。

C　隔爆措施

隔爆措施是将已经发生的煤尘爆炸限制在较小的范围内，阻止其继续传播与发展。可以用安设在巷道中的岩粉棚或水槽棚来达到此目的。

6.1.2.3　煤矿尘肺病的预防

预防尘肺病的关键是降低集中发生矿尘地点的矿尘浓度。防治措施以湿式凿岩为主，包括喷雾洒水、通风除尘、净化风流和个体防尘在内的综合性防尘措施。

6.1.3　矿井火灾防治技术

6.1.3.1　矿井火灾

发生在矿井内的火灾，统称为矿井火灾。发生在井口附近的地面火灾，能直接影响井下生产、威胁矿工安全的火灾，亦称为矿井火灾。

按引火原因可分为内因（自燃）火灾和外因火灾两类。

A 内因（自燃）火灾

自燃物在一定的外部（适量的通风供氧）条件下，自身发生物理化学变化，产生并积聚热量，使其温度升高达到自燃点而形成的火灾，称为内因火灾。煤矿中自燃物主要是具有自燃倾向性的煤炭。

B 外因火灾

可燃物在外界火源（明火、爆破、机械摩擦、电流短路等）作用下，引起燃烧形成的火灾，称为外因火灾。外因火灾大多发生在井下风流畅通的工作地点，如果发现不及时或者灭火方法不当，火势发展很快，将造成严重后果。

C 矿井火灾的危害

（1）矿井火灾发生后，随着火灾的发展而产生大量高温火焰，火焰内含有大量有毒和窒息性气体，严重威胁工人生命安全。

（2）能够引起瓦斯、煤尘爆炸。

（3）使井下风流逆转。

（4）产生再生火源。

（5）损坏机械设备，破坏矿井的正常生产秩序。

6.1.3.2 井下灭火

当井下发生火灾时，最先发觉火灾的人员要保持镇静，根据火灾的性质，采取一切可能的办法直接灭火，力争在火灾初期就把它扑灭。同时迅速向矿值班人员报告火情，并通知矿山救护队。矿内灭火方法有直接灭火法、隔绝灭火法和联合灭火法。

A 直接灭火法

矿内火灾特别是外因火灾初起时，通常是局部的，燃烧也较缓慢。因此可根据火源的性质，采用水、砂子、化学灭火器（泡沫灭火器、干粉灭火器等）、高倍数泡沫灭火装置以及挖除火源等方法直接扑灭火源。

B 隔绝灭火法

矿内火灾用直接灭火法不能扑灭时，应迅速在通往火区的所有巷道内建筑防火墙（密闭墙）进行封闭，使火源与外界空气隔绝，火区内氧气耗尽，火灾即自行熄灭。常见的防火墙由砖和料石砌筑，此外还可用高水材料、泡沫塑料等快速密闭材料构筑。

C 联合灭火法

实践证明，单独使用防火墙封闭火区，熄灭火灾所需要的时间很长，造成一定时期煤炭回采的呆滞，影响生产。如果密闭质量不高，漏风较大，达不到灭火的目的。通常在火区封闭后，同时采取一些其他配套措施，加快熄灭火灾，提高灭火速度，这种方法称为联合灭火法。常用的联合灭火法是向封闭的火区灌注泥浆、惰性气体（二氧化碳、炉烟、氮气等），以及采用调节风压法等。

井下发生火灾或瓦斯、煤尘爆炸时，产生大量有害气体，严重污染井下风流，威胁井下人员的安全。因此《煤矿安全规程》规定，下井人员必须随身携带自救器，以备灾情初期、救护队尚未赶到之前，井下人员佩戴自救器可以进行自救或进入灾区进行短时间的抢救工作。

6.1.4　矿井水灾防治技术

6.1.4.1　矿井水源和涌水通道

在矿井建设和生产过程中，地面水和地下水都可能通过各种通道涌入矿井。所有涌入矿井的水，统称为矿井水。为了保证矿井建设和生产正常进行，必须采取有效措施防止水进入矿井，或将进入矿井的水排至地表。前者称为防水，后者称为排水。当矿井涌水超过正常排水能力时，就可能造成水灾，给矿井建设和生产带来严重后果，甚至威胁井下人员的生命安全。因此矿井水防治必须坚持"以防为主，防排结合"的方针。

井下涌水的发生，必须具备矿井水源和涌水通道两个条件。

A　矿井水源

矿井水源按其来源分为地面水和地下水两类。

a　地面水

地面的江、河、湖、沟、渠、池塘里的积水或季节性的雨水和山洪都称地面水。地面水往往可通过井筒、塌陷裂缝、断层裂隙、溶洞和钻孔等直接进入井下造成水灾。

b　地下水

地下水分为含水层水、断层水及老窑水等。

一般来说，上述水源不是孤立存在的，往往是互相沟通，互相补给。因此必须把矿井各种水源之间的水力联系调查清楚，以便采取正确的防水措施。

B　涌水通道

水源进入矿井的可能通道有断层破碎带、采掘过程形成的裂缝、井巷、封闭不好或没有封孔的旧钻孔等。对某一具体矿井来说，上述因素不一定同时具有充水作用，而往往只是其中个别因素或几个因素起着主导作用。所以，必须抓住主要因素加以分析，以便采取有效的措施，防止矿井水灾事故发生。

6.1.4.2　矿井防水

A　地面水的防治

（1）防止井口灌水。

（2）防止地面渗水。

（3）加强地面防水工程的检查。

B　井下水的防治

（1）掌握矿井的水文地质资料。

（2）井下探水。

（3）井下放水。

（4）井下堵水。

6.1.5　提升运输安全技术

6.1.5.1　矿井提升运输简述

矿井提升运输系统是矿井生产的重要环节，其主要任务是：把井下煤炭、矸石及其他利用提升设备提升到地面；把井下生产、安全、维护等所需要的器材、设备等，从地面利用提升设备，送到各个所需要的地点；升降人员。

6.1.5.2 矿井提升运输安全

A 斜巷跑车事故原因

其原因有：钢丝绳断裂跑车；连接件断裂跑车；矿车底盘槽钢断裂跑车；连接销窜出脱钩跑车；制动装置不良引起跑车；由于工作人员的失职，特别是信号把钩工、绞车司机的严重失职造成跑车。

B 斜巷跑车事故的预防

开展技术培训，提高职工技术素质；加强设备的技术管理，定期检查、检修各环节设备、保持其处于完好的状态；设置可靠的阻车器与挡车栏。

C 防跑车装置

(1) 保险绳。保险绳有单绳式和环绳式两种，其作用是利用保险绳子或绳子套，防止矿车因跳销或断销使钩头脱钩而发生跑车。

(2) 阻车器。阻车器按规定安设在斜巷上部平车场入口、上部平车场接近变坡点处及各车场，其主要作用是防止车辆进入摘挂钩地点和滑入斜巷发生跑车事故。

D 跑车防护装置

在斜巷内安设的能阻挡住跑车的装置叫跑车防护装置。有吊挂式跑车防护装置、绳压式跑车防车装置。

6.1.6 爆破安全技术

6.1.6.1 早爆事故及预防

煤矿爆破作业中，造成炸药、雷管早爆主要有杂散电流导入雷管或雷管、炸药受到机械撞击、挤压和摩擦，爆破器具保管不当等多方面的原因。

预防早爆措施有：降低电机车牵引网路产生的杂散电流，加强井下设备和电缆的检查和维修，发现问题及时处理；采用电雷管起爆时，杂散电流不得超过 30mA；电雷管脚线、爆破母线在连线以前扭结成短路。连线后电雷管脚线和连接线、脚线与脚线之间的接头，都必须悬空，并用绝缘胶布包好，不得同任何导电体或潮湿的煤、岩壁相接触；存放炸药、电雷管和装配起爆卷的地点安全可靠，严防煤、岩块或硬质器件撞击电雷管和炸药；发爆器及其把手、钥匙应妥善保管，严禁交给他人；对杂散电流较大的地点也可使用电磁雷管；在爆破区出现雷电时，受雷电影响的地方应停止爆破作业。

6.1.6.2 拒爆（盲炮）事故及预防

爆破时，通电后出现爆破未爆炸的现象，即为全网路拒爆。爆破后由于某种原因造成的部分或单个雷管拒爆的现象，即为丢炮。拒爆、丢炮是爆破作业中经常发生的爆破故障，且极易造成人身伤亡事故。

拒爆、丢炮的预防：不领取变质炸药和不合格的电雷管；不使用硬化到不能用手揉松的硝酸铵类炸药，也不使用破乳和不能揉松的乳化炸药；有水和潮湿的炮眼应使用抗水炸药；同一爆破网路中，不使用不同厂家生产的、或同一厂家生产的但不同批次的电雷管；不领取、不使用未经导通、全电阻测试或管口松动的电雷管；向孔内装药或封泥时，脚线要紧贴孔壁；按操作规程进行装药，防止把药卷压实或把雷管脚线折断、绝缘皮破损而造成网路不通、短路或漏电的现象；装药前应认真把炮眼内的煤、岩粉清理干净；网路连接时，连线接头必须扭紧牢固，尤其对雷管脚线裸露处的锈在连线时应进行处理；连线后认真检查，防止出现接触不良、错连、漏连、连线方式不合理，严格按爆破说明书要求的方式进行连接；爆破网路连接的电雷管数量不得超过发爆器的起爆能力；炮眼布置应合理，尽量采取减少或消除间隙效应的措施；不准装盖药、垫药，不准采用不合理的装药方式。

6.1.6.3　残爆、爆燃和迟爆事故及预防

残爆是指炮眼里的炸药引爆后，发生爆轰中断而残留部分不爆药卷的现象。爆燃是指炮眼里的药卷未能正常起爆，没有形成爆炸而发生快速燃烧，或形成爆轰后又衰减为快速燃烧的现象。迟爆是指在通电后，炸药延迟一段时间才爆炸的现象。迟爆时间可长达几分钟至十几分钟，爆破人员误以为是拒爆而进入工作面检查，最容易发生伤亡事故。

残爆、爆燃和迟爆事故预防：采用合理的装药方法；禁止使用不合格的炸药、雷管；装药前，清除炮眼内的杂物；装药时应把药卷轻轻送入，炮眼内的各药卷彼此密接；避免把炸药捣实；合理布置炮眼，不装盖药和垫药；采取措施，减弱或消除管道效应；起爆药卷内的雷管聚能穴和装配位置应符合要求，并且雷管应全部插入药卷内；按《规程》规定正确处理残爆。

6.1.6.4　放空炮事故的预防

炮眼内装药，在爆破时未能对周围介质产生破坏作用，而是沿炮眼口方向崩出的现象，称为放空炮。其主要原因是充填炮眼的炮泥质量不好或炮眼间距过大，炮眼方向与最小抵抗线方向重合。

预防方法：充填炮眼的炮泥质量要符合《规程》的规定，水炮泥水量充足，黏土炮泥软硬适度；保证炮泥的充填长度和炮眼封填质量符合《规程》的规定；要根据煤、岩层的硬度、构造发育情况和施工要求布置炮眼，炮眼的间距、角度要合理，装药量要适当。

6.1.6.5　爆破伤人及炮烟熏人事故及预防

预防爆破崩人的措施：爆破母线要有足够的长度；躲避处选择能避开飞石、飞煤袭击的安全地点；掩护物要有足够的强度；爆破时，安全警戒必须执行《规程》的规定；通电以后装药炮眼不响时，不能提前进入工作面，以免炮响崩人；爆破工应最后一个离开爆破地点，并按规定发出数次爆破信号，爆破前应清点人数；采取措施，避免因杂散电流造成突然爆炸崩人；处理拒爆、残爆时必须按《规程》规定的程序和方法操作。

预防炮烟熏人的措施：工作面爆破后，作业人员要待炮烟吹散吹净后，方可进入爆破地点作业；控制一次爆破量，避免产生的炮烟量超过通风能力；不使用硬化、含水量超标、过期变质的炸药；采掘工作面避免串联通风，不应在巷道内长期堆积坑木、煤、矸等障碍物，应保证回风巷有足够的通风断面；装药时要清理干净炮眼内的煤、岩粉和水，保证炸药爆炸时零氧平衡；炮眼封泥时应使用水炮泥，并且封泥的质量和长度符合作业规程的规定；爆破时，除警戒人员以外，其他人员都要在进风巷道内躲避等候；单孔掘进巷道内所有人员要远离爆破地点，同时风量要充足；作业人员通过较高浓度的炮烟区时，要用潮湿的毛巾捂住口鼻，并迅速通过；爆破前后，爆破地点附近应充分洒水，以利吸收部分有害气体和煤岩粉。

6.1.6.6　爆破崩倒支架及造成冒顶事故预防

爆破崩倒支架事故的预防措施：爆破前，必须检查支架并对爆破地点附近10m内的支

护进行加固；掘进工作面的顶帮要插严背实，并打上拉条、撑木，进行必要的加固；掘进工作面要选择合理的掏槽方式、炮眼布置、角度、个数等参数；打眼应靠近支架开眼，使眼底正处于两支架的中间；采煤工作面支架除加强刹顶外，要用紧楔和打撑木的办法进行必要的加固；采煤工作面要留有足够宽的炮道，掘进工作面要有足够的掏槽深度；严格按作业规程规定的装药量进行装药，避免出现装药量过大现象。

爆破造成冒顶事故的预防：采掘工作面遇到地质构造，顶板破碎、松软、裂隙发育时，应采用少装药放小炮，或直接挖过去的办法、减少对顶板的振动或破坏；炮眼布置的角度、位置要合理，顶眼眼底要与顶板离开 0.2~0.3m 的距离；一次爆破的炮眼数和装药量应控制在作业规程范围内；爆破前，应对爆破地点及其附近的支护进行加固，防止崩倒支架，崩倒的支架应及时扶起；空顶时，严禁装药爆破。

6.1.7 煤矿顶板灾害防治

6.1.7.1 基本理论概述

A 采煤工作面顶板事故

a 局部冒顶事故

局部冒顶事故实质上是已破坏的顶板失去依托而造成。按其触发原因可以大致分为两部分：一部分是采煤工作（包括破煤、装煤等）过程中发生的局部冒顶事故，即在采煤过程中未能及时支护已出露的破碎顶板；另一部分则是单体支护回柱和整体支护的移架操作过程中发生的局部冒顶事故。

b 大冒顶事故

采煤工作面的大冒顶事故也叫采场大面积切顶、落大顶、垮面。

(1) 由直接顶运动所造成的垮面事故。按其作用力的始动方向可分为两大类：推垮型事故、压垮型事故。

(2) 由老顶运动所造成的垮面事故。冲击推垮型（即砸垮型）事故。这类事故发生时，开始运动的老顶首先将其作用力施加于靠近煤壁处已离层的直接顶上，造成煤壁片塌和顶板下切，紧接着高速运动的老顶把直接顶推垮。压垮型事故，发生在采用木支架支护的采场。

(3) 大冒顶事故发生的时间地点。从工作面倾斜方向来看，距离上出口 10m 范围内的事故比例通常是临近下出口部位所发生事故比例的两倍多。其主要原因是受上侧工作面支承压力作用的影响，顶板的完整性容易受到破坏的结果。从工作面推进方向来看，采煤工作面从开切眼推进开始到回采结束，就顶板运动和矿压显现特征的差别而言，可以分为两个发展阶段，即老顶各岩梁初次来压完成前的初次来压阶段，以及老顶来压完成后的正常推进阶段。

B 巷道顶板事故

巷道的变形和破坏形式是多种多样的，巷道中常见的顶板事故按照围岩破坏部位可分为：巷道顶部冒顶掉矸、巷道壁片帮以及巷道顶、帮三面大冒落三种类型。按照围岩结构及冒落特征又可分为：镶嵌型围岩坠矸事故、离层型围岩片帮冒顶事故、松散破碎围岩塌漏冒顶事故以及软岩膨胀变形毁巷事故等几种形式。

6.1.7.2　采煤工作面顶板灾害防治技术

A　局部冒顶事故预防措施

（1）防止应力集中和放顶不实。

（2）合理选择工作面推进方向。

（3）采取正确的支护方法。

（4）坚持工作面正规循环作业。

（5）减少顶板暴露面积和缩短顶板暴露时间。

B　大冒顶的防治措施

a　大冒顶的原因

（1）初次放顶。初次放顶效果好坏，对安全生产影响很大。

（2）未掌握周期来压规律。老顶周期来压，对工作面矿压显现，尤其是对支架的作用力要比平时急剧增加且猛烈。

（3）过旧巷安全技术措施不力。旧巷顶板一般由于采动影响已遭到破坏，巷道两侧围岩松动，当采煤工作面推进其附近时，维护顶板极其困难且容易发生冒顶。

（4）工作面工程质量低劣，支架规格质量标准不符合要求。

（5）顶板管理不善。例如发生小冒顶处理不及时；工作面推进速度慢，使顶板下沉量大，顶板不完整，支架折损多。空顶距离大，没有及时处理等。

（6）作业规程编制不认真，执行不严肃。

（7）地质构造。工作面出现地质构造、顶板破碎和煤层赋存条件变化，如对顶板岩石的性质认识不够，都易导致冒顶。

b　预防大冒顶的措施

（1）必须加强矿井生产的地质工作，对每个采区、每个采煤工作面的顶底板岩性、组成和物理力学性质；煤质软硬、厚度和倾角的变化；地质构造与自然裂隙的性质、煤层赋存情况和水文地质条件等做调查研究，做出分析预报，作为采区设计和编制作业规程的依据，以便针对性地采取措施防止冒顶。

（2）编制采区设计和工作面作业规程。正确确定采区巷道布置、开采程序和采煤方式是保证安全生产的重要因素。

（3）开展顶板观察工作，掌握顶板活动规律，进行顶板来压预报。

（4）重视初次放顶，加强有效的安全措施。

（5）加强工作面支护和管理。

C　不同顶板条件下预防冒顶事故的技术要求

a　采煤工作面过断层、褶曲等地质构造带顶板灾害的防治

（1）采煤工作面过断层：采煤工作面过断层时，先把断层落差、范围与走向的交角弄清楚，然后制定过断层的方法。

（2）采煤工作面过褶曲：采煤工作面过褶曲时需事先挑顶或卧底，使底板起伏变化平缓。褶曲处煤层局部变厚时，一般留顶煤，使支架沿底，便于支架架设。在使用单体支柱时，若丢底煤则要在柱底穿铁鞋。留顶煤时，则要在支架上方背严以防顶煤压碎冒落，或者将顶煤挑下架设木垛接顶。

（3）采煤工作面过冲刷带：冲刷带在采煤工作面破碎范围较大，使煤层变薄，甚至尖灭。冲刷带附近的煤层和围岩受水侵蚀和风化，孔隙度大，煤层酥松，直接顶变薄，岩性酥脆，容易离层产生成层状垮落。过冲刷带常用连锁棚子，在冲刷带边缘棚距适当减少，控顶距适当加大一排，必要时铺之以木垛、抬板、戗柱与特殊支架。

（4）采煤工作面过陷落柱（无炭柱）：遇陷落柱的预兆和断层很相似，其不同是陷落柱的边缘多呈凹凸不平的锯齿状，有各种不同岩石的混合体。过陷落柱的方法和过断层一样，可以绕过和硬过。硬过陷落柱时根据破碎带破碎程度，可用套棚、一梁三柱和木垛等方式支护。

（5）遇劈口支护方法：由于地质应力的作用，会使岩层产生的裂隙和节理。工作面经开采后，在支承压力作用下，顶板岩层节理和裂隙又进一步张开和扩大。这些裂隙和节理把岩层分割成不同的形状，即所谓的劈口。劈口最容易发生局部冒顶，其冒顶预兆很不明显，一般采用敲帮问顶方法和眼睛观察法。劈口比节理和裂隙开的缝要大，使顶板失去了连续性和完整性，有时有掉渣现象。过劈口时可根据劈口特征状况采取相应的支护方式。

b 采煤工作面过老巷顶板灾害的防治

（1）维护加固老巷。

（2）调整过老巷方向。

（3）液压支架过老巷。

（4）老巷在工作面下方。

c 复合型顶板灾害的防治

（1）严禁仰斜开采。

（2）掘进工作面平巷不能破坏复合型顶板。

（3）初采时不要反向推进。

（4）提高支架的稳定性。

（5）提高单体支柱的初撑力和刚度。

d 金属（塑料）网假顶顶板灾害的防治

（1）开采第一分层时，从切眼推采开始到初次放顶，由采空区向顶板打深孔（3~5m）爆破将煤崩出，直接顶崩碎，充填网上冒落空隙，以阻止六面体的去路。深孔爆破的部位主要是开切眼附近、上分层停采位置及工作面上下两端。

（2）注意提高铺网质量。按规定要求搭接好，连结牢固，并注好水。清理平底部，不留大块矸石和柱梁、木垛等物。

（3）开采第二分层时，其开切眼位置应采用内错式布置，避免网上碎矸上方存有空隙。

（4）尽可能延长第一分层与第二分层的开采间隔时间。

（5）为了使金属（塑料）网不出现网兜，在开采第一分层时沿工作面倾斜方向每隔0.6~1.0m铺设一根底梁（长度为1.2~1.6m），底梁可以采用对接方式，也可以采用搭接方式。

e 直接顶异常破碎时顶板灾害的防治

（1）选用合适的支柱，使工作面支护系统有足够的支撑力与可缩量。

（2）顶板必须背严实。

（3）严禁放炮、移溜等工序弄倒支架，防止出现局部冒顶。

f　厚层坚硬难冒顶板灾害的防治

（1）合理确定开采方式：

1）联合开采。

2）合理选择支架类型。

3）确定合理的悬顶面积。

（2）做好预测预报：

1）工作面煤壁片帮或刀柱煤柱炸裂，并伴有明显的响声。

2）由于煤体内支撑压力的作用，煤层中的炮眼变形，打完眼不能装药，甚至打眼后连钻杆都拔不出来。

3）顶板有时出现裂隙与淋水，底板局部也可能底鼓，出现裂隙和出水，断层处滴水增大，有时出现钻孔中流水混有岩粉现象，严重时顶板可能掉矸。

4）如果设有微震仪观测，可发现记录中有较多的岩体破裂与滑移的波形出现，也可记录到小的顶板冒落。

（3）软化顶板强制放顶：

1）顶板注水。注压力水处理坚硬难冒顶板时，考虑注入顶板内的水对岩体的软化和压裂作用，结合工作面的具体情况，可分别采用超前工作面顶板高压注水或采空区注水。

2）强制放顶。有"循环式"浅孔放顶；"步距式"深孔放顶；台阶式放顶；超前深孔松动爆破；地面深孔放顶。

6.1.7.3　巷道顶板灾害的防治技术

A　巷道掘进和支护的基本安全注意事项

（1）从总的方面看，要防治巷道顶板事故，在开掘巷道时就应该避免把巷道布置在由采动引起的高应力区内，或布置在很软弱破碎的岩层里。

（2）掘进工作面严禁空顶作业。

（3）在松软的煤、岩层或流砂性地层中及地质破碎带掘进巷道时，必须采取前探支护或其他措施。

（4）支架间应设牢固的撑木或拉杆。

（5）更换巷道支护时，在拆除原有支护前，应先加固临近支护，拆除原有支护后，必须及时除掉顶帮活矸架设永久支护，必要时还应采取临时支护措施。

（6）开凿或延深斜井下山时，必须在斜井及下山的上口设置防止跑车装置，在掘进工作面的上方设置坚固的跑车防护装置，以防跑车冲倒支架造成巷道冒顶。

（7）由下向上掘进25°以上的倾斜巷道时，必须将溜煤（矸）道与人行道分开，防止煤（矸）滑落伤人。

B　不同地点防治顶板事故的注意事项

a　掘进头

（1）根据掘进头岩石性质，严格控制空顶距。当掘进头遇到断层褶曲等地质构造破坏带或层理裂隙发育等破碎岩层时，棚子应紧靠掘进头。

（2）严格执行"敲帮问顶"制度，危石必须挑下，无法挑下时应采取临时支撑措施，严禁空顶作业。

（3）在掘进头附近，应采用拉条等把棚子连成一体，防止棚子被推垮，必要时还要打中柱以抗突然来压。

（4）掘进工作面的循环进尺，必须依据现场条件在作业规程中明确规定，一般情况下永久支护至迎头的距离不得超过一个循环的进尺。地质条件变化时，应及时补充措施并调整循环进尺的大小。

（5）巷道顶部锚杆施工时，应由外向里逐个逐排进行，不得在所有的锚杆眼施工完后再安装锚杆。

（6）采用架棚支护时，应对巷道迎头至少 10m 的架棚进行整体加固。加固装置必须是刚性材料，并能适应棚距的变化。

b 巷道交叉处

防治巷道开岔处冒顶的措施如下：

（1）巷道交岔点的位置尽量选在岩性好、地质条件稳定的地点，交岔口应避开原来巷道冒顶的范围。

（2）采用锚杆（锚索）对巷道交岔点支护时，要进行顶板离层监测，并在安全技术措施中对支护的技术参数、监测点的布置及监测方法等进行规定。

（3）架棚巷道的交岔点采用抬棚支护时，要进行抬棚设计，根据设计对抬棚材料专门加工，抬棚梁和插梁要焊接牙壳。注意选用抬棚材料的质量与规格，保证抬棚有足够的强度。

（4）当开口处围岩尖角被压坏时，应及时采取加强抬棚稳定性的措施。

（5）必须在开口抬棚支设稳定后再拆除原巷道棚腿，不得过早拆除，切忌先拆棚腿后支抬棚。

c 围岩松散破碎地点

（1）炮掘工作面采用对围岩振动较小的掏槽方法，控制装药量及放炮顺序。

（2）根据不同情况，采用超前支护、短段掘砌法、超前导硐法等少暴露破碎围岩的掘进和支护工艺，缩短围岩暴露时间，尽快将永久支护紧跟到迎头。

（3）围岩松散破碎地点掘进巷道时要缩小棚距，加强支架的稳固性。

（4）积极采用围岩固结及冒落空间充填新技术。对难以通过的破碎带，采用注浆固结或化学固结新技术。

（5）分层开采时，回风顺槽及开切眼放顶要好，坚持注水或注浆，提高再生顶板质量，避免出现网上空硐区。

（6）在巷道贯通或通过交叉点前，必须采用点柱、托棚或木垛加固前方支架，控制放炮及装药量，防止崩透崩冒。

（7）维修老巷时，必须从有安全出口及支架完好的地方开始。

C 不同支护方式防治顶板事故的注意事项

a 支架支护

根据冒顶的原因，可采取以下预防措施：

（1）可能的情况下巷道应布置在稳定的岩体中，并尽量避免采动的影响。

（2）巷道支架应有足够的支护强度以抗衡围岩压力。

（3）巷道支架所能承受的变形量，应与巷道使用期间围岩可能的变形量相适应。

（4）尽可能做到支架与围岩共同承载。

（5）凡因支护失效而空顶的地点，重新支护时应先护顶，再施工。

（6）巷道替换支架时，必须先支新支架，再拆老支架。

（7）在易发生推垮型冒顶的巷道中，要提高巷道支架的稳定性，可以在巷道的支架之间用拉撑件连接固定，增加架棚的稳定性，以防推倒。

b　锚杆、锚喷支护

采用锚杆、锚喷支护形式时，应遵守下列规定：

（1）锚杆、锚喷等支护的端头与掘进工作面的距离，锚杆的形式、规格、安装角度、混凝土标号、喷体厚度，挂网所采用金属网的规格以及围岩涌水的处理等，必须在施工组织设计或作业规程中规定。

（2）采用钻爆法掘进的岩石巷道，必须采用光面爆破。

（3）打锚杆眼前，必须首先"敲帮问顶"，将活矸处理掉，在确保安全的条件下，方可作业。

（4）使用锚固剂固定锚杆时，应将孔壁冲洗干净，砂浆锚杆必须灌满填实。

（5）软岩使用锚杆支护时，必须全长锚固。

（6）锚杆必须按规定做拉力试验。煤巷还必须进行顶板离层监测，并用记录牌板显示。对喷体必须做厚度和强度检查，并有检查和试验记录。在井下做锚固力试验时，必须有安全措施。

（7）锚杆必须用机械或力矩扳手拧紧，确保锚杆的托板紧贴巷壁。

c　砌碹支护

为防止砌碹支护顶板事故，应注意以下问题：

（1）在地压较大或不均匀地区，为使支架不被破坏，在这些地区应考虑采用钢筋混凝土砌碹。

（2）在掘砌一次成巷施工中，掘进工作面到砌碹地点一般保持 20~40m 距离。巷道砌碹时，必须及时排除顶帮活动的矸石，并应采取临时支护措施。

（3）顶板不好时，要有专门措施，实行短掘短砌。

（4）采用料石砌碹时，砌碹用的料石材质和几何尺寸必须符合设计要求并经检验合格，不准用风化石料。

（5）开挖基础、砌墙、立拱架、支模（混凝土碹支盒子板）、铺拱板、拆拱架等，在作业规程中要有具体规定，尤其要明确规定抬棚长度和立拱架长度、砌墙和扣拱之间的距离以及永久支护（砌碹）和临时支架之间的距离。

（6）砌墙和扣拱必须做到灰浆饱满，不准有干缝瞎缝，不准出现重缝现象。砌墙时必须把料石用石楔支平。

（7）拱架之间必须有撑杆拉手，拱架要支稳支牢，保证巷道中腰线符合规定。

（8）巷道砌碹时，碹体与顶帮之间必须用不燃物充满填实；巷道冒顶空顶部分，可用支护材料接顶，但在碹拱上部必须充填不燃物垫层，其厚度不得小于 0.5m。

（9）砌体要保证足够的养护期，不准提前拆拱架。

6.2 非煤矿山安全技术

矿山是开采矿石或生产矿物原料的场所。一般包括一个或几个露天采场、地下矿山和坑口，以及保证生产所需要的各种附属设施（包括选矿厂、尾矿库和排土场等）。

按开采矿种的不同，矿山分为煤矿和金属、非金属矿山，煤矿是生产煤炭的矿山，而金属、非金属矿山则是开采金属矿石、放射性矿石、建筑材料、辅助原料、耐火材料及其他非金属矿物（煤炭除外）的矿山。按开采方式的不同，矿山分为露天矿山和地下矿山及两者联合开采矿山。露天矿山是指在地表开挖区通过剥离围岩、表土层等，采出矿物的采矿场及其附属设施；地下矿山（井工矿）则是以平硐、斜井、竖井等作为出入口，采出矿物的采矿场及其附属设施。按矿山规模大小，矿山可分为大型矿山、中型矿山、小型矿山。

6.2.1 非煤矿山开采安全

6.2.1.1 地下矿山灾害及防治技术

A 通风安全技术

金属非金属地下矿山因通风安全问题导致中毒窒息、人身伤亡事故。在该行业中所占事故比例较大。

a 导致中毒窒息的根本原因

（1）地下矿山机械通风系统不完善。导致井下风量、风速达不到规定要求。

（2）矿山通风管理混乱。

（3）部分废弃矿井未按规定进行封堵、密闭，导致人员误入发生中毒窒息事故。

（4）废弃矿井安全管理措施不到位，非法、违法盗采时有发生。

（5）应急培训不到位，从业人员安全意识差。部分中毒窒息事故发生后，相关人员在未采取有效防护措施的情况下，违规进入矿井施救，导致事故伤亡扩大。

b 预防措施

（1）矿山必须按照国家有关法规、标准的要求安装主通风机，掘进工作面和通风不良的采场必须安装局部通风机。建设完善井下监测监控系统，主通风机、辅助通风机、局部通风机要安装开停传感器，主通风机还要设置风压传感器，井下总回风巷、各个生产中段和分段的回风巷要按规定设置风速传感器。

（2）强化通风安全管理。矿山企业要明确通风安全管理职责，按要求配备适应工作需要的通风技术人员和测风、测尘人员，并定期进行培训。要根据井下生产变化，及时调整完善矿井通风系统，并绘制全矿通风系统图。特别要加强采掘工作面局部通风安全管理，采掘工作面爆破后，要进行充分通风，确保空气质量满足作业要求。人员进入采掘工作面时，要携带便携式气体检测报警仪，从进风侧进入，一旦报警立即撤离。独头工作面有人员作业时，局部通风机要连续运转。

（3）加强废弃井巷的安全管理。矿山企业要严格按照有关规定和程序对所属的资源枯竭矿井、废弃井巷等实施闭坑、封堵，对关闭和废弃的矿井井筒要封闭、填实，并在四周设置明显的永久性警示标志，严禁人员进入。对暂时或永久停止作业、已撤除通风设备且无贯穿风流的采场、独头上山、天井和独头巷道要及时封闭，并设置警示标志，防止人员进入。采场回采完毕后，要将所有与采空区相通、影响正常通风的巷道及时密闭。

（4）强化应急管理，提高从业人员应急能力。地下矿山企业要为入井人员配备额定防护时间不少于 30min 的自救器，并要求所有入井人员必须随身携带自救器。要完善事故应急预案，绘制井下避灾路线图，并对所有入井人员进行专门的预防中毒窒息、火灾事故以及自救器使用知识的培训，使其了解通风安全管理基本知识，了解井下有毒有害气体的产生、分布及防范措施，熟悉所在作业场所的逃生路线、逃生及自救方法。要定期组织应急演练，提高职工的现场应急处置能力，防止事故扩大和次生灾害的发生。

（5）加强监督检查。各级安全监管部门要检查地下矿山机械通风系统的建立、运行和管理情况，通风管理机构、制度、操作规程的建立和执行情况，通风检测仪器和自救器的配备情况及检测记录，通风设施的建设、运行、维护及隐患排查治理情况，以及从业人员应急培训和演练情况。

B　矿（地）压灾害及防治技术

在矿体没有开采之前，岩体处于平衡状态。在矿体开采后，形成了地下空间，破坏了岩体的原始应力，引起岩体应力重新分布，并一直延续到岩体内形成新的平衡为止。在应力重新分布过程中，使围岩产生变形、移动、破坏，从而对工作面、巷道及围岩产生压力。通常把由开采过程而引起的岩移运动对支架围岩所产生的作用力，称为矿（地）压。

在矿（地）压作用下所引起的一系列力学现象，如顶板下沉和垮落、底板膨起、片帮、支架变形和损坏、充填物下沉压缩、煤岩层和地表移动、露天矿边坡滑移、冲击地压、煤与瓦斯突出等现象，均称为矿（地）压显现。因此，矿（地）压显现是矿（地）压作用的结果和外部表现。

矿（地）压灾害的常见类型主要有采掘工作面或巷道的冒顶片帮、采场（采空区）顶板大范围垮落和冲击地压（岩爆）。

a　矿（地）压灾害的成因

在采矿生产活动中，采掘工作面或巷道的冒顶片帮、采场（采空区）顶板大范围垮落是最常见的事故，主要原因有：

（1）采矿方法不合理和顶板管理不善。

（2）缺乏有效支护。

（3）检查不周和疏忽大意。

（4）地质条件不好。

（5）地压活动。

（6）其他原因。

b　矿（地）压灾害防治技术

防治采掘工作面或巷道的冒顶片帮、采场（采空区）顶板大范围垮落事故的发生，必须严格遵守安全技术规程，从多方面采取综合预防措施。

（1）井巷支护及维护。井巷支护是掘进工作面和井巷防治地压灾害事故的主要技术手段。

（2）采场地压事故防治技术。选择合理的采矿方法，制定具体的安全技术操作规程，建立正常的生产和作业制度，是防治顶板事故的重要措施。包括空场采矿法地压控制、充填采矿法地压控制、崩落采矿法地压控制。

(3) 搞好地质调查工作。对于采掘工作面经过区域的地质构造，必须调查清楚，通过地质构造带时要采取可靠的安全技术措施。

(4) 坚持正规循环作业，严格顶板监测制度。顶板事故可以采用简易的方法和仪器进行检查与观测。常用的简易方法有木楔法、标记法、听音判断法、振动法等。还可以采用顶板报警仪、机械测力计、钢弦测压仪、地音仪等观测顶板及地压活动。

c 冲击地压（岩爆）预防技术

(1) 冲击地压（岩爆）现象及特点。冲击地压（岩爆）是井巷或工作面周围岩体，由于弹性变形能的瞬时释放而产生的一种以突然、急剧、猛烈的破坏为特征的动力现象。

冲击地压（岩爆）的特点：一般没有明显的预兆，难以事先确定发生的时间、地点和冲击强度；发生过程短暂，伴随巨大声响和强烈振动；破坏性很大，有时出现人员伤亡。

(2) 冲击地压（岩爆）的预测方法。目前，冲击地压（岩爆）的预测方法主要有钻屑法、声发射和微振监测法、综合指数法。

(3) 冲击地压（岩爆）的防治措施。根据发生冲击地压的成因和机理，防治措施分为两大类：一类是防范措施。防范措施主要包括：预留开采保护层；尽量少留煤柱和避免孤岛开采；尽量将主要巷道和硐室布置在底板岩层中；回采巷道采用大断面掘进；尽可能避免巷道多处交叉；加强顶板控制；确定合理的开采程序；煤层预注水，以降低煤体的弹性和强度等。另一类是解危措施。冲击地压（岩爆）解危措施包括卸载钻孔、卸载爆破、诱发爆破和煤层高压注水等。

C 矿山火灾及防治技术

凡是发生在矿山地下采场或地面而威胁到井下安全生产，造成损失的非控制燃烧，均称为矿山火灾。矿山火灾的发生具有严重的危害性，可能造成人员伤亡、矿山生产接续紧张、巨大的经济损失、严重的环境污染等。

根据引火源的不同，矿山火灾可分为外因火灾和内因火灾两大类。外因火灾是指由于外来热源，如明火、爆破、瓦斯煤尘爆炸、机械摩擦、电路短路等原因造成的火灾。外因火灾的特点是突然发生，来势凶猛，如不能及时发现，往往可能酿成恶性事故。内因火灾是指煤（岩）层或含硫矿场在一定的条件和环境下自身发生物理化学变化积聚热量导致着火而形成的火灾。内因火灾的特点是发生过程比较长，而且有预兆，易于早期发现，但很难找到火源中心的准确位置，扑灭比较困难。

a 地下矿山内因火灾防治技术

地下矿山内因火灾的防治技术有：火区封闭、管理和启封。

(1) 火区封闭。当防治火灾的措施失败或因火势迅猛来不及采取直接灭火措施时，就需要及时封闭火区，防止火灾势态扩大。火区封闭的范围越小，维持燃烧的氧气越少，火区熄灭也就越快，因此火区封闭要尽可能地缩小范围，并尽可能地减少防火墙的数量。

为了便于隔离火区，应首先封闭或关闭进风侧的防火墙，然后再封闭回风侧，同时还应优先封闭向火区供风的主要通道（或主干风流），然后再封闭那些向火区供风的旁侧风道（或旁侧风流）。

(2) 火区管理。火区封闭以后，在火区没有彻底熄灭之前，应加强火区的管理。火区管理技术工作包括对火区所进行的资料分析、整理以及对火区的观测检查等工作。

绘制火区位置关系图，标明所有火区和曾经发火的地点，并注明火区编号、发火时间、地点、主要监测气体成分、浓度等。必须针对每一个火区，建立火区管理卡片，包括火区登记表、火区灌注灭火材料记录表和防火墙观测记录表等。

(3) 火区启封。只有经取样化验分析证实，同时具备下列条件时，方可认为火区已经熄灭，才准予启封：火区内温度下降到30℃以下，或与火灾发生前该区的空气日常温度相同；火区内的氧气浓度降到5%以下；火区内空气中不含有乙烯、乙炔，一氧化碳在封闭期间内逐渐下降，并稳定在0.001%以下；在火区的出水温度低于25%，或与火灾发生前该区的日常出水温度相同。以上4项指标持续稳定的时间在1个月以上。

b 火灾时期救灾技术

(1) 地下矿山火灾事故救护原则：处理地下矿山火灾事故时，应遵循以下基本原则：控制烟雾的蔓延，不危及井下人员的安全；防止火灾扩大；防止火风压引起风流逆转而造成危害；保证救灾人员的安全，并有利于抢救遇险人员；创造有利的灭火条件。

(2) 风流控制技术：选择合理的通风系统，加强通风管理，减少漏风。

(3) 火灾的常用扑救方法：直接灭火方法、隔绝方法灭火、综合方法灭火。

D 水害及其防治技术

在矿山开采过程中，地下矿山突水水源主要有地表水、溶洞-溶蚀裂隙水、含水层水、断层水、封闭不良的钻孔水、采空区形成的"人工水体"等。

a 矿井充水水源的特征

(1) 大气降水为主要充水水源的涌水特征：主要指直接受大气降水渗入补给的矿床，多属于包气带中、埋藏较浅、充水层裸露、位于分水岭地段的矿床或露天矿区。其充(涌) 水特征与降水、地形、岩性和构造等条件有关。地下矿山涌水动态与当地降水动态相一致，具有明显的季节性和多年周期性的变化规律。多数矿床随采深增加地下矿山涌水量逐渐减少，其涌水高峰值出现滞后的时间延长。地下矿山涌水量的大小还与降水性质、强度、连续时间及入渗条件有密切关系。

(2) 以地表水为主要充水水源的涌水特征：

1) 地下矿山涌水动态随地表水的丰枯作季节性变化，且其涌水强度与地表水的类型、性质和规模有关。受季节流量变化大的河流补给的矿床，其涌水强度亦呈季节性周期变化，有常年性大水体补给时，可造成定水头补给稳定的大量涌水，并难以疏干。有汇水面积大的地表水补给时，涌水量大且衰减过程长。

2) 地下矿山涌水强度还与井巷到地表水体间的距离、岩性与构造条件有关。一般情况下，其间距愈小，则涌水强度愈大；其间岩层的渗透性愈强，涌水强度愈大。当其间分布有厚度大而完整的隔水层时，则涌水甚微，甚或无影响；其间地层受构造破坏愈严重，井巷涌水强度亦愈大。

3) 采矿方法的影响。依据矿床水文地质条件选用正确的采矿方法，开采近地表水体的矿床，其涌水强度虽会增加，但不会过于影响生产；如选用的方法不当，可造成崩落裂隙与地表水体相通或形成塌陷，发生突水和泥沙冲溃。

(3) 以地下水为主要充水水源的矿床：能造成井巷涌水的含水层称矿床充水层。当地下水成为主要涌水水源时，有以下规律：

1）地下矿山涌水强度与充水层的空隙性及其富水程度有关。

2）地下矿山涌水强度与充水层厚度和分布面积有关。

3）地下矿山涌水强度及其变化，还与充水层水量组成有关。

（4）以老窑水为主要充水水源的矿床：在我国许多老矿区的浅部，老采空区（包括被淹没井巷）星罗棋布，且其中充满大量积水。它们大多积水范围不明，连通复杂，水量大，酸性强，水压高。如现生产井巷接近或崩落带达到老采空区，便会造成突水。

b 地下矿山防治水技术

（1）地表水治理措施：

1）合理确定井口位置。井口标高必须高于当地历史最高洪水位 1m 以上，或修筑坚实的高台，或在井口附近修筑可靠的排水沟和拦洪坝，防止地表水经井筒灌入井下。

2）填堵通道。为防雨雪水渗入井下，在矿区内采取填坑、补凹、整平地表或建不透水层等措施。

3）整治河流。一是整铺河床。河流的某一段经过矿区，而河床渗透性强，可导致大量河水渗入井下，在漏失地段用黏土、料石或水泥修筑不透水的人工河床，以制止或减少河水渗入井下。二是河流改道。如河流流入矿区附近，可选择合适地点修筑水坝，将原河道截断，用人工河道将河水引出矿区以外。

4）修筑排（截）水沟。山区降水后以地表水或潜水的形式流入矿区，地表有塌陷裂缝时，会使矿区涌水量大大增加。在这种情况下，可在井田外缘或漏水区的上方迎水流方向修筑排水沟，将水排至影响范围之外。

（2）地下水的排水疏干：在调查和探测到水源后，最安全的方法是预先将地下水源全部或部分疏放出来。疏干方法有 3 种：地表疏干、井下疏干和井上下相结合疏干。

（3）地下水探放：

1）地下矿山工程地质和水文地质观测工作。水文地质工作是井下水害防治的基础，应查明地下水源及其水力联系。

2）超前探放水。在地下矿山生产过程中，必须坚持"有疑必探，先探后掘"的原则，探明水源后，制定放水措施。

（4）地下矿山水的隔离：在探查到水源后，由于条件所限无法放水，或者能放水但不合理，需采取隔离水源和堵截水流的防水措施。

隔离水源的措施可分为留设隔离矿（岩）柱防水和建立隔水帷幕带防水两类方法。

1）隔离矿（岩）柱防水。为防止矿（矿）层开采时各种水流进入井下，在受水威胁的地段留一定宽度或厚度的矿柱。防水矿柱尺寸的确定应考虑到含水层的水压、水量、所开采矿体的机械强度、厚度等因素及有关规定，并通过实践综合确定。

2）隔水帷幕带。隔水帷幕带就是将预先制好的浆液通过由井巷向前方所打的具有一定角度的钻孔，压入岩层的裂缝中，浆液在孔隙中渗透和扩散，再经凝固硬化后形成隔水的帷幕带，起到隔离水源的作用。由于注浆工艺过程和使用的设备都较简单，效果也好，因此国内外均认为它是地下矿山防治水害的有效方法之一。

（5）地下矿山突水堵截。为预防采掘过程中突然涌水而造成波及全矿的淹井事故，通常在巷道一定的位置设置防水闸门和防水墙。

E　矿山粉尘防治技术

a　粉尘的概念

（1）全尘。全尘是指用一般敞口采样器采集到一定时间内悬浮在空气中的全部固体微粒。

（2）呼吸性粉尘。呼吸性粉尘是指能被吸入人体肺部并滞留于肺泡区的浮游粉尘。空气动力直径小于 7.07μm 的极细微粉尘，是引起尘肺病的主要粉尘。

（3）浮尘和落尘。悬浮于空气的粉尘称浮尘，沉积在巷道顶、帮、底板和物体上的粉尘称落尘。

b　粉尘性质

（1）粉尘中游离二氧化硅的含量。粉尘中游离二氧化硅的含量是危害人体的决定性因素，其含量越高，危害越大。游离二氧化硅是引起矽肺病的主要因素。

（2）粉尘的粒度。粉尘粒度是指粉尘颗粒大小的尺度。一般来说，尘粒越小，对人的危害越大。

（3）粉尘的分散度。粉尘的分散度是指粉尘整体组成中各种粒级的尘粒的占比。粉尘组成中，小于 5μm 的尘粒占比越大，对人的危害越大。

（4）粉尘的浓度。粉尘的浓度是指单位体积空气中所含浮尘的数量。粉尘浓度越高，对人体危害越大。

（5）粉尘的吸附性。粉尘的吸附能力与粉尘颗粒的表面积有密切关系，分散度越大，表面积也越大，其吸附能力也越强。主要指标有吸湿性、吸毒性。

（6）粉尘的荷电性。粉尘粒子带有电荷，其来源是煤岩在粉碎中因摩擦而带电，或与空气中的离子碰撞而带电，尘粒的电荷量取决于尘粒的大小，并与温湿度有关，温度升高时荷电量增多，湿度增高时荷电量降低。

c　矿尘的危害性

（1）污染工作场所，危害人体健康，引起职业病。

（2）某些矿尘（如煤尘、硫化尘）在一定条件下可以爆炸。

（3）加速机械磨损，缩短精密仪器使用寿命。

（4）降低工作场所能见度，增加工伤事故发生的可能性。

d　矿山粉尘防治技术

矿山防尘技术包括风、水、密、净、护5个方面，并以风、水为主。风就是通风除尘；水是指湿式作业；密是指密闭抽尘；净是净化风流；护是采取个体防护措施。

（1）凿岩防尘。打眼防尘的主要技术有湿式凿岩、干式凿岩捕尘等。风钻湿式凿岩是国内外岩巷掘进行之有效的基本防尘方法。干式凿岩捕尘，在无法实施湿式凿岩时，如岩石遇水会膨胀，岩石裂隙发育，实施湿式作业其防尘效果差等情况下，可用干式孔口捕尘器等除尘技术。

（2）放炮防尘。放炮是炮掘工作面产尘最大的工序，采取的防尘措施主要有以下两种：

1）水炮泥：这是降低放炮时产尘量最有效的措施。

2）放炮喷雾：这是简单有效的降尘措施。在放炮时进行喷雾可以降低粉尘浓度和炮烟。

（3）通风除尘系统。合理的通风除尘系统是控制工作面悬浮粉尘运动和扩散的必要条件，主要有3种通风系统在国内外使用：长压短抽通风除尘系统、长抽通风除尘系统和长抽短压通风除尘系统。

（4）运输、转载防尘。机械控制自动喷雾降尘装置。电器控制自动喷雾降尘装置。

（5）综合防尘措施。综合防尘措施包括湿式钻眼、冲刷井壁巷帮、使用水炮泥、放炮喷雾、装岩洒水和净化风流等措施。

6.2.1.2　露天矿山灾害及防治技术

我国的金属、非金属矿山露天开采的情况非常多，其中以建筑材料的矿山为主。因此，上述非金属露天开采对于我国很多行业，尤其是建筑行业的发展非常重要，在实际的开采过程，边坡容易出现破坏和变形，最终导致边坡滑坡事故，不仅会造成巨大的经济损失，同时还严重危害开采人员的生命安全和健康。

露天矿边坡滑坡是指边坡体在较大的范围内沿某一特定的剪切面滑动。一般的滑坡是滑落前在滑体的后缘先出现裂隙，而后缓慢滑动或周期地快慢更迭，最后骤然滑落，从而引起滑坡灾害。

A　边坡的破坏类型

岩质边坡的破坏方式可分为滑坡、崩塌和滑塌等几种类型。

a　滑坡

滑坡是指岩土体在重力作用下，沿坡内软弱结构面产生的整体滑动。滑坡通常以深层破坏形式出现，其滑动面往往深入坡体内部，甚至延伸到坡脚以下。当滑动面通过塑性较强的土体时，滑速一般比较缓慢；当滑动面通过脆性较强的岩石或者滑面本身具有一定的抗剪强度时，可以积聚较大的下滑势能，滑动具有突发性。根据滑面的形状，其滑坡形式可分为平面剪切滑动和旋转剪切滑动。

b　崩塌

崩塌是指块状岩体与岩坡分离向前翻滚而下。在崩塌过程中，岩体无明显滑移面，同时下落的岩块或未经阻挡而落于坡脚处，或于斜坡上滚落、滑移、碰撞，最后堆积于坡脚处。

c　滑塌

当松散岩土的坡角大于它的内摩擦角时，表层蠕动使其沿着剪切带顺坡滑移、滚动与坐塌，从而重新达到稳定坡角的破坏过程，称为滑塌或崩滑。

B　边坡滑坡的影响因素

露天矿山边坡的变形、失稳，从根本上说是边坡自身求得稳定状态的自然调整过程，而边坡趋于稳定的作用因素在大的方面与自然因素和人类活动因素有关。

a　自然因素

（1）岩层岩性。岩石的物理力学性质及矿物成分，结构与构造，对整体岩层而言，是确定边坡的主要因素之一。相间成层的岩层，其厚度、产状及在边坡内所处的部位不同，稳定状态亦不一样。

（2）岩体结构。岩体结构面是在地质发展过程中，在岩体内形成具有一定方向、一定规模、一定形态和不同特性的地质分割面，统称为软弱结构面。它具有一定的厚度，常由松散、松软或软弱的物质组成。这些组成物质的密度、强度等物理力学属性比相邻岩块则差得多。在地下水作用下往往出现崩解、软化、泥化甚至液化的现象，有的还具有溶解和膨胀的特性，具有这样软弱泥化的结构面的存在，就给边坡岩体失稳创造了有利的条件。

（3）风化程度。岩层的风化程度愈深，则岩层的稳定性愈低，要求的边坡坡度愈缓。例如花岗岩在风化极严重时，其矿物颗粒间失去连接，成为松散的砂粒。则边坡的稳定值近似于砂土所要求的数值。

（4）水文地质。地下水对边坡稳定的主要影响有：使岩石发生溶蚀、软化，降低岩体特别是滑面岩体的力学强度；地下水的静水压力降低了滑面上的有效法向应力，从而降低了滑面上的抗滑力；产生渗透压力（动水压力）作用于边坡，使岩层裂隙间的摩擦力减小，其稳定性大为降低；在边坡岩体的孔隙和裂隙内运动着的地下水使土体容重增加，增加了坡体的下滑力，使边坡稳定条件恶化。地表水对边坡的影响主要是冲刷、夹带作用对边坡造成侵蚀，形成陡峭山崖或冲洪积层，引发牵引式滑坡。

（5）气候与气象。在渗水性的岩土层中，雨水可下渗浸润岩土体内，加大土、石容重，降低其凝聚力及内摩擦角，使边坡变形。我国大多数滑坡都是以地面大量降雨下渗引起地下水状态的变化为直接诱导因素的。此外，气温、湿度的交替变化，风的吹蚀，雨雪的侵袭、冻融等，可以使边坡岩体发生膨胀、崩解、收缩，改变边坡岩体性质，影响边坡的稳定。

（6）地震。水平地震力与垂直地震力的叠加，形成一种复杂的地震力，这种地震力可以使边坡做水平、垂直和扭转运动，引发滑坡灾害，地震触发滑坡与地震烈度有关。

b 人为因素

影响边坡稳定性的人为因素，主要是在自然边坡上进行露天开挖、地下开采、爆破作业、坡顶堆载、疏干排水、地表灌溉、破坏植被等行为。

（1）坡体开挖形态。露天边坡角设计偏大，或台阶没按设计施工，会显著增加边坡滑坡的风险。发生采动滑坡的坡体几何形态大多有如下特点：从平面形状来看，采动滑坡大多发生在凸形或突出的梁峁坡体上；从竖直剖面上看，采动滑坡或崩塌主滑轴线方向的剖面大多在总体上呈凸形状态，即坡顶比较平缓，坡面外臌，坡角为陡坎；或坡体的上、下部均成陡坎状，中间有起伏的不规则斜坡或直线斜坡。

（2）坡体内部或下部开挖扰动。施工对边坡的最大扰动是工程开挖使得岩土体内部应力发生变化，从而导致岩体以位移的形式将积聚的弹性能量释放出来，由此带来了边坡结构的变形破坏现象。尤其是在坡体内部或下部施工，由于地应力的复杂变化，造成的滑坡风险更加难以预测。

（3）工程爆破。大范围的工程爆破对山体有很大的破坏作用，瞬时激发的强大地震加速度和冲击能量会导致岩层或土层裂隙的增加，使边坡整体稳定性减弱。

（4）坡顶堆载。在边坡上进行工业活动，将固体废弃物堆放在坡顶，可能导致下滑力增加，当下滑力大于坡体的抗滑力时，会引起边坡失稳。

（5）降水或排水。由于人为的向边坡灌溉、排放废水、堵塞边坡地下水排泄通道，或破坏防排水设施，使边坡地下水位平衡遭到破坏，进而破坏边坡岩土体的应力平衡，增加岩层容重，增加滑动带孔隙水压力，增大动水压力和下滑力，减小抗滑力，引发滑坡。

（6）破坏植被。植被可以固定边坡表土，避免水土流失。对边坡上覆植被的破坏，会增大地表水下渗速度，导致下滑力增大，抗滑力减小，诱发滑坡。

C 露天边坡事故的原因

露天边坡的主要事故类型是滑坡事故，即露天边坡岩体在较大范围内沿某一特定的剪切面滑动的现象。露天边坡滑坡事故发生的主要原因有：

（1）露天边坡角设计偏大，或台阶没按设计施工；

（2）边坡有大的结构弱面；

（3）自然灾害，如地震、山体滑移等；

（4）滥采乱挖等。

D 滑坡事故防治技术

a 合理确定边坡参数

合理确定台阶高度和平台宽度。合理的台阶高度对露天开采的技术经济指标和作业安全都具有重要意义。平台的宽度不但影响边坡角的大小，也影响边坡的稳定，应正确选择台阶坡面角和最终边坡角。

b 选择适当的开采技术

选择合理的开采顺序和推进方向。在生产过程中必须采用从上到下的开采顺序，应选用从上盘到下盘的采剥推进方向。合理进行爆破作业，减少爆破振动对边坡的影响。

c 制定严格的边坡安全管理制度

合理进行爆破作业必须建立健全边坡管理和检查制度。有变形和滑动迹象的矿山，必须设立专门观测点，定期观测记录变化情况，并采取长锚杆、锚索、抗滑桩等加固措施。露天边坡滑坡事故可以采用位移监测和声发射技术等手段进行监测。

6.2.1.3 矿山爆破危害及防治技术

A 矿山爆破施工危害

矿山爆破可能产生的危害主要有爆破产生的地震效应、爆破飞石（个别飞散物）、爆破空气冲击波及噪声、爆破水中冲击波、爆破引起的瓦斯爆炸、爆破对岩体的破坏、爆破有害气体、爆破粉尘以及爆破对生态环境的破坏和影响等。

B 预防措施

a 降低爆破振动效应的技术措施

（1）采用毫秒延期爆破，限制一次爆破的最大用药量。实践证明，采用毫秒延期爆破与采用瞬发爆破相比，平均降振率为50%，毫秒延期段数越多，降振效果越好。

（2）采用预裂爆破或开挖减振沟槽，或在爆破体与被保护体之间钻凿不装药的单排或双排防振孔，降振率可达30%~50%。

（3）作为预裂用的孔、缝和沟，应注意防止充水，否则将影响降振效果。

（4）在爆破设计中，可采取选择最小抵抗线方向，增加布药的分散性和临空面，采用低爆速、低密度的炸药或选择合理装药结构，以及进行爆破振动监测等措施，以控制爆破的振动效应，确保被保护物的安全，并为爆破振动可能引起的诉讼或索赔提供科学的数据资料。

b 降低爆炸空气冲击波及噪声的技术措施和防护措施

（1）采用毫秒延期爆破技术，削弱空气冲击波的强度。

（2）裸露地面的导爆索用砂、土掩盖。对孔口段加强填塞及保证填塞质量，能降低冲击波的强度影响。

（3）严格按设计抵抗线施工，可防止强烈冲击波的产生。

（4）对岩体的地质弱面给予补强，扼制冲击波的产生渠道。

（5）注意爆破作业时的气候、天气条件；控制爆破方向并选择合理的爆破时间。

（6）预设阻波墙，包括水力阻波墙、沙袋阻波墙、防波排柱、木垛阻波墙等。

对爆破噪声的控制，必须从声源、传播途径和接受者三个环节采取措施。降低噪声声源是控制噪声最有效和最直接的措施。采用多分段的装药爆破方式，尽量减小一次性爆药量，从而降低爆破噪声的初始能量。从传播途径上，通过设置遮蔽物或充分利用地形地貌，并注意方向效应，即在爆破实践中，尽量使声源辐射噪声大的方向避开要求安静的场所。

c　爆破个别飞石（飞散物）控制与防护措施

（1）合理确定临空面，合理选择抵抗线方向，使被保护对象避开飞石主要方向，从而最大限度地使被保护对象免受飞石危害。

（2）合理设计装药结构、爆破参数和排间起爆时间。一般情况下，相邻排间延迟时间以控制在 20~50ms 为好。

（3）做好特殊地形地质条件的处理。要注意避免药包位于岩石软弱夹层或基础的接打面，以避免从这些薄弱面冲出飞散物。

（4）保证填塞质量。不但要保证填塞长度，而且保证填塞密实，填塞物中避免夹杂碎石。

（5）采用低爆速炸药，不耦合装药、挤压爆破和毫秒延时爆破等，可以起到控制飞散物的作用。

（6）对爆破体采取覆盖和对保护对象采取保护措施等。

d　减少爆破对岩体破坏的措施

（1）爆破前要重视对爆区地质条件（如岩性、地质构造、水文地质、地应力、滑坡等）的调查，避免在不利于爆破的地质环境下采用不恰当的爆破设计与施工方案。

（2）精心设计，应严格按开挖轮廓范围布置药包，计算药量，控制一次爆破的总规模，或采取毫秒微差爆破，控制临近开挖轮廓药室的药量。

（3）沿开挖轮廓采用预裂爆破、光面爆破，或设计防振孔，周边孔采用低爆速炸药或不耦合装药。

（4）爆破后应及时调查爆破对岩体的破坏及引起的其他工程地质问题，例如边坡、滑坡体、危岩、危坡的稳定问题等。

（5）在饱和砂（土）地基附近进行爆破作业时，应邀请专家评估爆破引起地基振动液化的可能性和危害程度；提出预防土层受爆破振动压密、孔隙水压力聚升的措施；评估因土体液化对建筑物及其基础产生的危害。

e　防止爆生有害气体及爆破粉尘危害的措施

（1）均匀布孔，控制单耗药量、单孔药量与一次起爆药量，提高炸药能量有效利用率。

（2）采用毫秒延期爆破技术。

（3）使用合格炸药，尽量做到使炸药组分零氧平衡，严禁使用过期、变质炸药；根据岩石性质选择相应炸药品种，做到波阻抗匹配。

（4）做好爆破器材防水处理，确保装药和填塞质量，避免半爆和爆燃。

（5）应保证足够的起爆能，使炸药迅速达到稳定爆轰和完全反应。

（6）爆破前喷雾洒水，即在距工作面 15~20m 处安设除尘喷雾器，在爆破前 2~3min 打开喷水装置，爆破后 30min 左右关闭。

（7）井下爆破前后加强通风，应采取措施向死角盲区引入风流。

（8）矿井和地下爆破时应注意预防瓦斯突出，防止发生瓦斯爆炸事故。

（9）井下爆破时采用湿式凿岩，工作面喷雾洒水，降低爆破粉尘；地面爆破前，对爆破体预先进行淋水处理，并提前清理爆破体内部及周围可能引起爆破粉尘的尘源。

6.2.2 尾矿库安全

尾矿库是贮存金属与非金属矿山尾矿及矿渣的场所。尾矿是指在当前技术经济条件下，无法利用或尚未发现利用价值的矿产资源，是重要的二次矿产资源。尾矿库是采选工程中的一个重要组成环节，也是一项近期与长远相结合的筑坝工程任务，不仅与生产密切相关，而且与安全、环保及下游居民的生命财产、工农业生产等密切相关。

近年来，我国尾矿库事故时有发生，给人民的生命和财产安全造成了极大的威胁和损害。美国克拉克大学公害评定小组研究表明，尾矿库事故危害在世界 93 种事故公害中居第 18 位，仅次于核武器爆炸、DDT、神经毒气、核辐射的灾害，直接造成数百人死亡、经济损失数千万元的事故。

6.2.2.1 尾矿库及尾矿坝类型

（1）尾矿库：尾矿库是指筑坝拦截谷口或围地构成的用以贮存金属、非金属矿山进行矿石选别后排出尾矿的场所。

（2）尾矿坝：尾矿坝是由尾矿堆积而成的坝，它是尾矿库中最主要的构筑物。

（3）尾矿坝分类：按照尾矿堆积方式的不同，尾矿坝可分为上游法、中线法、下游法、高浓度尾矿堆积法和水库式尾矿堆积法 5 种主要形式。其中，上游式堆坝法由于工艺简单、便于管理、经济合理而被广泛采用，我国有 85% 以上的尾矿库采用该法堆坝。

（4）尾矿库的等别：根据尾矿库的全库容和坝高指标对其划分为 5 个等别。在划分时，当两者的等差为一等时，以高者为准；当等差大于一等时，按高者降低一等。尾矿库失事将使下游重要城镇、工矿企业或铁路干线遭受严重灾害者，其设计等别可提高一等。

（5）尾矿库安全度的分类：尾矿库安全度主要根据尾矿库防洪能力和尾矿坝坝体稳定性确定，分为危库、险库、病库和正常库四级。

6.2.2.2 尾矿坝（库）事故的主要类型及防治技术

A 尾矿坝溃坝事故

尾矿坝溃坝事故的主要原因是尾矿库建设前期对自然条件了解不够，勘察不明、设计不当或施工质量不符合规范要求，生产运行期间对尾矿库的安全管理不到位，缺乏必要的监测、检查、维修措施以及紧急预案等，一旦遇到事故隐患，不能采取正确的方法，导致危险源状态恶化并最终酿成灾难。

可以通过声发射、位移监测等技术手段监测尾矿坝溃坝事故。

　　B　边坡失稳事故

　　尾矿库的稳定性包括坝体的稳定性和天然边坡的稳定性。由于坝体和岩土体的物质组成不同，它们有着不同的结构，工程地质、水文地质及力学特性差异显著，它们的变形机理和破坏模式的差别也十分显著。自然边坡的破坏方式可分为崩塌、滑坡和滑塌等几种类型。尾矿坝坝坡除会发生滑坡和滑塌破坏外，还会发生塌陷、渗漏及管涌溃堤、渗流冲刷造成尾矿堆石坝破坏等事故。

　　C　洪水漫顶事故

　　造成洪水漫顶事故的原因包括：

　　（1）设计、施工的防洪标准、设施不符合现行尾矿设施设计施工规范，导致的洪水漫顶、溃坝事故。

　　（2）洪水超过尾矿库设计标准，导致的漫顶、溃坝事故。

　　（3）对气候、地质、地形等发生变化而引起的尾矿库最小安全超高和最小干滩长度等发生的不利变化，没有及时采取正确的应对方法所导致的事故。

　　（4）疏于日常管理，对库区、坝体、排洪设施等出现的事故隐患未能采取及时处理措施，导致的洪水漫顶、溃坝。

　　（5）缺乏抗洪准备和防汛应急措施，对洪水可能造成的破坏没有应急预案而造成的事故。

　　D　排洪设施破坏

　　造成排洪构筑物损坏的事故原因包括：

　　（1）构筑物的设计、施工不符合水工构筑物设计规范，在实际生产运营过程中，不能起到排洪作用。

　　（2）疏于构筑物的日常检查、维修工作，导致漏砂、漂浮杂物沉积并堵塞在进、出水管道，从而影响排洪的功能。

　　（3）临近山坡的溢洪沟（道）、截洪沟等设施，由于气候、地质变化而毁坏，不能满足排洪要求。

　　（4）废弃的排水构筑物未能处理或处理不符合规范，发生事故。

　　（5）暴雨、洪水过后，未能对构筑物全面检查和清理，对已有隐患没有及时修复，在连续暴雨期内发生事故。

　　（6）因负重、锈蚀等因素导致排水管道、隧洞破损、断裂、垮塌，地形、地质变化导致构筑物发生变形、沉降，而不能承担防汛功能。

　　E　地震液化事故

　　根据遭受地震破坏的尾矿坝情况分析，地震对尾矿坝的破坏具有下列特点：

　　（1）尾矿坝的破坏是尾矿的液化引起的；

　　（2）尾矿坝的破坏形式表现为流滑；

　　（3）遭受地震破坏的尾矿坝，其坝坡大都为30°~40°。

　　经验表明，影响砂土液化最主要的因素为土颗粒粒径、砂土密度、上覆土层厚度、地震强度和持续时间、与震源之间的距离及地下水位等。砂土有效粒径愈小、不均匀系数愈小、透水性愈小、孔隙比愈大、受力体积愈大、受力愈猛，则砂土液化可能性愈大。

6.2.2.3 尾矿库安全检查和监测技术

A 防洪安全检查和监测

防洪安全检查的主要内容包括：防洪标准检查、库水位监测、滩顶高程的测定、干滩长度及坡度测定、防洪能力复核和排洪设施安全检查等。

B 尾矿坝安全检查和监测

尾矿坝安全检查内容：坝的轮廓尺寸，变形、裂缝、滑坡和渗漏，坝面保护等。

C 尾矿库库区安全检查

尾矿库库区安全检查的主要内容包括周边山体稳定性，违章建筑、违章施工和违章采选作业等情况。

6.2.2.4 尾矿坝（库）事故处理技术措施

A 尾矿库溃坝事故

（1）在满足回水水质和水量要求前提下，尽量降低库水位。

（2）水边线应与坝轴线基本保持平行。

（3）尾矿库实际情况与设计要求不符时，应在汛期前进行调洪验算。

B 尾矿坝滑坡事故

滑坡抢险维护的基本原则是：上部减载，下部压重，即在主裂缝部位进行削坡，而在坝脚部位进行压坡。尽可能降低库水位，沿滑动体和附近的坡面上开沟导渗，使渗透水很快排出。若滑动裂缝达到坡脚，应该首先采取压重固脚的措施。因土坝渗漏而引起的背水坡滑坡，应同时在迎水坡进行抛土防渗。

因坝身填土碾压不实、浸润线过高而造成的背水坡滑坡，一般应以上游防渗为主，辅以下游压坡、导渗和放缓坝坡，以达到稳定坝坡的目的。对于滑坡体上部已松动的土体，应彻底挖出，然后按坝坡线分层回填夯实，并做好护坡。

坝体有软弱夹层或抗剪强度较低且背水坡较陡而造成的滑坡，首先应降低库水位。如清除夹层有困难时，则以放缓坝坡为主，辅以在坝脚排水压重的方法处理。地基存在淤泥层、湿陷性黄土层或液化等不良地质条件，施工时又没有清除或清除不彻底而引起的滑坡，处理的重点是排除不良的地质条件，并进行固脚防滑。因排水设施堵塞而引起的背水坡滑坡，主要是恢复排水设施效能，筑压重台固脚。

滑坡处理前，应严格防止雨水渗入裂缝内。可用塑料薄膜、沥青油毡或油布等加以覆盖。同时还应在裂缝上方修截水沟，以拦截和引走坝面的积水。

6.2.3 排土场灾害及防治技术

排土场又称废石场，是指露天矿山采矿排弃物集中排放的场所。排土场作为矿山接纳废石的场所，是露天矿开采的基本工序之一，是矿山组织生产不可缺少的一项永久性工程建设。当排土场受大气降雨或地表水的浸润作用时，排土场内堆积体的稳定状态会迅速恶化，引发滑坡和泥石流等灾害。

6.2.3.1 排土场事故及原因

排土场事故类型主要有排土场滑坡和泥石流等。排土场变形破坏，产生滑坡和泥石流的影响因素主要是基底的软弱地层、排弃物料中含有大量表土和风化岩石，以及地表汇水和雨水的作用。

A 排土场滑坡

排土场滑坡类型分为3种：排土场内部滑坡、沿排土场与基底接触面的滑坡和沿基底软弱面的滑坡。

（1）排土场内部滑坡。基底岩层稳固，由于岩土物料的性质、排土工艺及其他外界条件（如外载荷和雨水等）所导致的排土场滑坡，其滑动面露出堆积体。

（2）沿排土场与基底接触面的滑坡。当山坡形排土场的基底倾角较陡，排土场与基底接触面之间的抗剪强度小于排土场的物料本身的抗剪强度时，易产生沿基底接触面的滑坡。

（3）沿基底软弱面的滑坡。当排土场坐落在软弱基底上时，由于基底承载能力低而产生滑移，并牵动排土场的滑坡。

B 排土场泥石流

排土场泥石流是指排土场大量松散岩土物料充水饱和后，在重力作用下沿陡坡和沟谷快速流动，形成一股能量巨大的特殊洪流。矿山泥石流多数以滑坡和坡面冲刷的形式出现，即滑坡和泥石流相伴而生，迅速转化难以区分，所以又可分为滑坡型泥石流和冲刷型泥石流。

形成泥石流有三个基本条件：第一，泥石流区含有丰富的松散岩土；第二，地形陡峻和较大的沟床纵坡；第三，泥石流区的上中游有较大的汇水面积和充足的水源。

6.2.3.2 排土场灾害的影响因素

排土场形成滑坡和泥石流灾害主要取决于以下因素：基底承载能力、排土工艺、岩土物理力学性质、地表水和地下水的影响等。

A 基底承载能力

排土场稳定性，首先要分析基底岩层构造、地形坡度及其承载能力。一般矿山排土场滑坡中，基底不稳引起滑坡的占32%~40%。当基底坡度较陡，接近或大于排土场物料的内摩擦角时，易产生沿基底接触面的滑坡。如果基底为软弱岩层而且力学性质比排土场物料的力学性质差时，则软弱基底在排土场荷载作用下必产生底臌或滑动，然后导致排土场滑坡。

B 排土工艺

不同的排土工艺形成不同的排土场台阶，其堆置高度、速度、压力大小与基底土层孔隙压力的消散和固结都密切相关，对上部各台阶的稳定性起重要作用，是发生排土场滑坡的重要因素。

C 岩土力学性质

当基底稳定时；坚硬岩石的排土场高度等于其自然安息角条件下可以达到的任意高度，但往往受排土场内物料构成的不均匀性和外部荷载的影响，使得排土高度受到限制。

排土场堆置岩土的力学属性受容重、块度组成、黏结力、内摩擦角、含水量及垂直荷载等影响。

D 地下水与地表水

排土场物料的力学性质与含水量密切相关。我国露天矿山排土场滑坡及泥石流有50%

是由于雨水和地表水作用引起的。

6.2.3.3　排土场事故防治技术

防治排土场滑坡和泥石流的主要技术措施有以下几个方面。

A　选择最合适的场址建设排土场

要从优选、水文和工程地质条件、植被及周边环境等因素入手，进行合理设计。避开塌方、滑坡、泥石流、地下河、断层、破碎带、软弱基底等不良地质区，避免跨越流水量大的沟谷等不利因素，适当改造环境工程地质条件，使之适应实际需要。

B　改进排土工艺

铁路运输时，采用轻便高效的排土设备进行排土，可以增大移道步距，提高排土场的稳定性；合理控制排土顺序，避免形成软弱夹层；将坚硬大块岩石堆置在底层以稳固基底，或大块岩石堆置在最低一个台阶反压坡脚。

C　处理软弱基底

若基底表土或软岩较薄，可在排土之前开挖掉；若基底表土或软岩较厚，开挖掉不经济时，可控制排土强度和一次堆置高度，使基底得到压实和逐步分散基底的承载压力；也可以用爆破法将基底软岩破碎，以增大抗滑能力。

D　疏干排水

在排土场上方山坡没有截洪沟，将水截排至外围的低洼处；将排土场平台修成 2% ~ 5% 的反坡。使平台水流向坡跟处的排水沟而排出界外；在排土场下有沟谷的收口部位，修筑不同形式的拦挡坝，起到拦挡排土场泥石流的作用。

E　修筑护坡挡墙和泥石流消能设施

为了稳固坡脚，防止排土场滑坡，可采用不同形式的护坡挡墙。开挖截水沟、消力池、导流渠，建立废石坝、拦泥坝等配套设施，防止水土流失造成滑坡和泥土流失等灾害的发生，增强排弃场的稳定性。

F　排土场复垦

在已结束施工的排土场平台和斜坡上进行复垦（植树和种草），可以起到固坡和防止雨水对排土场表面侵蚀和冲刷的作用。

6.3　石油化工安全技术

6.3.1　石油化工安全概述

6.3.1.1　石油化学工业

以石油及其炼制后的产品、油田气或天然气作为原料，采取不同工艺，生产燃料和润滑型的油品、化工原料、化工中间体和化工产品的工业，称为石油化学工业。

石油化学工业包括炼油、石油化工、化纤和化肥四大行业，是我国的支柱产业部门之一，对国民经济的发展起着举足轻重的作用。石油化工产品与人们的生活密切相关，人们日常生活的"衣、食、住、行"样样都离不开石化产品。例如，以石油为原料制成的液化石油气、合成纤维和合成材料；以原油或焦炭、空气和水为原料制成的合成氨及碳酸铵肥料；以食盐为主要原料制成的纯碱和烧碱等。随着市场经济的发展，石油化工对农业、汽车工业、建筑业、机械电子行业和制造业的影响越来越大，对提高人们生活水平和促进工业发展起到积极作用。"十一五"期间，我国石油和化工行业飞速发展，全行业产值年均增长22%。2010年，全行业总产值达8.8万亿元，增幅超过34%，未来石油化工生产技术将日趋成熟和完善。

6.3.1.2　石油化工生产的特点

A　装置大型化、生产规模大

目前，石油化工生产装置规模越来越向大型化发展。我国石油化工行业主要由中国石油化工集团公司（以下简称"中国石化"）、中国石油天然气集团公司（以下简称"中国石油"）和中国海洋石油集团公司三大公司构成。根据《2014年国内外油气行业发展报告》，我国中石油和中石化生产状况如表6.1所示。通过强化勘探规模效益和工程技术改进，石油化工生产装置规模越来越大。但装置的大型化将带来系统内危险物料储存量的增加，潜在危险上升，事故的危险性和后果往往难以承受。

表6.1　2013年和2014年1~9月中石油和中石化生产状况

项　　目	2014年1~9月		2013年1~9月	
	中石油	中石化	中石油	中石化
原油产量/kt	94740	37870	94460	35170
天然气产量/m³	621.2	150.3	579.92	137.71
油气产量/kt	144240	50340	140670	45310
汽、柴、煤总产量/kt	68010	108990	66760	105130
乙烯产量/kt	368.8	785.8	2920	739.8

B　生产过程危险性大，易发生火灾爆炸、中毒等危害

a　火灾和爆炸

根据数据分析，火灾爆炸是事故数量最多、危害最大的类型，这是由于火灾爆炸产生的破坏力远大于其他事故类型，且爆炸具有瞬时性，发生后人员往往没有时间撤离。引发石油化工生产火灾爆炸的因素大致有以下几个方面：

（1）涉及物料和产品的易燃易爆性。石油化工生产中的原料、半成品、中间体、催化剂、成品等绝大多数是易燃易爆的。如天然气、煤气、烃类等都有闪点低、自燃点低、爆炸下限低等特点。若这些物料处置不当或发生泄漏，或者空气（或氧气）混入系统中，则易发生燃烧爆炸事故。

（2）高压。高压能提高石油化工生产的化学反应速度，提高生产效率。但是在安全方面，高压能使可燃气体的爆炸极限加宽，导致爆炸危险性加大。此外，涉及缺陷、操作失误、超负荷运行等都会导致压力容器爆炸事故。

（3）高温：

1）高温可使可燃气体的爆炸极限加宽，增加爆炸危险性。

2）温度达到或超过可燃物的燃点或自燃点，会引起燃烧爆炸。

3）高温可降低设备的机械强度，导致物料泄漏，甚至造成火灾爆炸。

4）高温会使反应物发生分解，有发生爆炸的可能。

（4）其他因素。设备不严密，投料比例、顺序有误，操作不当及其他方面存在人的不安全行为等。

b　中毒窒息

在石油化工生产中有有毒有害物质生成，并大多以气态或尘雾状态存在。据统计，因一氧化碳、氯化氢、氮气、氮氧化物、氨气、苯、二氧化硫、光气、甲烷、磷、苯酚、氯气、氯化钡、砷化物等 16 种物质造成的中毒、窒息的死亡人数占中毒死亡总人数的 87.9%。而这些物质一般在石油化工生产中都是常见的。当设备腐蚀、密封不好、操作失误等情况出现时，若防护不当或处理不及时，这些有毒有害物质就会影响人体健康，甚至造成中毒死亡事故。

2016 年 1 月 9 日 21 时左右，潍坊长兴化工有限公司四氟对苯二甲醇车间发生泄漏，造成 3 人死亡、1 人受伤。事故发生的原因是，四氟对苯二甲醇生产过程中，其氟化、酸化反应伴有氟化氢蒸气产生，因操作控制不当造成反应釜温度升高，产生正压，含有氟化氢的蒸气发生泄漏，造成现场和相邻车间操作人员中毒。

c　其他

此外，还有噪声、粉尘危害、中暑及化学灼伤等危害。

C　生产过程连续性强

石油化工产品生产从原料输入到成品输出，各生产装置和工序之间都是紧密相连、互相依存、相互制约的，具有高度的连续性。只要有某一部位、某一环节发生故障或操作失误，就会牵一发而动全身。一旦工序或重要设备发生事故，就会影响整个生产过程正常进行，甚至导致停产，造成巨大的经济损失。

D　工艺过程和辅助系统庞大，操作条件复杂

石油化工生产过程中需要经过许多工序和复杂的加工，经历一系列物理、化学过程，其中一些过程的控制条件异常苛刻，例如在减压蒸馏、催化裂化、焦化等加工过程中，温度会超过一些物料的自燃点。这些苛刻的条件对生产设备的制造和维护、工作人员的素质等都提出了严格要求。此外，生产还需要大量的辅助系统，如供水、供电、供热等，再加上各种反应器相互以管道连通，最终形成复杂和庞大的系统生产线。

6.3.1.3　安全技术在石油化工中的重要性

由于上述特点，石油化工生产发生事故的可能性和严重性要大于其他行业，因此安全在石油化工中占有非常重要的地位。也就是说，"安全第一"对石油化工具有特殊的重要性。

A　安全技术

生产过程中存在着一些不安全或危险的因素，危害着工人的身体健康和生命安全，同时也会造成生产被动甚至发生各种事故。为了预防或消除对工人健康的有害影响和各类事故的发生，改善劳动条件，而采取各种技术措施和组织措施，这些措施的综合即为安全技术。

B　安全技术的重要性

安全技术的作用在于消除生产过程中的各种不安全因素，保护劳动者的安全和健康，

预防伤亡事故和灾难性事故的发生。采取以防止工伤事故和其他各类生产事故为目的的技术措施，其内容包括：

（1）直接安全技术措施，即实现生产装置本质安全化。

（2）间接安全技术措施，如采用安全保护和保险装置等。

（3）提示性安全技术措施，如使用警报信号装置、安全标志等。

（4）特殊性安全措施，如限制自由接触的技术设备等。

（5）其他安全技术措施，如预防性实验，作业场所的公共道路布局，个体防护设备等。

安全技术和采取的措施，是以技术为主，是凭借安全技术来达到劳动保护的目的，同时也要涉及有关劳动保护法规和制度、组织治理措施等方面。因此，安全技术对于实现石油化工安全生产，保护职工的安全和健康发挥着重要作用。

6.3.2　石油化工生产的现状分析和严峻形势

石油化工行业事故发生频率、危险性非常高，一旦事故发生，将给国家和人民造成重大的经济损失及人员伤亡。近年来，发达国家重特大事故已大幅度减少，但发展中国家、最不发达国家的事故起数、死亡人数占了事故总数的绝大部分。

近年来，在党中央、国务院正确领导下，在各个部门的共同努力下，我国安全生产形势趋向好转。由于2011年颁布并实施了新的《危险化学品安全管理条例》，再加上已发布执行一系列的法律法规与国家标准等，从2012年起，我国危险化学品事故数量较往年有大幅度减少。

但由于受生产力发展水平和从业人员素质的制约，企业领导片面追求利润，对安全不够重视等因素，安全生产基础工作较为薄弱，石油化工安全生产形势非常严峻，安全生产工作任重道远。

2010年7月28日10时11分左右，原南京塑料四厂旧址，平整拆迁土地过程中，挖掘机挖穿了地下丙烯管道，丙烯泄漏后遇到明火发生爆燃。截至7月31日，事故已造成13人死亡、120人住院治疗（其中重伤14人）。

2002年2月23日，辽阳石化分公司烯烃厂新聚乙烯生产装置因物料管线泄漏发生爆炸，造成8人死亡、19人受伤。

2005年11月13日，中国石油天然气股份有限公司吉林石化分公司双苯厂硝基苯精馏塔发生爆炸，造成8人死亡、60人受伤，直接经济损失6908万元，并引发松花江水污染事件。

通过对大量事故的分析，石油化工生产中的严峻形势有以下几个特点。

6.3.2.1　火灾、爆炸事故频繁发生

石油化学工业的原料、多数中间体、产品的易燃易爆特性及高温、高压、物料泄露等，决定了石油化工生产易发生火灾、爆炸事故。石油化工企业的火灾爆炸事故是各类事故中危险性最大、损失最惨重，且具有普遍多发的特点，这些事故严重危害生命和造成巨大财产损失，对社会造成不良影响。

据不完全统计，我国2001～2006年化工生产、经营企业发生的火灾爆炸事故约109起，死亡440人。其中，因反应容器导致的火灾爆炸事故数是最高的。该设备主要用于完

成化学反应，往往需要在高温、高压下进行，在此情况下的反应物具有较高的能量，且因连续工作容易造成设备失效，因此故障频率高。此外，化学合成过程有很多是放热反应，若能量不能及时转移会形成过热现象，导致事故发生（关文玲，蒋军成，2008）。

6.3.2.2 相同事故重复出现

在石油化工生产中，同类型事故总是重复发生，例如：

（1）为了置换或置换不彻底，动火时发生爆炸。

（2）检修期间不与生产系统隔绝，违章动火发生爆炸。

（3）未清理罐内原油等危险化学品，动火焊接维修时发生爆炸。

（4）充装危险化学品时，因充装软管发生爆裂而引起泄漏，发生爆炸。

其原因是从业人员和管理者缺乏安全教育培训，安全技术差，不能认真总结经验和吸取教训，企业安全规章制度不健全，安全管理不到位，安全防范处理预案不明确等。

6.3.2.3 重大、特别重大事故没有得到遏制

石油化工生产发生重大、特别重大事故的数量和危害难以遏制，且具有"小概率、大后果"的特点。

据统计（杜红岩等，2013），2012年国内外石油化工行业共发生一般以上事故125起，死亡533人，其中重大事故10起，死亡329人，全部集中在发展中国家和最不发达国家。值得注意的是，虽然重大、特别重大事故起数所占比例很低（8.7%），但死亡人数所占比例非常高（62.9%）。

2010年7月16日，大连中石油国际储运公司原油库输油管道发生爆炸，事故造成1名作业人员轻伤、1名失踪；在灭火过程中，1名消防战士牺牲、1名受重伤。1500t原油流入大海，造成大面积海上污染，直接经济损失超过2.2亿元。

2013年11月22日，位于山东省青岛经济技术开发区的中国石油化工股份有限公司管道储运分公司东黄输油管道泄漏原油进入市政排水暗渠，在形成密闭空间的暗渠内油气积聚遇火花发生爆炸，造成62人死亡、136人受伤，直接经济损失75172万元。

6.3.2.4 危险化学品运输事故不容忽视

危险化学品事故按环节分类，可分为生产、运输、储存、销售、使用和废弃环节。生产环节是最容易导致事故发生的环节，其次便是运输环节。据不完全统计，仅2011~2013年我国就发生危险化学品运输事故193起，导致235人死亡。其中，公路运输事故156起，管道事故34起，铁路事故2起，船舶事故1起（李健等，2014）。

例如，2014年3月1日，晋济高速公路山西晋城段岩后隧道发生一起特别重大道路交通危险化学品燃爆事故，导致甲醇泄漏爆炸并引发大火，事故共造成40人死亡、12人受伤。

危险化学品在公路行驶时发生事故可分为交通事故引发的危险化学品事故和非交通事故引发的危险化学品事故。据不完全统计，其中由交通事故引发的危险化学品事故占50%以上，原因与运输路线的合理性、运输车辆的安全性和车辆驾驶人员的安全素质有关。

非交通事故引发的危险化学品事故占20%左右，非交通事故引发的危险化学品事故的主要原因有以下几个方面（吴宗之，2006）：（1）使用自行拼装、改造或者超期服役的车辆或容器；（2）未严格执行车辆检查检验制度，使存在缺陷的车辆上路；（3）车辆超载或者容器过量充装；（4）危险化学品配载不当、固定不牢或包装方法不当等；（5）应急

处理能力不强，监管不到位等。自然环境也是一个不可忽略的因素，如遇上暴风、雨雪、大雾、高温等恶劣天气都会提高危险化学品运输事故发生率。

6.3.2.5　其他

包括设备缺陷比例大、泄漏中毒、灼伤和破坏生态环境事故普遍增多等，也值得注意。

6.3.3　燃气安全技术

6.3.3.1　燃气的爆炸

随着城市燃气在工业与民用领域的广泛应用，由燃气引起的爆炸常有发生。燃气的爆炸属于混合气体的爆炸。它是可燃气体和助燃气体以一定的浓度混合后，由于燃烧波或爆轰波的传播而引起的。这种爆炸事故往往会产生高温爆炸气体，并伴有爆炸声响、空气冲击波、火焰，使建筑设施被摧毁、人和物受到损害。

城市燃气工程中常见的爆炸现象一般是由两种原因引起的：一是由于管道和管件损坏导致燃气泄漏，遇明火或电火花引起爆炸；二是由于超重的罐装或容器缺陷导致容器破裂，进而引起燃气泄漏而产生爆炸。

1978年11月，西班牙某海边高速公路上，一辆载满液化石油气的汽车槽车罐突然发生破裂，大量液化石油气喷出，形成直径约200m的云团，向海边旅游营地扩散，被营地明火点燃发生爆炸，造成150人死亡，120人受伤，100多辆汽车和14栋建筑物被烧毁。

1984年11月墨西哥市以北15km处的一大型液化气储配站发生大火，在一个半小时内接连发生十几次强烈爆炸，约12000m³液化石油烧尽，该站成为废墟。事故导致100多栋房屋烧毁，死亡500多人，受伤7000多人。该事故是由液化石油严重泄漏引起的。

2013年6月苏州燃气集团有限责任公司一分公司发生液化石油气泄漏爆炸事故，造成12人死亡，8人受伤，直接经济损失1833万元。

2015年10月丹东市一居民楼发生燃气爆炸事故，多栋居民楼受损严重，路边汽车也受损，造成4人死亡，5人受伤。

6.3.3.2　燃气爆炸预防概述

燃气的爆炸是城市燃气工程中常见的灾害之一。因此预防燃气爆炸非常重要。爆炸的进行是一个突发的过程，一旦出现，想完全控制几乎是不可能的。"防患于未然"，对于燃气爆炸的预防工作尤为重要。

A　工程中预防燃气爆炸的基本措施

a　根本性措施

根本性措施，是指使容易发生爆炸的场所成为不利于爆炸的场所的措施。也就是说，这些措施的采取，将使爆炸事故尽可能彻底的根除。通常这种措施应该在企业的构思、初步设计阶段加以考虑，而且是从事工程设计、调查、研究的人员所必须充分了解的。在采取预防爆炸的根本性措施时，应该首先关注物质的性质、物质的固有危险和人为的变化引起的危险程度，以及引起爆炸的条件和危险状态改变的可能性。采取根本性预防措施的目的在于预先消除爆炸危险源。

b 补充措施

采用补充措施的目的在于保持工程中的机械、电器安装和建筑设施的性能具有足够的耐负荷强度。也就是说，许多设施或装置在运行之初，其性能是非常良好的，保持这些性能的持续性，同时也就保持了这些设备或装置的安全可靠性。这些措施同样也应该在工程设计阶段加以考虑。其中包括：

（1）主体材料的性能：应力特性、温度特性、抗腐蚀特性、抗疲劳特性、抗燃烧特性、耐油特性、导电特性等。

（2）辅助材料的性能：辅助设备以及安装时采用的密封衬垫的性能同样也是很重要的，完善的补充措施同样是根本性措施的有力保证。

（3）性能维护措施：为保证根本性措施和补充措施在整个系统的有效运转期内的所有运行过程中都是有效的，需要采取一些维护使其保持良好状态的措施，即所谓性能维护措施。

（4）操作措施：在操作上采用的措施，主要是保证系统设备的正常运转。这需要创造排除异常运转的条件，有效防止误操作。

（5）紧急措施：从工程的设计开始就应该对异常事故出现时采用的紧急安全措施加以考虑。主要考虑的是人员和物质在非常情况下的紧急撤离，有效的人身防护，如系统的紧急停机、安全防护用具、安全撤离通道等。

以上所有的措施内容也不完全是互不相干的，事实上它们在有些场合完全是相辅相成的，能保证对象安全的完善的安全预防系统是这些措施的有效结合。

B 燃气爆炸预防与防护的基本点

a 泄漏控制

防止燃气泄漏是防止爆炸的措施中最基本的出发点之一。燃气工程的各个工艺系统，设备的每个部分都有容易发生泄漏的薄弱环节，如管道的连接处、管道与阀件、管道与设备的连接部位等都容易漏气。常规的泄漏预防通常是由设备的质量、材料的质量以及施工的质量来加以保证的。

b 火源管理

对于与燃气相关的设施，理论上若远离火源便永远不会发生爆炸，管理好火源是预防爆炸的关键。但火源的种类很多，有的是无法管理的。常见的火源有：

（1）明火：包括工业加热设备的燃烧火焰、民用燃烧火焰、电焊和气焊时的焊接火花、金属加工时形成的火花、未熄灭的烟头等。

（2）高热物及高温表面：许多工艺系统中的某些表面是高温的。如高温蒸汽管，高温气体管道，高温管道的托架、滑板、轨道，换热器的金属表面等。

（3）冲击摩擦火花：机械设备工作过程中的摩擦会产生火花。加工过程中的撞击（如锻造、冲压等）也会产生火花。一些意外情况（如金属工具的掉落、飞散物的冲击、活动机械与金属的撞击等）也会产生火花。

（4）自燃发火：金属粉和不饱和有机物能缓慢氧化发热，热量积蓄到一定程度时就会使物质的温度上升到发火温度，引起明火。

（5）化学反应：原料或产品在堆放时发生异常的化学反应，如分解、聚合等作用导致温度压力升高，引起燃烧。

（6）电火花：电器的启动器、开关等在断电或送电时产生火花。各种电器的接点在安装或脱落时也会产生火花。电气设备在短路时产生的火花是极其强烈的。在电气设备、电缆损坏时，通常也有火花产生。

（7）静电：生产过程中容易产生静电积累，如绝缘介质在管道中的流动、许多有机物的互相摩擦等，静电释放的结果就会产生火花。

（8）光线：强烈的太阳光线在一些特殊的情况下也可以成为一种发火源。

（9）雷电。

上述的多种火源中有些是可以控制的，有些是难以防范的。火源的有效管理是采用一定的措施使可以管理的火源得以完全控制，而对于难以管理的火源，则使其产生的可能性降低到最小的程度。

c　超压的预防

容器的破裂大多是由于超压引起的。防止容器出现超压主要依赖于检测设备的可靠性和操作的准确性。在储存液化石油气的过程中，容器内的液相充装质量限制极为严格。若过量充装，在使用过程中由于温度的变化很容易引起超压；如果容器的运行环境温度超过其设计使用温度的最高限值，也会导致超压。

d　使灾害控制在局部

一旦事故发生，损失是在所难免的，而且很难终止。要尽量采取措施法使灾害控制在局部，不能使其向周围更广泛的区域蔓延。燃气工程中所发生的事故的扩散范围是相当广的，气体的扩散、液体的流动、爆炸冲击波压力等都会在很大程度上对周围环境的人和物产生破坏。

6.3.4　石油化工装备安全

6.3.4.1　石油化工装备常见事故类型

石油化工装备涉及面十分广泛，如动力设备、输送设备、分离设备、压力容器、管线阀门等。由于科学技术和工业的发展，对这些设备的要求越来越高，再加上石油化工生产的特殊要求，如高温、高压、低温、高真空度等，稍有不慎发生故障就会影响生产，造成巨大的财产损失、惨重的人身伤亡事故和严重的环境污染。

A　石油化工装备的类型及特点

石油化工设备按其运行特点可分为静设备和动设备两类。

（1）静设备主要是指各类容器设备及管道系统。其中容器设备，大多为压力容器，按其承压性质可将其分为内压容器和外压容器两类。

（2）动设备是指有机件进行连续、有规律运动的设备，其种类很多，归纳起来大致包括：介质的输送（如泵、风机等），流体的加（或减）压（如压缩机、真空泵等），介质的机械分离及混合（如离心机、过滤机、混合机等），固体的粉碎及造粒（如各式粉碎机、造粒机）等几大类机械设备。

B　石油化工装备的劣化和失效及其原因

装备劣化的形式可分为经历过的和未经历过的两大类型。一般来说，经历过的劣化分为渐进型和突发型两种不同的形式。

渐进型的劣化是指在一定时间内定量观察，预先可以发现设备功能递减的劣化。一般来说，渐进型的劣化是最容易维修的，因为根据渐进劣化的过程可推断设备的估计使用寿命或故障可能发生的时间。

突发型的劣化可分为潜在型和外部型。潜在型是指故障的原因已经存在于设备的内部，一有机会就发作；外部型是指由于设备外部的一些条件而引起的劣化。

导致石油化工装备劣化和失效的原因很多，条件也很复杂，如腐蚀和冲蚀、应力交变、温度过高或过低、超压及超负荷、地震、地基下沉、风的载荷等。

6.3.4.2 化工装备的本质安全化

A 石油化工装备安全运行的特点

生产设备的安全性不仅仅考虑机械设备本身，还要考虑操作者。也就是说，机械的安全性必须从机械和人两方面考虑。例如，生产设备的结构、强度、人机功能分配和人的操作方法、人的特点等都要充分考虑，再对机械缺陷和人的失误采取综合对策，只有这样才能称得上是安全的装备。安全性的要求也会与经济条件产生矛盾，但是从长远来看，安全性和经济性的要求是一致的，特别对昂贵复杂的大型自动化设备尤为如此。

对安全性的研究范围主要涉及设备运行安全性、工作安全性、环境安全性、元件的可靠性和功能的可靠性。

B 石油化工装备的本质安全化

a 本质安全化的概念

综合运用现代化科学技术，使整机系统各要素和各个组成部分之间达到最佳匹配和协调；使整个系统具有可靠的安全、预防事故和失效保护的机能；使生产设备达到即使操作者发生失误或设备本身发生故障时，也能自动保障操作者人身安全和生产设备本身不受破坏。

b 本质安全化的主要标志

（1）生产设备应具有可靠且稳定的安全特性：当动作发生错误时也不会造成故障和事故，保障操作者人身安全和设备本身安全。

（2）生产设备应具有完善的自我安全保护功能：当发生意外或出现故障时设备仍可维持现状，其他部分应能自动切除或脱离故障部分，安全地转到备用部分或停止运行，同时发出警报，在没有采取必要措施之前，事故不会蔓延、失控或扩大。

（3）生产设备应有安全舒适的工作环境和良好的人机工程的要求：包括人机界面和工作环境的空间尺寸、布局等符合人机工程的要求，操作空间内振动、噪声等有害因素的量值不超过安全卫生标准规定值。

（4）系统的故障率及损失率在当代公认可接受水平以下：一般指在该历史阶段的科技和经济条件下，其安全程度水平被公认已达到当代先进水平的同类生产设备的损失率的平均值，即通常所说的当代可接受的风险率安全指标。

6.3.4.3 石油化工装备的安全设计

石油化工装备的安全设计，应遵循生产设备安全设计准则及一般要求。但由于其特殊性，要特别强调：强度、刚度、稳定性设计，安全泄放装置的设计，安全连锁装置及防护装置的设计。当装备在正常的工艺条件下工作时，应由其强度、刚度和稳定性来保证装备的安全性，当出现超正常工艺条件的危险状况时，应由安全泄放装置来保证安全；当有可能产生误操作时，则应由安全联锁装置来保证安全；防护装置则是为了防止人体接近或进入危险区，防止发生人员及设备事故的有效措施。

A 强度、刚度和稳定性设计

强度、刚度、稳定性设计是建立在应力分析基础上的设计。我国制定的一系列国家标准和行业标准可作为进行强度、刚度和稳定性设计的可靠依据。如 GB 150《钢制压力容器》、GB 151《钢制管壳换热器》等。

B 安全泄放装置

a 安全泄放装置与安全泄放量

压力容器是一种承受压力的设备，但是每一个压力容器都是按预定的使用压力进行设计的，所以它的壁厚只能允许承受一定的压力，即所谓最高使用压力。在这个压力范围内，压力容器可以安全运行，超过这个压力，容器就有可能因过度塑性变形而遭到破坏，并会由此造成恶性重大事故。

为确保压力容器的安全运行，预防由于超压而引发事故，除了从根本上采取措施，杜绝或减少可能引起容器产生超压的各种因素以外，在压力容器上还需要装设安全泄放装置。安全泄放装置就是为了保证压力容器安全运行，防止发生超压的一种保险装置。当容器在正常工作压力下运行时，它保持严密不漏，而当容器内压力超过规定，它就能自动把容器内部的气体迅速排出，使容器内的压力始终保持在最高许用压力范围内。实际上，安全泄放装置还有自动报警作用，当它开放排气时，由于气体流速较高，常常发出较大的声响，成为容器内压力过高的音响讯号。

b 安全阀

安全阀是一种超压防护装置，它是压力容器应用最为普遍的重要安全附件之一。当容器的内压超过某一规定值时，安全阀就自动开启，迅速排放容器内部的过压气体，并发出声响，警告操作人员采取降压措施。当压力恢复到允许值时，安全阀又自动关闭，使容器内压力始终不高于允许范围的上限，不致因超压而酿成爆炸事故。

c 防爆片

防爆片又称爆破片，是一种断裂型的超压防护装置，用来装设在那些不宜于装设安全阀的压力容器上。当容器内的压力超过正常工作压力并达到设计压力时，即自行爆破，使容器内的气体经防爆片断裂后形成的流出口向外排出，避免容器本体发生爆炸。泄压后的断裂的防爆片不能继续使用，容器也被迫停止运行。因此，防爆片只能用在不宜装设安全阀的压力容器上作为安全阀的一种代用装置。

d 防爆帽

防爆帽又称爆破帽，是一种一次使用的安全泄压装置。防爆帽为端部封闭，短管上有一处薄弱断面，当容器内部压力达到防爆帽断裂的压力时，防爆帽就在此薄弱断面处破坏。

e 安全阀与防爆片装置的组合

安全阀与防爆片装置可以并联组合或串联组合使用，串联组合时又有防爆片在安全阀进口侧或出口侧之分。

C 安全连锁装置设计

安全连锁装置是防止误操作的有效措施。常用的有电器操作安全连锁装置、液压操作安全连锁装置及联合操作安全联锁装置等。安全连锁装置的实质在于：执行操作 A 是执行操作 B 的前提条件，执行操作 B 是执行操作 C 的前提条件，等等。

前一操作可以是一个具体的操作，也可以是与生产工艺参数（如温度、压力等）联系的自动操作。

安全防护装置类型很多，如防护罩、防护屏、自动保险装置、跳闸安全装置、报警器、双手操纵装置、遥控装置、机械给料装置、机械手和工业机器人等。

D　安全色标

安全色标是特定表达安全信息含义的颜色和标志。它以形象而醒目的信息语言向人们表达禁止、警告、指令、提示等安全信息。安全色标的应用并不涉及装备的实质性的设计内容，但正确地使用安全色标对石油化工装备的安全运行，对石油化工企业的安全生产均具有重要意义。

我国在 1982 年颁布了《安全色》（GB 2893—1982）和《安全标志》（GB 2894—1982）等国家标准，又在 1986 年公布了《安全色卡》（GB 6527.1—1986）及《安全色使用导则》，规定的安全色的颜色及其含义与国际标准草案中所规定的基本一致；安全标志的图形、种类及其含义与国际标准草案中所规定的也基本一致。

6.3.5　石油化工储运安全

石化产品的运输方式由管道输送、水路运输、陆路运输三种方式构成，其中陆路运输又由铁路运输和公路运输两种方式组成。油品的运输形式有两种，即散装油品和桶装油品的运输。液化气体的运输主要是散装运输和瓶装运输。

管道运输安全包括从技术上确保管道运输系统硬件的安全和管理上加强管道运输系统的安全，提高员工的安全意识，自觉按照操作规程进行操作，减少或避免运输事故的发生。

6.3.5.1　管道输运系统与设备

A　输油管分类

按照长度和经营方式，输油管道可划分为两类：一类是企业内部的输油管道，其长度一般较短，不是独立的经营系统；一类是长距离输油管道，其管径一般较大，有各种辅助配套工具，是独立经营的企业。长距离输油管道长度可达数千千米。

B　输油管道的组成

长距离输油管道由输油站和管线两大部分组成。输送轻质油或低凝点原油的管道不需加热，称为等温输油管。对易凝、高黏油品，考虑到管道的压降，需要加热输送。

C　输油管道主要设备

设备包括：离心泵与输油泵站、加油热炉、储油罐、管道系统、清管设备、计量及标定装置。

6.3.5.2　石油化工产品运输安全

A　管道运输安全

管道的安全因素主要是长期运行中由于腐蚀和力学作用引起的管道损伤而导致的泄漏或爆裂。管道本身对安全运行构成威胁的损伤基本有以下几种：

（1）几何尺寸改变，如壁厚减薄、失圆、表面凹坑等，这类损伤一般是材料从内、外表面失去，通常与腐蚀、机械外力作用有关。

（2）表面开裂，如裂纹、穿孔等。

（3）亚表面开裂、埋藏缺陷。

鉴于上述危及管道安全运行的各类损伤，为有效地遏制和预防事故，这里引入管道安全工程概念。管道安全工程问题是一个系统工程。从管道建设计划阶段开始到管道报废的整个管道生命周期的各个阶段，都要作为一个系统化的工程，认真考虑和解决与管道密切相关的各方面问题。这些问题主要包括如何避免或减少管道事故的发生；如何准确、全面了解管道状况；如何对管道未来的运行状况作出科学预测；怎样维护管道才最为经济可靠等。在管道安全工程中，管道检测是保证管道安全的基本方法，通过管道检测了解管道状况，才能及早采取有利措施，避免管道事故的发生。

a　管道干线事故预防

管道干线的事故主要有自然腐蚀穿孔、管道焊缝环向开裂和外界干扰。干线管道事故预防措施有：

（1）实施正确的调度指挥，确定合理的输送参数，以保证管道在安全稳定的状态下运行。

（2）对管道整体安全性进行评估。

（3）根据干线管道的内外腐蚀、壁厚分布、损伤变形、穿跨越保护措施等检测结果，分别采取相应的整改措施。

（4）加大资金投入力度，引进先进设备。

（5）通过发布地区公告等宣传手段，提高公众保护管道的意识。

（6）加大对管道干线的维护管理力度，建立完善的巡线制度。

（7）其他。

b　设备事故预防

设备或零部件失去原有精度性能，不能正常运行，技术性能降低等，造成停产或经济损失，称为设备故障。设备因非正常损坏造成停产或效能降低，停机时间或经济损失超过规定限额的，称为设备事故。其预防应做好几方面的工作：

（1）严格执行设备操作规程。

（2）制定设备完好标准。

（3）操作人员具备"四会"能力，设备操作执行"五项纪律"，确保设备运行维护正常。

（4）做好预防责任事故的教育工作。

（5）运用"三化一位"管理办法，强化操作人员安全意识。

（6）建立输油（气）值班岗位责任制和设备操作规程。

B　铁路装运安全

铁路油罐车的装卸方法一般可分为上部装卸和下部装卸两种。液化气体罐车运输装卸方式有：利用压缩机装卸、利用泵装卸、利用气化升压器装卸、利用压缩气体装卸、利用静压差卸车等。

C 公路装运安全

油品的运输以公路运输为主，因此油品在汽车运输过程中的装运安全是油品装运安全的主要内容。汽车运输油料通常采用桶装和罐装两种运输方式，其中罐装又分为运输车辆载罐和专门的油罐车两种。保证汽车在装卸、运输油料时严格按照相关要求和预防措施进行作业，是预防火灾、加强油库或加油站安全消防的一个重要环节。

油品运输途中的安全要求：

（1）运油车辆的倒车镜杆上必须有"危险品"标志的小黄三角旗，并根据输送的油料性质配置相应的灭火器，若条件允许还应配备一条石棉被。应根据不同的季节、天气和运行地段的环境适当调整运油车辆的行驶时间和路线。汽车运输桶装油料时，应采用木质车箱，车箱的底部不应钉铁皮，以防止油桶与车箱地板碰撞产生火花。应避免混装其他易燃、易爆、易氧化物品，要检查油桶是否漏油，防止油料滴在车辆排气管上引发火灾。

（2）运油车辆应安装导电橡胶拖地带，装卸油料时应接好静电接地线；卸油前根据地下油管中的存油量计算出罐内的空余容量以防止溢油；卸油时汽车排气管应加装防火罩，严格控制火源；油罐车卸油必须采用密闭卸油。

（3）其他。

D 船舶装运安全

油船装卸作业是由码头上设置的装卸油管进行的，每种油品单独设置一组装卸油管路，在集油管线上设置若干分支管路。在配置时，一般将不同油品的几个分支管路设在一个操作或几个操作间内。平时将操作井盖上盖板，使用时打开盖板，接上耐油软管。装卸作业前、装卸作业中、船舶出航前、航行过程中都有一系列的注意事项与安全操作须知。

6.3.6 石油化工电气安全

6.3.6.1 电气安全技术的概论

电气安全工程是一门综合性学科，既有电气安全工程技术的一面，又有组织管理的一面，彼此相辅相成，关系十分密切。不仅从安全技术的角度出发，研究各种电气事故及其预防措施，也要研究如何用电气作为手段，创造安全的工作环境和劳动保护条件。电气事故不仅指触电事故，也包括电压（工频过电压、操作过电压和雷击）、有关电气火灾和爆炸等危及人身安全的电路故障。电气安全的技术措施是随着科学技术和生产技术的发展而发展的。当前，石油化工基本的安全通用技术主要有绝缘防护、屏障防护、安全间距防护、接地接零保护、漏电保护、电气闭锁和自动控制等内容。例如，这些安全技术为防止直接电击或间接电击，常采取绝缘防护、屏障防护和安全间距防护；为了防止触及意外带电的导体，常采取保护接地、保护接零和等化对地电位等措施。这些措施，不论是什么行业，不论周围环境如何，不论是什么电气设备，都应当充分考虑到，同时也必须满足采用这些技术措施的要求。

6.3.6.2 绝缘防护

电气设备和线路都是由导电部分和绝缘部分组成的。良好的绝缘能保证设备正常运行和人不会接触到带电部分。绝缘水平应根据电气设备和线路的电压等级来选择，并能适应周围的环境和运行条件。

固体或液体绝缘材料超过所能承受的电压时，就会在绝缘薄弱处电击穿，失去绝缘防护的功能。液体绝缘材料击穿后，其绝缘性能还可以恢复；固体绝缘材料击穿后，一般不能恢复其原有的绝缘性能。为避免由于绝缘破坏引起的电气事故的发生，应做好绝缘电阻、耐压试验、泄漏电流测定和介质损失角试验，科学地监测绝缘性能。

6.3.6.3　屏障防护和安全间距防护

屏障防护和安全间距防护都是防止人触及或接近带电体时遭受电击危害所采取的安全措施。

屏障防护是采用遮栏、栅栏、护罩、护盖和箱匣等，把电气装置的带电体同外界隔绝开来，确保无绝缘或绝缘水平低的电气装置运行安全。因此，应严格遵守低压设备装设外壳、外罩，高压设备均采取屏蔽防护的规定。安装在室内或室外地面上的变、配电设备均应装遮栏或栅栏作屏障防护。

安全间距就是避免因碰撞或靠近带电体而造成事故所需的距离，因而要求在带电体与地面之间、带电体与其他设施设备之间、带电体与带电体之间保持一定距离，此距离的大小取决于电压高低、运行方式、设备类型和安装方式等。

6.3.6.4　电气设备和设施的保护接地与保护接零

A　保护接地的原理

接地是指把电气设备的某一部分通过接地装置同大地紧密连接在一起。按不同用途，接地可分为正常接地和事故接地两类。事故接地是指带电体与大地与之间发生意外连接；正常接地又有工作接地和安全接地之分。工作接地是指利用大地作导线的接地和维持系统安全运行的接地；安全接地是指防触电的保护接地、防雷接地、防静电接地和屏蔽接地等。接地电阻是接地体流散电阻与接地装置电阻的总和。当电流通过接地体流入大地时，接地体处具有最高的电压，离开地体电压逐渐下降；离开接地体半径约 20m 处（简单接地体）电压降为零。由此而形成接触电压和跨步电压。

所谓接地，就是把电气设备某一部分通过接地线同大地（非冻土）形成良好的电气连接。与大地直接接触的金属体或金属组合体，称为接地体；连接大地和设备之间的金属线，称为接地线；接地体和接地线合称为接地装置。保护接地是一种技术上的安全措施，它把故障情况下可能呈现危险的对地电压的金属部分通过接地装置同大地紧密连接起来。保护接地应用很广，无论高频电还是低频电，高压电或低压电，交流电或直流电，静电或其他电都可以采用保护接地措施以保证安全。一些电气设备应当采用保护接地，如电机、变压器、电器、照明设备等的底座或者外壳，电气设备的传动装置等。

B　保护接零的基本原理

保护接零就是把电气设备在正常情况下不带电的金属部分与电网的零线作电气连接，以避免人体出现触电。保护接零适用于变压器低压中性点直接接地、电压 380/220V 的三相四线制供电网络。不论环境如何，为避免触电，用电设备均应接零。

C　保护接地和保护接零的安全要求

在同一台发电机或同一台变压器供电的电网中，只能采取一种保护措施，不允许把一部分电气设备采用保护接地，而另一部分电气设备采用保护接零。否则，会对人身安全造成威胁。

6.3.6.5 静电及其防治

常见的气体、液体和固体等物质都是由分子、原子组成的，而每一个原子又由带正电的原子核和带负电的电子构成。正常状态下，原子核外围电子的数目等于原子核内质子的数目，因而原子呈电中性。如果原子或分子由于外来的原因失去若干个电子，那就成为带正电的正离子，反之，如果获得若干个电子，则成为带负电的负离子。此时，物质上即附着了静电。

静电并不是静止时的电，是宏观暂时停留在某处的电，静电现象是一种常见的带电现象。日常生活中，用塑料梳子梳头发或脱下合成纤维衣料的衣服时，有时能听到轻微的"啪啪"声，在黑暗中能够见到放点的闪光，这些都是静电现象。

A 静电产生的条件

物质产生静电需一定的外界条件。不同物质间紧密接触、带电体对物质附着或感应，以及物质在电场中被极化，均能产生静电。

a 接触起电

两种不同物质的表面紧密接触，其间距小于 25×10^{-8} cm 时，就会产生电子转移，形成双电层。如果两个接触表面分离得十分迅速，即使是导体也会带电。

摩擦能够增加物质的接触机会和分离速度，促进静电的产生。如物质的撕裂、剥离、拉伸、压碾、撞击，以及生产过程中物料的粉碎、筛分、滚压、搅拌、喷涂、过滤等操作，均存在摩擦的因素。对于上述过程，应特别注意静电的产生与消除。

b 附着起电

极性离子或自由电子附着到对地绝缘的物质上，也能使该物质带电或改变其带电状况。

置入电场中的导体在电场作用下，会出现正、负电荷在其表面不同部位分布的现象，称为感应起电。在加工有静电起爆危险的物品时，不允许有人在操作者背后走动。因为人走动可能带电，带电的人在操作者背后走动时，操作者的手有可能对接地危险品放电。或者操作者对地放电后，背后带电的人一离开，操作者就变为孤立的带电体，也有可能发生静电放电。

c 极化起电

静电非导体置入电场中，其内部或外表不同部位会出现正、负相反的两种电荷，称为极化作用。工业生产中，由于极化作用而使物体产生静电的情况很多。如带电胶片吸附灰尘，带静电粉料粘附在料斗或管道上不易脱落，以及带静电的印刷纸张排不整齐，等等。

B 静电的危害

a 火花放点

静电放电火花具有点燃能，其大于爆炸性混合物点燃所需要的最小能量时，便成为引起可燃、易燃液体蒸气、可燃性气体以及可燃性粉尘着火、爆炸的能源。这是静电能够引起各种危害的根本原因。

b 伤害人体

人体以不同方式与高介电性质的材料制成的物品接触时，可能长时间处在起电过程。人体积累的静电与接地物品接触时完全可能形成火花放电，同样可以引起火灾爆炸事故。静电因为电流不大，对人体没有致命的危险，但会使人受到不同程度的灼伤或刺激，这种突然的刺激可能使人惊恐。由于发射的作用，人体可能本能地移动，导致如从高处坠落、摔倒或碰到没有防护的运转部分，造成二次性事故。静电长时间的作用不利于操作人员的健康，会影响其心理状态和生理状态。表 6.2 所示为静电放电能量与人体反应试验值。

表 6.2 静电放电电能量与人体反应试验值

电压/V	能量/mJ	人体反应	电压/V	能量/mJ	人体反应
1	0.37	无感觉	15	83.20	轻微痉挛
2	1.48	稍有感觉	20	148.00	轻微痉挛
5	9.25	刺痛	25	232.00	轻微中毒
10	37.00	剧烈刺痛			

c 妨碍生产

静电具有一定的静电引力或斥力。在其作用下，会妨碍某些生产工艺过程的正常进行。如由于静电力的存在，粉体堵塞网、吸附设备，影响粉体的过滤和输送。例如，在纺织中使纤维缠住，吸附尘土，造成织布机停车；在印刷中使薄薄的印刷纸吸附而难以剥离，影响印刷速度和质量；静电火花还能使胶片感光、降低胶片质量；引起电子元件误动作，使生产操作受影响，降低设备的生产效率。

6.4 烟花爆竹安全技术

6.4.1 烟花爆竹安全生产与管理概述

6.4.1.1 烟花爆竹的概念

烟花爆竹是烟花和爆竹的统称，是以烟火药为主要原料制成，由火源引燃，通过燃烧（或爆炸）产生光、声、色、形、烟雾、漂浮物等效果或其组合，用于观赏的易燃易爆危险性工艺消费品。我国的烟花爆竹可追溯到 1400 多年前，是中华民俗的重要组成部分。长期以来，每逢重大节日和重要活动，人们都会燃放烟花爆竹来衬托气氛，抒发情感。

烟花爆竹按照产品的药量、所能构成的危险性及燃放环境分为 A、B、C、D 四级。

A 级：由专业燃放人员在特定的室外空旷地点燃放、危险性很大的产品；

B 级：由专业燃放人员在特定的室外空旷地点燃放、危险性较大的产品；

C 级：适合于室外开放空间燃放、危险性较小的产品；

D 级：适合于近距离燃放、危险性很小的产品。

6.4.1.2 烟花爆竹安全管理相关法律法规

《中华人民共和国安全生产法》于 2002 年 11 月 1 日颁布施行，后经修订由中华人民共和国第十二届全国人民代表大会常务委员会第十次会议于 2014 年 8 月 31 日通过，自 2014 年 12 月 1 日起施行。这是我国从事安全生产管理工作的法律依据，目的是加强安全生产监督管理，防止和减少生产安全事故，保障人民群众生命和财产安全，促进经济发展。

《烟花爆竹安全管理条例》于 2006 年 1 月 21 日起施行，2016 年 2 月 6 日修订。这是我国烟花爆竹安全生产管理的主要依据，适用于烟花爆竹生产、经营、运输和燃放的安全管理，以预防烟花爆竹爆炸事故发生，保障公共安全和人身、财产的安全。

《烟花爆竹经营许可实施办法》自 2013 年 12 月 1 日施行，目的是为了规范烟花爆竹经营单位安全条件和经营行为，做好烟花爆竹经营许可证颁发和管理工作，加强烟花爆竹经营安全监督管理。

相关国家标准有：《烟花爆竹安全与质量》（GB 10631）、《烟花爆竹安全与质量》（GB 10631—2013）、《烟花爆竹组合烟花（个人燃放类）》（GB 19593）、《烟花爆竹工程设计安全规范》（GB 50161）、《烟花爆竹作业安全技术规范》（GB 11652）、《建筑设计防火规范》（GB 50016）等。

6.4.1.3 烟花爆竹生产安全管理政策

《烟花爆竹安全管理条例》规定，国家对烟花爆竹的生产实行许可证制度，未经许可，任何单位或者个人不得进行烟花爆竹生产活动。

A 烟花爆竹生产企业安全生产许可基本条件

烟花爆竹生产企业依法取得安全生产许可应具备基本的安全生产条件：

（1）符合当地产业结构规划。

（2）基本建设项目经过批准。

（3）选址符合城乡规划，并与周边建筑、设施保持必要的安全距离。

（4）厂房和仓库的设计、结构和材料以及防火、防爆、防雷、防静电等安全设施、设备符合国家有关标准和规范。

（5）生产设备、工艺符合安全标准。

（6）产品品种、规格、质量符合国家标准。

（7）有健全的安全生产责任制。

（8）有安全生产管理机构和专职安全生产管理人员。

（9）依法进行安全评价。

（10）有事故应急救援预案、应急救援组织和人员，并配备必要的应急救援器材、设备。

（11）法律、法规规定的其他条件。

B 烟花爆竹安全生产许可程序

烟花爆竹生产企业，应当在投入生产前向所在地设区的市人民政府安全生产监督管理部门提出安全审查申请，并提交能证明符合应具备的基本安全生产条件的有关材料。该区的市人民政府安全生产监督管理部门应当自收到材料之日起 20 日内提出安全审查初步意见，报省、自治区、直辖市人民政府安全监督管理部门审查。省、自治区、直辖市人民政府安全监督管理部门应自受理申请起 45 日内进行安全审查，对符合条件的，核发《烟花爆竹安全生产许可证》；对不符合条件的，应当说明理由。

获得安全生产许可的烟花爆竹生产企业，持《烟花爆竹安全生产许可证》到工商行政管理部门办理登记手续后，方可从事烟花爆竹生产活动。

6.4.2 工厂设计与生产安全

目前，不少的现有烟花爆竹生产企业不同程度地存在占地面积与生产规模、品种不适应；工房布局不合理，路线交叉；防护设施和生产工具不符合规定的三大主要问题。这些问题导致大多数烟花爆竹生产企业的本质安全方面存在先天不足，因此，在新建烟花爆竹生产企业和对现有企业进行安全改造中，应从工厂设计、厂房布局等方面着手，认真贯彻

"安全第一、预防为主、综合治理"的方针，预防爆炸和燃烧事故发生，减少事故损失，保障人民生命和财产安全。

6.4.2.1　建筑物危险等级分类

对烟花爆竹工程建筑物划分危险等级，为了便于确定该建筑物与相邻的建筑物、构筑物、设施和场所的安全距离，以及确定该建筑物的结构形式和应采取的安全措施。

A　分类方法

烟花爆竹工程建筑物的危险等级分为两级：

（1）A级建筑物为建筑物内的危险品在制造、储存、运输中会发生爆炸事故，在发生事故时，其破坏效应将波及到周围。根据其破坏能力应划分为A2、A3级。A2级建筑物为建筑物内的危险品发生爆炸事故时，其破坏能力相当于梯恩梯的厂房和仓库；A2级建筑物为建筑物内的危险品发生爆炸事故时，其破坏能力相当于黑火药的厂房和仓库。

（2）C级建筑物为建筑物内的危险品在制造、储存、运输中会发生燃烧事故或偶尔有轻微爆炸，但其破坏效应只局限于本建筑物内的厂房和仓库。

B　烟花爆竹生产厂房和危险品仓库的危险等级分类

a　烟花爆竹生产厂房的危险等级分类

表6.3所示为烟花爆竹生产厂房的危险等级分类。

表6.3　烟花爆竹生产厂房的危险等级分类

危险品名称	生产工序	危险等级
黑火药	黑药的三成分混合，造粒，干燥，凉药，筛选，包装	A3
	硫、碳二成分混合，硝酸钾干燥，粉碎和筛选，硫、炭粉碎和筛选	C
烟火药	含氯酸盐或高氯酸盐的烟火药、摩擦类药剂、爆炸音剂、笛音剂等混合或配置、造粒、干燥、凉药	A2
	不含氯酸盐或高氯酸盐的烟火药的混合或配置、造粒、干燥、凉药	A3
	称原料，氧化剂粉碎和筛选	C
爆竹	含氯酸盐或高氯酸盐的爆炸药的混合或配置、装药	A2
	已装药钻孔，切引，不含氯酸盐或高氯酸盐的爆竹药的混合或配制、装药、机械压药	A3
	称原料，不含含氯酸盐或高氯酸盐的爆竹药的筑药，插引，挤引，结鞭，包装	C
烟花	筒子并装药装珠，上引药，干燥	A2
	筒子单发装药，筑药，机械压药，已装药的钻孔，切引	A3
	蘸药，按引，组装，包装	C
礼花弹	称量，装药装珠，晒球，干燥	A2
	上发射药，上引线	A3
	油球，打皮，皮色，包装	C
引火线	含氯酸盐的引药的混合、干燥、凉药、制引、浆引、晾干、包装	A2
	黑药的三成分混合、干燥、凉药、制引、浆引、晾干、包装	A3
	硫、碳二成分混合，硝酸钾干燥，粉碎和筛选，硫、碳粉碎和筛选，氯酸钾粉碎和筛选	C

b 烟花爆竹仓库危险等级分类

表 6.4 所示为烟花爆竹仓库危险等级分类。

表 6.4 烟花爆竹仓库危险等级分类

储存的危险品名称	危险等级
引火线，含氯酸盐或高氯酸盐的烟火药、爆竹药、爆炸音剂、笛音剂	A2
黑火药，不含氯酸盐或高氯酸盐的烟火药、爆竹药，大爆竹，单个产品装药在 40g 及以上的烟花或礼花弹，已装药的半成品、黑药引火线	A3
中、小爆竹，单个产品装药在 40g 以下的烟花或礼花弹	C

6.4.2.2 规划、布局和内、外部安全距离

A 工厂规划

烟花爆竹生产属于危险性行业，有发生爆炸事故的危险，一旦爆炸事故发生，将波及周围，并有一定的破坏性。因此在烟花爆竹工厂选址布局方面，应从有利于安全、便于管理的方面考虑，统筹规划。

（1）工厂选址。烟花爆竹工厂的选址应符合城镇规划的要求，并应遵循避开居民点、学校、工业区、旅游区重点建筑物、铁路和公路运输线、高压输电线等的原则。

（2）工厂布局。布局是否安全、合理，取决于生产区的位置。经验表明，在总体布局上合理布置，确定危险品生产区的位置，是企业安全的保障。在危险品生产区、总仓库区、燃放试验场的外部距离范围内，严禁设置建筑物。

（3）工厂规划。烟花爆竹工厂应根据生产品种、生产特性、危险程度进行分区规划，分别设置非危险品生产区、危险品生产区、危险品总仓库区、销毁场或燃放试验场及行政区。

B 生产区的外部距离

在烟花爆竹工厂设计中，计算药量是确定安全距离的重要依据。工厂内、外部安全距离的确定均依据危险性建筑物的计算药量确定。危险性建筑物的计算药量，是指该建筑物内的生产设备、运输设备、运输工具中能形成同时爆炸的药量和所存放的原料、半成品、成品中能形成同时爆炸的药量之和。

烟花爆竹生产区内的危险性建筑物与周围村庄、公路、铁路、城镇和本厂住宅区等自危险性建筑物的外墙算起的外部距离，应分别按建筑物的危险等级和计算药量计算后取其最大值。

6.4.2.3 危险建筑物的建筑结构

A 一般规定

（1）烟花爆竹工厂各级危险性建筑物的耐火等级不应低于现行国家标准《建筑设计防火规范》中二级耐火等级的规定；面积小于 20m² 的 A 级建筑物或面积不超过 300m² 的 C 级建筑物的耐火等级可为三级。

（2）烟花爆竹生产区的办公用室和辅助用室，宜独立建设。当附建时，应符合下列规定：考虑到 A 级厂房具有爆炸危险，为防止一旦爆炸危害扩大，A 级厂房不应附设更衣室外的辅助用室和办公用室；C 级厂房主要为燃烧危险，可附设辅助用室和办公用室，但应

布置在厂房较安全一端,并采用防火墙与生产工作间隔开。办公用室和辅助用室应为单层建筑,其门窗不宜面向相邻厂房危险性工作间的泄漏面,避免受到危险工房爆炸波及。

B　厂房的结构选型和构造

(1) A 级厂房有爆炸,为防止墙体倒塌,对墙体有一定要求,宜采用钢筋混凝土框架结构。虽然砖墙承受爆炸冲击波能力较低,容易倒塌,但鉴于有些厂房不大,符合下列条件之一者,可采用砖墙承重结构:面积小于 20m²,且操作人员不超过 2 人的 A 级厂房;或室内无人操作的厂房。

(2) 独立砖柱强度小,容易被气浪摧毁,因此 A 级、C 级厂房不应采用其承重。厂房砖墙厚度不应小于 24cm,并不宜采用空斗墙和毛石墙。

(3) A 级、C 级厂房屋盖宜采用轻质易碎屋盖。

(4) 为防止积尘、避免留下扩大事故危害的隐患,有易燃、易爆粉尘的厂房,宜采用外形平整、不易积尘的结构构件和构造。

(5) 为了加强建筑物整体刚度,防止局部墙体倒塌而造成屋盖垮塌,A 级、C 级厂房结构构造,应符合下列规定:在梁底标高处,沿外墙和内横墙设置现浇钢筋混凝土闭合圈梁;梁与墙或柱锚固,或与圈梁连成整体;围护砖墙和柱,或纵横砖墙体之间加强联结;门窗洞口应采用钢筋混凝土过梁,过梁的支承长度不应小于 24cm。

C　安全疏散

(1) 合理设置安全出口是保障人员快速疏散到工房以外的有效措施。A 级、C 级厂房每一危险性工作间的安全出口不应少于 2 个;当面积小于 9m²,且同一时间内的生产人员不超过 2 人时,可设 1 个;当面积小于 18m²,且同一时间内的生产人员不超过 4 人时,也可设 1 个,但必须设安全窗。

(2) 须穿过另一危险性工作间才能到达室外的出口,不应作为本工作间的安全出口。

(3) A 级、C 级厂房外墙上宜设置安全窗,安全窗可作为安全出口,但不得计入安全出口的数目。

(4) A 级、C 级厂房每一危险性工作间内,由最远工作点至外部出口的距离,应符合下列规定:A 级厂房不应超过 5m;C 级厂房不应超过 8m。

(5) 厂房内的主通道宽度,不应小于 1.2m;每排操作岗位间的通道宽度,不应小于 1.0m;工作间内的通道宽度,不应小于 1.0m。

(6) 疏散门的设置,应符合下列规定:向外开启,室内不得装插销;设置门斗时,应采用外门斗,门的开启方向应与疏散门一致;危险性工作间的外门口不应设置台阶,应做成防滑坡道。

6.4.3　工艺安全技术

6.4.3.1　烟花爆竹生产中的危险工序

烟花爆竹生产中的危险工序主要包括药物混合、造粒、筛选、装药、筑药、压药、切引、搬运等。《烟花爆竹安全管理条例》规定,烟花爆竹生产企业应对从事危险工序的作业人员进行专业技术培训,上述作业人员经设区的市人民政府安全生产监督管理部门考核合格,方可上岗作业。

6.4.3.2 药物安全技术

A 原料准备

烟火药的原材料必须符合有关烟火药原料质量标准，并具有产品合格证，进厂后经过化验和工艺鉴定后，方可使用。出厂期超过1年的原材料必须重新检验合格方可使用。在备料过程中不得混入对药物增加感度的物质。

B 粉碎、筛选

药物粉碎应在单独工房内进行。粉碎前后应筛除掉机械杂质，筛选时不得使用铁质等产生火花的工具。粉碎易燃易爆物料时，必须在有安全防护墙的隔离保护下进行。黑火药所用原材料一般可采用单粉粉碎，但应尽量把木炭和硫黄两种原料混合粉碎。烟火药所用的原材料只能分机单独进行粉碎。粉碎的物料包装后，应立即贴上品名和标签。机械粉碎物料应注意的事项应包括以下几点：

(1) 粉碎前对设备进行安全检查，并认真清扫粉尘。

(2) 必须远距离操作，人员未在机房，严禁开机。

(3) 进出料时，必须停机断电。

(4) 填料和出料，应停机10min，散热后进行。

(5) 注意通风散热，防止粉尘浓度超标。

C 配制与混合

烟火药各成分对干法混合，宜采用木转鼓、纸转鼓或导电橡胶转鼓等设备。严禁在物料库和其他操作工房进行配料。黑火药在进行多元球磨混合时，应在单独工房内进行，远距离操作并有防护设施。其工房工具如需改作他用时，应重新清洗干净。

D 压药与造粒

压药与造粒工房，每间定机1台；手工压药造粒，定员不得超过3人。机器造粒运转时，药物升温不得超过20℃。在造粒时，除操作人员外任何人不得进入工房内。如机器在运转时有不正常现象，操作人员应立即关闭电源，停机寻找原因。

E 药物干燥

严禁用明火直接烘烤药物，烘房温度不得超过60℃，被烘干时药层厚度不得超过1.5cm。药物在干燥时，不得翻动和收取，必须冷却至库温时才能入室收藏。未干燥的药物严禁堆放和入库。

6.4.3.3 烟花爆竹生产机械设备技术规范

随着烟花爆竹机械制造业的发展，在一些重要的生产工艺上已有成型的技术设备，如结鞭机、插引机、电子控制远距离控制设备等。大力推进烟花爆竹生产机械化，对于减少危险工序的操作人员，改善安全生产条件十分重要。

A 设备规范

(1) 新的制药设备必须打磨平整光洁，方可投入使用。

(2) 工房所用电器设备，必须符合防爆要求；制药设备的动力部分，应选用符合国家标准的密封防爆电机。

(3) 凡接触药物的机械传动部分，严禁采用金属搭扣皮带和不宜采用平板皮带或万能皮带，应采用三角皮带或齿轮减速箱，必须经常添加润滑油。

（4）带电的机械设备，必须有接地设施，接地电阻不应大于 10Ω。

（5）进行二元或三元黑火药混合的球磨机，禁止使用铁制部件，只许用黄铜、杂木、楠竹和皮革及导电橡胶制成，穿过转鼓的铁轴必须紧紧包以皮革。

（6）不许在危险场所架设临时性的电气设施。

（7）粉碎设备必须是专机专用。

（8）制药工房的机械设备安装位置，应不影响操作人员的安全出入。

B　维修技术

（1）与药物接触的机械设备、器皿，应对其性能经常进行检查，禁止带病设备运行。

（2）在有药工房进行设备检修时，必须将工房内的药物搬走，清除设备上的药尘，将设备拆除移至修配车间进行修理。

（3）机械设备应由专人负责维修保养，非设备专管人员不得擅自装拆移动。

6.4.4　经营、储运与燃放安全技术

6.4.4.1　烟花爆竹经营安全管理

根据有关法律法规，我国将烟花爆竹的经营分为批发和零售。烟花爆竹批发经营是指向烟花爆竹生产企业采购烟花爆竹，向从事烟花爆竹零售的经营者供应烟花爆竹的经营行为。烟花爆竹零售经营是指向从事烟花爆竹批发的企业采购烟花爆竹，向烟花爆竹消费者销售烟花爆竹的经营行为。

《烟花爆竹安全管理条例》规定，国家对烟花爆竹的经营实行许可制度。未经许可，任何单位或者个人不得进行烟花爆竹经营活动，从事烟花爆竹批发的企业和零售经营者的经营布点，应当经安全生产监督管理部门审批。禁止在城市失去布设烟花爆竹批发场所；城市市区的烟花爆竹零售网点应按照严格控制的原则合理布设。

未经许可经营烟花爆竹的，由安全生产监督管理部门责令停止非法生产、经营活动，处2万元以上10万元以下的罚款，并没收非法经营的物品及违法所得。非法经营烟花爆竹，构成违反治安管理行为的，依法给予治安管理处罚；构成犯罪的，依法追究刑事责任。

A　烟花爆竹批发安全管理

a　烟花爆竹批发企业基本安全条件

烟花爆竹批发企业，应当具备下列基本安全条件：

（1）具备企业法人条件。

（2）符合所在地省级安全监管局制定的批发企业布点规划。

（3）具有与其经营规模和产品相适应的仓储设施。

（4）具备与其经营规模、产品和销售区域范围相适应的配送服务能力。

（5）建立安全生产责任制和各项安全管理制度、操作规程。

（6）有安全管理机构或者专职安全生产管理人员。

（7）主要负责人、分管安全生产负责人、安全生产管理人员具备烟花爆竹经营方面的安全知识和管理能力，并经培训考核合格，取得相应资格证书。仓库保管员、守护员接受烟花爆竹专业知识培训，并经考核合格，取得相应资格证书。其他从业人员经本单位安全知识培训合格。

（8）按照《烟花爆竹流向登记通用规范》（AQ4102）和烟花爆竹流向信息化管理的有关规定，建立并应用烟花爆竹流向信息化管理系统。

（9）有事故应急救援预案、应急救援组织和人员，并配备必要的应急救援器材、设备。

（10）依法进行安全评价。

（11）法律、法规规定的其他条件。

b　烟花爆竹批发经营行为

烟花爆竹批发企业应以烟花爆竹生产企业采购烟花爆竹、向从事烟花爆竹零售的经营者提供烟花爆竹的形式开展经营活动。

烟花爆竹批发企业不得采购和销售非法生产、经营的烟花爆竹，不得向烟花爆竹零售经营者提供按照国家标准规定应由专业燃放人员燃放的烟花爆竹。烟花爆竹批发企业向从事烟花爆竹零售的经营者提供非法生产、经营的烟花爆竹，或者供应按照国家标准规定应由专业燃放人员燃放的烟花爆竹的，将由安全生产监督管理部门责令停止违法行为，处 2 万元以上 10 万元以下的罚款，并没收非法经营的物品及违法所得；情节严重的，将被吊销烟花爆竹经营许可证。

c　烟花爆竹批发经营许可程序

批发企业申请领取批发许可证时，应当向发证机关提交申请文件、资料，并对其真实性负责。发证机关受理申请后，应当对申请材料进行审查。需要对经营储存场所的安全条件进行现场核查的，应当指派 2 名以上工作人员组织技术人员进行现场核查。对烟花爆竹进出口企业和设有 1.1 级仓库的企业，应当指派 2 名以上工作人员组织技术人员进行现场核查。负责现场核查的人员应当提出书面核查意见。

发证机关应当自受理申请之日起 30 个工作日内作出颁发或者不予颁发批发许可证的决定。对决定不予颁发的，应当自作出决定之日起 10 个工作日内书面通知申请人并说明理由；对决定颁发的，应当自作出决定之日起 10 个工作日内送达或者通知申请人领取批发许可证。批发许可证的有效期限为 3 年。

B　烟花爆竹零售安全管理

a　烟花爆竹零售企业基本安全条件

烟花爆竹零售企业，应当具备下列基本安全条件：

（1）符合所在地县级安全监管局制定的零售经营布点规划。

（2）主要负责人经过安全培训合格，销售人员经过安全知识教育。

（3）春节期间零售点、城市长期零售点实行专店销售。乡村长期零售点在淡季实行专柜销售时，安排专人销售，专柜相对独立，并与其他柜台保持一定的距离，保证安全通道畅通。

（4）零售场所的面积不小于 10m²，其周边 50m 范围内没有其他烟花爆竹零售点，并与学校、幼儿园、医院、集贸市场等人员密集场所和加油站等易燃易爆物品生产、储存设施等重点建筑物保持 100m 以上的安全距离。

（5）零售场所配备必要的消防器材，张贴明显的安全警示标志。

（6）法律、法规规定的其他条件。

b 烟花爆竹零售经营行为

零售经营者应当向批发企业采购烟花爆竹，不得采购、储存和销售礼花弹等应当由专业燃放人员燃放的烟花爆竹，不得采购、储存和销售烟火药、黑火药、引火线。

c 烟花爆竹零售经营许可程序

零售经营者申请领取零售许可证时，应当向所在地发证机关提交申请书、零售点及其周围安全条件说明和发证机关要求提供的其他材料。发证机关受理申请后，应当对申请材料和零售场所的安全条件进行现场核查。负责现场核查的人员应当提出书面核查意见。发证机关应当自受理申请之日起 20 个工作日内作出颁发或者不予颁发零售许可证的决定，并书面告知申请人。对决定不予颁发的，应当书面说明理由。零售许可证的有效期限由发证机关确定，最长不超过 2 年。

6.4.4.2 烟花爆竹运输储存安全管理

《烟花爆竹安全管理条例》规定，国家对烟花爆竹的运输实行许可证制度。未经许可，任何单位或者个人不得进行烟花爆竹运输活动。经由道路运输烟花爆竹的，应当经公安部门许可。经由铁路、水路、航空运输烟花爆竹的，依照铁路、水路、航空运输安全管理的有关法律、法规、规章的规定执行。

A 道路运输烟花爆竹

a 道路运输烟花爆竹许可程序

（1）提交材料。经由道路运输烟花爆竹的，托运人应当向运达地县级人民政府公安部门提出申请，并提交下列有关材料：

1）承运人从事危险货物运输的资质证明。

2）驾驶员、押运员从事危险货物运输的资格证明。

3）危险货物运输车辆的道路运输证明。

4）托运人从事烟花爆竹生产、经营的资质证明。

5）烟花爆竹的购销合同及运输烟花爆竹的种类、规格、数量。

6）烟花爆竹的产品质量和包装合格证明。

7）运输车辆牌号、运输时间、起始地点、行驶路线、经停地点。

（2）受理与核发受理申请的公安部门应当自受理申请之日起 3 日内对提交的有关材料进行审查，对符合条件的，核发《烟花爆竹道路运输许可证》；对不符合条件的，应当说明理由。

（3）许可内容《烟花爆竹道路运输许可证》应当载明托运人、承运人、一次性运输有效期限、起始地点、行驶路线、经停地点、烟花爆竹的种类、规格和数量。

（4）法律责任对未经许可经由道路运输烟花爆竹的，将由公安部门责令停止非法运输活动，处 1 万元以上 5 万元以下的罚款，并没收非法运输的物品及违法所得。非法运输烟花爆竹，构成违反治安管理行为的，将依法给予治安管理处罚；构成犯罪的，将依法追究刑事责任。

b 道路运输烟花爆竹注意事项

经由道路运输烟花爆竹的，除应当遵守《中华人民共和国道路交通安全法》外，还应当遵守下列规定：

（1）随车携带《烟花爆竹道路运输许可证》。

（2）不得违反运输许可事项。

（3）运输车辆悬挂或者安装符合国家标准的易燃易爆危险物品警示标志。

（4）烟花爆竹的装载符合国家有关标准和规范。

（5）装载烟花爆竹的车厢不得载人。

（6）运输车辆限速行驶，途中经停必须有专人看守。

（7）出现危险情况立即采取必要的措施，并报告当地公安部门。

B　厂内运输和储存

a　运输车辆

（1）搬运烟火药的运输车辆应使用汽车、板车、手推车，不许使用三轮车和畜力车，禁止使用翻斗车和各种挂车。运输时，遮盖要严密。

（2）手推车、板车的轮盘必须是橡胶制品，应以低速行驶，机动车的速度不得超过10km/h。

（3）进入仓库区的机动车辆，必须有防火花装置。

b　装卸

烟花爆竹装卸作业中，只许单件搬运，不得碰撞、拖拉、摩擦、翻滚和剧烈振动，不许使用铁锹等铁质工具。

c　途中

运输中不得强行抢道，车距应不少于20m，烟火药装车堆码应不超过车厢高度。厂区不在一处，厂区之间原材料、半成品的运输应遵守厂外危险品运输规定。

C　烟花爆竹的储存

a　仓库设置

烟花爆竹企业，可按表6.5中的要求设置仓库。

表6.5　仓库设置要求

序号	1	2	3	4	5	6	7	8	9
仓库名称	化工原料	黑火药	烟火药	纸张	附加材料	半成品	成品	成箱	其他

b　入库登记

入库的原材料、半成品应贴有明显的标签，包括名称、产地、出厂日期、危险等级和质量等。

c　库房堆码

库墙与堆垛之间、堆垛与堆垛之间应留有适当的间距，作为通道和通风巷，主要通道宽度应不少于2m。

6.4.4.3　烟花爆竹燃放安全管理

A　烟火晚会以及其他大型烟火燃放活动许可制度

《烟花爆竹安全管理条例》规定，国家对举办烟火晚会以及其他大型烟火燃放活动实行许可制度。未经许可，任何单位或者个人不得举办烟火晚会以及其他大型烟火燃放活动。

B　规模等级和承担资格

a　规模等级

　　根据烟火晚会举办的活动性质，规模以及所燃放的烟花爆竹种类、数量及规格，分为A、B、C 三级。

　　（1）符合下列情况之一者属 A 级：1）为国家级或国际大型活动所举办的烟火晚会；2）所燃放的礼花弹最大直径为 305mm（12″）；3）所燃放的礼花弹直径大于等于 102mm（4″），数量大于等于 2000 发。

　　（2）符合下列情况之一者属 B 级：1）为省级大型活动所举办的烟火晚会；2）所燃放的礼花弹直径大于等于 178mm（7″），小于 305mm（12″）；3）所燃放的礼花弹直径大于等于 102mm（4″），数量大于等于 1000 发，小于 2000 发。

　　（3）符合下列情况之一者属 C 级：1）为市级大型活动所举办的烟火晚会；2）所燃放的礼花弹直径大于等于 102mm（4″），数量小于 1000 发。

　　b　承担资格

　　（1）承担 A 级烟火晚会燃放工程作业的单位，应当符合下列条件：1）具备企业法人条件；2）有 B 级以上烟火晚会燃放工程设计与作业的实践经验；3）具有高级技术职称的工程技术、工艺美术等相关专业技术人员不得少于 3 人，具有中级技术职称的工程技术、工艺美术等相关技术人员不得少于 5 人，有 15 人以上参加过 3 次以上燃放作业；4）具有电脑程控燃放设备和器材；5）有完善的管理制度和安全操作规程。

　　（2）承担 B 级烟火晚会工程作业的单位，应当符合下列条件：1）具备企业法人条件；2）有 C 级以上烟火晚会燃放工程设计与作业的实践经验；3）具有高级技术职称的工程技术、工艺美术等相关专业技术人员不得少于 1 人，具有中级技术职称的工程技术、工艺美术等相关专业技术人员不得少于 3 人，具有初级技术职称的工程技术、工艺美术等相关专业技术人员不得少于 5 人，有 10 人以上参加过 3 次以上燃放作业；4）具有电脑程控燃放设备和器材；5）有完善的管理制度和安全操作规程。

　　（3）承担 C 级烟火晚会燃放工程作业的单位，应当符合下列条件：1）具备企业法人条件；2）参与过一般烟火晚会燃放工程的设计与作业，具有一定的烟火晚会燃放作业的实践经验；3）具有中级技术职称的工程技术、工艺美术等相关专业技术人员不得少于 2 人，初级技术职称的工程技术、工艺美术等相关专业人员不得少于 4 人，有 8 人以上从事过燃放作业；4）有安全可靠的燃放器材；5）有完善的管理制度和安全操作规程。

　　C　燃放作业方案

　　燃放作业方案分技术设计方案与组织实施方案。技术设计方案由作业单位负责制订，组织实施方案由主办单位负责组织制订。

　　a　技术设计方案

　　（1）烟火晚会规模概况、燃放时间、地点以及与晚会活动主题相应的编组燃放文字说明。

　　（2）所燃放烟花爆竹的种类与数量及礼花弹发射最大高度、爆炸覆盖面积等有关参数。

　　（3）燃放器材等基本情况及点火方式。

　　（4）安全距离与安全警戒范围。

　　b　组织实施方案

　　（1）现场组织机构的设置，包括根据焰火晚会活动规模所设置的燃放技术、安全警戒、交通管制、消防、救护、事故应急处理等职能组的组成。

(2) 现场人员分工、岗位、职责。

c 措施

(1) 烟花爆竹及有关器材的运输和储存、保管安全措施。

(2) 实施燃放时的安全保卫措施。

(3) 事故应急处理措施。

D 安全评估

烟火晚会活动的技术设计方案与组织实施方案应当进行安全评估。未经安全评估，任何单位不得批准或实施。

安全评估由主办单位或主办单位委托中介机构组织。安全评估组组长应当由具有高级技术职称的工程技术、工艺美术等相关专业技术人员担任。

根据安全评估报告需要对技术设计方案与组织实施方案进行调整修改的，作业单位和主办单位应当进行调整修改。

安全评估应当包括下列内容：

(1) 作业单位的承担资格。

(2) 燃放现场周围环境和气象条件的安全性。

(3) 所燃放烟花爆竹及燃放器材的安全性、可靠性。

(4) 发射装置布置与点火方式及网络的安全性、可靠性。

(5) 安全距离与安全警戒范围确定的科学性和可靠性。

(6) 安全警戒、交通管制、消防救援与事故应急处理等安全保卫措施的周密性、科学性。

E 组织指挥与安全警戒

a 组织指挥

组织实施烟火晚会，应当设指挥部。指挥部设指挥长，由主办单位负责人担任，统一指挥领导燃放技术、安全警戒、交通管制、消防、救护及事故应急处理等各职能组开展工作。根据燃放现场可能发生火灾的危险性，主办单位应当配备足够的消防车及消防器材。

b 安全警戒

烟火晚会的警戒范围和时间、交通管制的地段和时间、消防设备的设置地点和位置，由指挥部根据技术设计方案和组织实施方案及现场环境特点确定。

所有进入燃放现场的通道和入口区都必须配备人员警戒。警戒人员应当持有警戒旗、警笛或便携式扩音器、对讲机。执行警戒任务的人员，应当按时上岗，不准在岗位上做与警戒无关的事情。在未发出解除警戒命令前，不准离开警戒岗位。指挥长收到确认安全的报告后，方可下达解除警戒命令。

6.5 建筑安全技术

6.5.1 建筑设计安全技术

任何建筑物都有特定的使用功能，比如住宅主要供用户居住、生活、休息，教学楼主要供师生上课，影剧院供人们娱乐等。在各种不同的功能中，保证使用者的安全是最重要的功能。当然，涉及安全的内容很多，包括使用功能中的安全，建筑物的结构安全，建筑物对周围环境的安全影响等，还包括建筑物消防安全。这些方面的问题在建筑设计中都必须予以解决。

6.5.1.1 建筑物使用功能中的安全技术

建筑物的使用功能是多样的，但在使用过程中必须保证使用者的安全。

A 防止高处坠落

建筑物中及建筑物与环境间有较大高差的地方，都存在人员高处坠落的可能性，都需要采取相应的防护措施。

《民用建筑设计通则》（GB 50325）有下列规定：

人流密集的场所台阶高度超过 0.70m 并侧面临空时，应有防护设施。

阳台、外廊、室内回廊、内天井、上人屋面及室外楼梯等临空处，应设置防护栏杆，并应符合下列规定：

（1）栏杆应以坚固、耐用的材料制作，并能承受荷载规范规定的水平荷载。

（2）不同的临空高度，不同用途的建筑物，对栏杆高度有不同的要求。

（3）住宅、托儿所、幼儿园、中小学及少年儿童专用活动场所的栏杆，必须采用防止少年儿童攀登的构造，当采用垂直杆件作栏杆时，其杆件净距不应大于 0.11m。

《住宅设计规范》（GB 50096）、《托儿所、幼儿园建筑设计规范》（JGJ39）、《中小学校设计规范》（GB 50099）等，包括各类工业建筑的设计，对防护栏杆都有具体的要求。

B 保证疏散与通行安全

平时的通行安全、紧急情况下的疏散也是建筑物使用安全的重要方面。为保证疏散与通行安全，主要采取保证安全出口的宽度、走廊及楼梯宽度、门洞宽度和合理确定门的开启方向等设计措施。楼梯的数量、位置、宽度和楼梯间形式、楼梯踏步的规格和数量，均应满足使用方便和安全疏散的要求。

《民用建筑设计通则》（GB 50325）规定，建筑物除有固定座位等标明使用人数外，对无标定人数的建筑物应按有关设计规范或经调查分析确定合理的使用人数，并以此为基数计算安全出口的宽度。公共建筑中如为多功能用途，各种场所有可能同时开放并使用同一出口时，在水平方向应按各部分使用人数叠加计算安全疏散出口的宽度，在垂直方向应按楼层使用人数最多一层计算安全疏散出口的宽度。

《住宅设计规范》（GB 50096）规定，高层住宅中的走廊通道的净宽不应小于 1.20m。其他的一些专门建筑设计规范，对有关通道的宽度，也作出了一些具体的规定。

由于楼梯往往是人流集中的地方，一旦出现紧急情况，楼梯就是最重要的疏散通道，因而，《民用建筑设计通则》（GB 50325）规定：楼梯的数量、位置、宽度和楼梯间形式应满足使用方便和安全疏散的要求。

其中很多规定，是为了使用的舒适，也是为了使用的安全。

C 防止各类污染与中毒

为了保证建筑物能够安全使用，建造建筑物的建筑材料（包括装饰材料），都必须符合安全和环保要求。

材料的放射性必须小于一定的限值，对于用于室内的建筑和材料要求更为严格。所用材料应满足《室内装饰装修材料建筑材料放射性核素限量》（GB 6566）的相关规定。

各种建筑和装饰材料，也不能对使用环境造成化学污染。对于有特殊要求的房间，《民用建筑设计通则》（GB 50325）也有特殊的规定。

室外工程也必须防止各类污染。近年来多地出现的有毒塑胶跑道事件，提示人们必须重视室外工程所使用的材料的安全性，制定和完善用于室外工程的材料中有害物质限量标准以及检测和控制方法。

D 设施安全和用电安全

建筑设施指维持、维护建筑正常运作、使用所需要的各种设备。主要包括以下几个方面：建筑给排水设施、建筑通风设施、建筑照明设施、采暖空调、建筑电气、电梯和自动扶梯等。

建筑物中所有设施均应满足使用安全的要求。如电梯、自动扶梯等属于特种设备，其制造、安装、检测、使用及维护保养，都有严格的规定。

建筑给排水设施需要保证本身系统的安全运行，也要保证饮用水安全卫生，同时还要保证一旦出现火灾事故时的消防用水。

民用建筑中暖通空调系统及其冷热源系统的设计应满足安全、卫生和建筑物功能的要求。

用电的安全是各类设施安全使用的重要方面。工业建筑的用电安全，应该在工艺设计和供电设计中一并考虑。公共建筑用电安全也是供电系统设计的最重要的方面。住宅供电系统的设计应满足用电的基本安全要求。凡有儿童可能出现的地方，灯具、开关、插座的选型与安装位置，必须考虑儿童的安全。

E 其他

建筑物中的装饰、配件、家具等，都必须满足安全使用的要求。室内外地面都有防滑的要求；玻璃门有防误撞的要求；家具有防倾覆的要求；所有高位安装的物品，都要安装牢固，避免脱落下坠。

涉及到建筑物使用功能中的安全事项很多，在很多专门的设计规范中都有安全措施规定，在建筑设计中必须遵守。对于一些特殊的问题或者在采用新工艺、新材料、新设备、新技术时，尚无国家和行业的设计规范、标准的，设计和施工人员更应高度关注使用的安全问题，采取有效措施，保证建筑物的安全使用。

6.5.1.2 建筑物的结构安全技术

建筑物的结构也称为建筑结构，是指建筑物中用以承受各种作用，抵抗变形和破坏的骨架。

A 结构的功能及可靠性

建筑结构要保证建筑物能够提供一个良好的为人类生活与生产服务，满足人类审美要求的空间。为此，必须选择合理的结构形式，使建筑空间能够满足使用要求和审美要求。同时，建筑结构要承受自然界的各种作用，诸如结构自重、使用荷载、风荷载、地震作用等。这就是建筑结构的功能。

建筑结构的功能要求包括安全性、实用性、耐久性三个方面。

a　安全性

安全性，一方面是指结构在正常施工和正常使用条件下，能够承受可能出现的各种荷载作用，防止建筑物的破坏；另一方面要保证在设计限定的偶然事件发生时和发生后仍能保持必需的整体稳定性，结构仅发生局部的损坏而不致发生连续倒塌。

依据工程经验和近代可靠性理论，绝对避免建筑物的破坏是不可能的，结构失效的风险始终是存在的。所以，在建筑结构设计计算中，应采用概率理论。

b　适用性

适用性，是指结构在正常使用条件下具有良好的工作性能，如不发生影响正常使用的过大的挠度、永久变形、过大的振幅和显著的振动，不产生使使用者感到不安的裂缝宽度等。

c　耐久性

耐久性，是指结构在正常维护的条件下具有足够的耐久性能，即要求结构在规定的工作环境中、在预定时期内、在正常维护的条件下，能够使用到规定的设计使用年限。

上述三项功能要求，概括起来称为结构的可靠性，即结构在规定的条件（正常设计、正常施工、正常使用和维修）下完成预定功能的能力。

B　概率极限状态设计方法

a　结构的极限状态

在使用中，整个结构或结构的一部分超过某一特定状态就不能满足设计的某一功能要求，此特定状态为结构工作状态的"可靠"和"失效"的临界状态，称为该功能的极限状态。极限状态是区分结构工作状态的可靠和失效的标志。结构设计中考虑两种极限状态：

（1）承载能力的极限状态，即结构或构件达到最大承载力，或达到不适于继续承载的变形的状态。

（2）正常使用的极限状态，即结构或构件达到适用性能或耐久性能的某项规定限制的极限状态。也可以理解为结构或构件达到使用功能上允许的某项限值的状态，属于适用性或耐久性的极限状态。

在结构设计中，对于结构的各种极限状态均有明确的标志和限值（见图6.1）。

b　结构设计原则和方法

结构设计的工作是根据预计的荷载以及材料性能，采用经过理想化和简化假定的计算方法，确定结构构件的形式和截面尺寸，在经济合理的条件下满足结构的功能要求。

由于受施工条件及质量控制等因素的影响，实际的结构尺寸及材料强度等均可能有不同程度的变异；所采用的计算简图和计算理论与实际情况会有一定的偏离；建成后结构承受的荷载及所处的环境都有一定的随机性，这些都是设计时无法确切预知的。

目前我国建筑设计所采用的方法，是《建筑结构设计统一标准》（GBJ 50068）中规定采用的近似概率理论的极限状态设计方法。也就是要在统计和概率分析的基础上，寻找结构安全可靠合理的定量表达，并在此基础上实现结构的可靠性达到预期指标，也就是将结构失效概率控制在可以接受的范围内。这一方法，由《混凝土结构设计规范》、《钢结构设计规范》、《砌体结构设计规范》、《建筑地基基础设计规范》等专门规范作出具体规定。工程结构设计人员应严格遵守相关设计规范的有关规定，以确保结构安全。

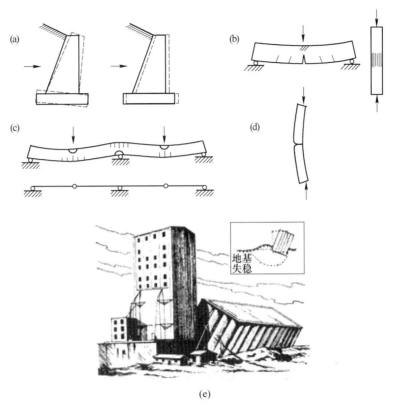

图 6.1 结构或构件超过承载能力极限状态示例

(a) 挡土墙倾覆、滑移；(b) 梁、柱材料强度破坏；(c) 连续梁转变为机动体系；

(d) 长柱失稳；(e) 地基失稳

C 建筑抗震设计简介

a 地震和地震波

地震是一种具有突发性的自然现象。据统计，全世界每年大约发生 500 万次地震，其中绝大多数是人们感觉不到的小地震，对于人类来说，有感地震仅占地震总数的 1% 左右，而能够造成严重破坏的强烈地震平均每年发生十几次。

地震按其成因可分为火山地震、塌陷地震、诱发地震和构造地震等。其中，构造地震是由于地壳构造运动使岩石发生断裂、错动而引起的。

当震源岩层断裂、错动时，岩层所积累的变形能突然释放，以波的形式向四周传播，这种波就称为地震波。地震波分为体波和面波。

在地球内部传播的波称为体波。体波又分为纵波（P 波）和横波（S 波）。在地球表面传播的波称为面波。它是体波经地层界面多次反射、折射形成的次生波。它在体波之后到达地面。这种波的介质振动方向复杂，振幅比体波的大，对建筑物的影响也比较大。

地震波的传播以纵波最快，横波次之，面波最慢。所以可以根据一地震波纪录图 P 波和 S 波到达的时间差，确定震源的距离。

地震现象表明，纵波使建筑物产生上下颠簸，横波使建筑物产生水平方向的摇晃，而面波则使建筑物既产生上下颠簸，又产生水平摇晃。一般是在横波和面波都到达时振动最为激烈，所以造成建筑物和地表的破坏，以横波和面波为主。

b 地震震级与地震烈度

（1）震级：地震的震级是衡量一次地震大小的等级，用符号 M 表示。

人们能够检测到的只是地震时地表的振动。因此采用地面振动的振幅大小来度量地震的震级。目前广泛采用里氏震级。震级的大小是利用标准地震仪，在距震中 100km 处的坚硬地面上，记录到的以微米为单位的最大水平地面位移（振幅）A 的常用对数。

$$M = \lg A$$

式中 M——地震震级，一般称为里氏震级；

A——标准地震仪记录的最大振幅，μm。

实际上，地震时距震中 100km 处不一定恰好有地震台站，而且地震台站的地震仪也不一定均符合标准状态，因此，对于震中距不是 100km 的地震台站或采用非标准地震仪测得的数据，应按修正后的震级计算公式确定震级。

震级与地震释放的能量有下列关系：

$$\lg E = 1.5M + 11.8$$

式中 E——地震释放的能量。

由上式可知，震级每提高一级，地面最大振幅增大 10 倍，而地震释放的能量提高 31.62 倍。

一般来说，$M<2$ 的地震，人们感觉不到，称为微震；$M=2\sim4$ 的地震，称为有感地震；$M>5$ 的地震，对建筑物就会引起不同程度的破坏，统称为破坏地震；$M=7\sim8$ 的地震，称为强烈地震或大地震；$M>8$ 的地震称为特大地震。

（2）地震烈度 I：地震烈度是指地震时，在一定地点地面振动的强弱程度，即受震地区地面及房屋建筑遭受地震影响的程度。烈度的大小不仅取决于每次地震发生时所释放出的能量的大小，同时还受到震源深度、受震区距震中的距离、地震波传播的介质性质和受震地区的表土性质及其他地质条件的影响。因此，在抗震工程中还需用地震烈度（I）来表示地震对地面影响的强弱程度。地震烈度 I 和地震震级 M 是两个既相互联系又有区别的概念。对于一次地震，只能有一个震级，而对于受地震影响的不同地区，有多个不同的地震烈度。

强烈地震是一种破坏作用很大的自然灾害，它的发生具有很大的不确定性。而抗震设防的首要问题就是要明确设计的建筑物能够抵抗多大的地震。因此，采用概率方法来预测某地区，在未来的一定时间内可能遭遇的最大烈度是具有工程意义的。为此，提出了基本烈度的概念。一个地区的地震基本烈度是指该地区在设计基准期 50 年内，一般场地条件下，可能遭遇超越概率为 10% 的地震烈度值。最新的国家标准《中国地震动参数区划图》（GB 18306—2015）于 2016 年 6 月 1 日起正式实施。

c 建筑物抗震设防

抗震设防是指对建筑物进行抗震设计，包括地震作用、抗震承载力计算和采取抗震措施，以达到抗震的效果。

（1）抗震设防目标。在现阶段，国际上抗震设防目标的总趋势是：在建筑物使用寿命期间，对不同频度和强度的地震，要求建筑物应具有不同的抵抗能力，即对一般较小的地震，由于其发生的可能性大，因此要求遭遇到这种多遇地震时，结构不受损坏。这在技术上是可行的，经济上也是合理的。对于罕遇的强烈地震，由于其发生的可能性小，当遇到这种强烈地震时，要求做到结构完全不损坏，在经济上是不合理的。比较合理的做法是，应允许损坏，但不应导致建筑倒塌。

我国建筑抗震，实行预防为主的方针，使建筑经抗震设防后，减轻建筑的地震破坏，避免人员伤亡，减少经济损失。基本的抗震设防目标常被简化为三句话："小震不坏、中震可修、大震不倒"。对于使用功能或其他方面有专门要求的建筑，当采用抗震性能化设计时，具有更具体或更高的抗震设防目标。

（2）抗震设防分类。显然，抗震设防的目标更多地关注保护人的生命和健康，而不同用途的建筑物显然对于人的生命和健康的影响程度是不同的。对不同类型的建筑采用不同的抗震设防标准是科学合理的。为此，国家制定了《建筑工程抗震设防分类标准》（GB 50223），把建筑工程分为以下四个抗震设防类别：

1）特殊设防类：指使用上有特殊设施，涉及国家公共安全的重大建筑工程和地震时可能发生严重次生灾害等特别重大灾害后果，需要进行特殊设防的建筑。简称甲类。

2）重点设防类：指地震时使用功能不能中断或需尽快恢复的生命线相关建筑，以及地震时可能导致大量人员伤亡等重大灾害后果，需要提高设防标准的建筑。简称乙类。

3）标准设防类：指大量的除特殊设防类、重点设防类和适度设防类以外的按标准要求进行设防的建筑。简称丙类。

4）适度设防类：指使用上人员稀少且震损不致产生次生灾害，允许在一定条件下适度降低要求的建筑。简称丁类。

（3）抗震设防要求。《建筑工程抗震设防分类标准》（GB 50223）还规定，各抗震设防类别的抗震设防标准，应符合下列要求：

1）标准设防类。应按本地区抗震设防烈度确定其抗震措施和地震作用，达到在遭遇高于当地抗震设防烈度的预估罕遇地震影响时，不致倒塌或发生危及生命安全的严重破坏的抗震设防目标。

2）重点设防类。应按高于本地区抗震设防烈度一度的要求加强其抗震措施；但抗震设防烈度为9度时，应按比9度更高的要求采取抗震措施；地基基础的抗震措施，应符合有关规定。同时，应按本地区抗震设防烈度确定其地震作用。

3）特殊设防类。应按高于本地区抗震设防烈度一度的要求加强其抗震措施；但抗震设防烈度为9度时，应按比9度更高的要求采取抗震措施。同时，应按批准的地震安全性评价的结果且高于本地区抗震设防烈度的要求确定其地震作用。

4）适度设防类。允许比本地区抗震设防烈度的要求适当降低其抗震措施，但抗震设防烈度为6度时，不应降低。一般情况下，仍应按本地区抗震设防烈度确定其地震作用。

对于划为重点设防类而规模很小的工业建筑，当改用抗震性能好的材料且符合抗震设计规范对结构体系的要求时，允许按标准设防类设防。

d　建筑抗震设计的基本要求

在强烈地震作用下，建筑物的破坏过程是十分复杂的。目前，对其还没有充分的认识，因此要进行精确的抗震计算是困难的。20世纪70年代以来，人们总结大地震灾害经验，提出了"概念设计"。建筑结构的概念设计是指在进行结构设计时，从概念上，特别是从结构总体上考虑抗震的工程决策，即正确地解决总体方案、材料使用和细部构造，以达到合理抗震设计的目的。

正确进行概念设计，将有助于明确抗震设计思想，灵活、恰当地运用抗震设计原则，使人们不至陷入盲目的计算工作，做到合理设计，保证结构具有足够的抗震可靠度。

概念设计能够为抗震计算创造有利条件，使计算分析结果更能反映地震时结构反应的实际情况。

根据概念设计原理，在进行抗震设计时，要考虑以下方面：场地条件和场地土的稳定性；建筑平面、立面布置及外形尺寸；抗震结构体系的选择、抗侧力构件布置及结构质量的分布；非承重结构构件与主体结构的关系；材料与施工等。并应满足下列要求：

（1）选择对抗震有利的建筑场地，做好地基基础的抗震设计。

（2）建筑及其抗侧力结构的平面布置宜规则、对称，并应具有良好的整体性。

（3）抗震结构体系要综合考虑采用经济合理的类型。

（4）选择符合结构实际受力特性的力学模型，对结构进行内力和变形的抗震分析，包括弹性分析和塑性分析。

（5）考虑非结构构件对抗震结构的不利或有利影响，避免不合理设置而导致主体结构构件的破坏。

（6）对材料与施工的要求，包括对结构材料性能指标的最低要求，材料代用品方面的特殊要求以及对施工程序的要求。主要目的是减少材料的脆性，避免形成新的薄弱部位以及加强结构的整体性等。

对于不同的结构体系，围绕上述各个方面，有不同的抗震设计要求。

在概念设计的基础上，也需要对建筑结构进行抗震能力的验算，以确保抗震设防目标的实现。

6.5.1.3　建筑与环境安全

A　环境的安全是建筑物安全的基础

自然环境的影响，尤其是地质条件，对建筑物的安全来说是第一位的。在自然环境中（包括人类活动的影响），崩塌、滑坡、泥石流、地面塌陷、地裂缝、地面沉降等地质灾害，将严重危及建筑物的安全。因此，对于包括建筑工程在内的工程建设项目，必须在前期工作中，做好地质灾害危险性评估，这是避免地质灾害危及建筑物安全的最重要的措施。

B　建筑对环境的影响，安全是最重要的因素

建筑设计必须坚持可持续发展，倡导以节能、节水、节材和环境保护为原则的绿色建筑。要从建筑物的全寿命周期考虑其对环境的影响，要对建筑材料、建造及拆除和后期处理过程、建筑设备、建筑使用过程对室内、室外、局地、区域甚至全球环境的影响，其中包括安全影响，进行评估和分析，采取有效措施，使建筑技术支撑可持续发展和安全发展。

6.5.2　建筑施工安全技术

6.5.2.1　建筑施工现场常见的安全问题

建筑工程施工具有自身的特点。建筑工程产品固定，体积庞大，施工周期长，生产流动性大，手工作业和体力劳动多，露天高处作业多，生产环境恶劣，作业条件差，使用多种大中型机械，危险程度高。同时建筑产品具有多样性、无规则性，建筑施工过程中工序变化大，材料流量大，施工设备、防护设施易损坏。另外，自然因素、环境因素和作业人员素质往往也构成建筑施工的不安全因素。

A　建筑施工现场安全生产事故的类型

建筑施工现场常见的安全意外事故可以分为以下10类：

（1）物体打击。包括：空中落物、崩块和滚动物体的砸伤，触及固定或运动中的硬物、反弹物的碰伤、撞伤，器具、硬物的击伤，碎屑、破片的飞溅伤害等。

（2）高处坠落。包括：从脚手架或垂直运输设施上坠落的伤害，从洞口、楼梯口、电梯口、天井口和坑口坠落的伤害，从楼面、屋顶、高台边缘坠落的伤害，从施工安装中的工程结构上坠落的伤害，从机械设备上坠落的伤害，其他因滑跌、踩空、拖带、碰撞、翘翻、失衡等引起的坠落伤害等。

（3）机械伤害。包括：机械转动部分的绞入、碾压和拖带伤害，机械工作部分的钻、刨、削、锯、击、撞、挤、砸、轧等的伤害，滑入、误入机械容器和运转部分的伤害，机械部件的飞出伤害，机械失稳和倾翻事故的伤害，其他因机械安全保护设施欠缺、失灵和违章操作所引起的伤害等。

（4）起重伤害。包括：起重机械设备的折臂、断绳、失稳、倾翻事故的伤害，吊物失衡、脱钩、倾翻、变形和折断事故的伤害，操作失控、违章操作和载人事故的伤害，加固、翻身、支承、临时固定等措施不当事故的伤害和其他起重作业中出现的砸、碰、撞、挤、压、拖作用伤害等。

（5）触电。包括：起重机械臂杆或其他导电物体搭碰高压线事故伤害，带电电线（缆）断头、破口的触电伤害，挖掘作业损坏埋地电缆的触电伤害，电动设备漏电伤害，雷击伤害，拖带电线机具电线绞断、破皮伤害，电闸箱、控制箱漏电和误触伤害及强力自然因素致断电线伤害等。

（6）坍塌。包括：沟壁、坑壁、边坡、硐室等的土石方坍塌伤害，因基础掏空、沉降、滑移或地基不牢等引起的其上墙体和建（构）筑物的坍塌伤害，施工中的建（构）筑物的坍塌伤害，施工临时设施的坍塌伤害，堆置物的坍塌伤害，脚手架、井架、支撑架的倾倒和坍塌伤害，强力自然因素引起的坍塌伤害和支撑物不牢引起其上物体的坍塌伤害等。

（7）火灾。包括：电器和电线着火引起的火灾，违章用火和乱扔烟头引起的火灾，电、气焊作业时引燃易燃物的火灾，爆炸引起的火灾伤害，雷击引起的火灾伤害和自燃及其他因素引起的火灾伤害等。

（8）爆炸。包括：工程爆破措施不当引起的爆破伤害，雷管、火药和其他易燃爆炸物资保管不当引起的爆炸事故伤害，施工中电火花和其他明火引燃易爆物事故伤害，瞎炮处理中的事故伤害，在生产中的工厂进行施工中出现的爆炸事故伤害，高压作业中的爆炸事故伤害和乙炔罐回火爆炸伤害等。

（9）中毒和窒息。包括：一氧化碳中毒、窒息伤害，亚硝酸钠中毒伤害，沥青中毒伤害，在有毒气体存在和空气不流通场所施工的中毒窒息伤害，炎夏和高温场所作业中暑伤害和其他化学品中毒伤害等。

（10）其他伤害。包括：钉子扎脚和其他扎伤、刺伤，拉伤、扭伤、跌伤、碰伤、烫伤、灼伤、冻伤、干裂伤害，溺水和涉水作业伤害，高压（水、气）作业伤害，从事身体机能不适宜作业的伤害，在恶劣环境下从事不适宜作业的伤害，疲劳作业和其他自持力变弱情况下进行作业的伤害及其他意外事故伤害等。

B　建筑施工发生安全生产事故的主要原因

（1）安全管理制度欠缺。具体体现在：1）管理人员缺乏安全保障意识。为了节省经费，随意减少、取消安全生产设施，减少或取消安全生产工器具的配置；2）片面追求速度和效益，违背正常施工和操作程序导致出现安全隐患；3）安全生产管理制度设计仍有欠缺，导致建筑施工企业和施工人员安全管理能力不足，安全生产意识淡薄。

（2）员工素质欠缺。特别是作为工程建设的主要参与者——一线操作工人，缺乏专业技能培训，未经考核直接进入施工岗位工作，缺乏对于操作技术和危险情况处置方法的掌握；他们中的很多人为图方便，忽视安全，甚至将违章冒险作业当成自己的能力与胆略，这是最主要的安全隐患。

（3）施工安全设施和措施缺陷。部分施工企业为节约开支，不按规定配置安全信号灯、购买安全保险、提供安全的机械设备和生产工具，员工个人的防护设备配备不足，导致安全事故频发。

（4）外部条件缺陷引发安全事故。恶劣的自然环境或者天气条件，增加安全事故的发生概率。另外，建筑施工往往是异地作业，长期工地生活容易造成工人情绪波动，最终由于分心导致安全事故。

（5）现场管理混乱导致安全隐患。部分建筑工程施工现场管理混乱，器材随便堆放，安全保护设备老化不及时更换，这一系列的细节都可能造成安全隐患。

6.5.2.2　建筑施工安全生产技术措施概要

建筑工程安全生产技术涉及内容宽泛，与之有联系的面也很广，有很多安全问题。例如，与施工质量和有关方面的工作质量、与建筑物的结构工作状态和结构安全紧密相关。涉及具体的工程将会有很多针对具体情况的措施。一般来说，可以从建筑施工的一般工程安全生产技术措施、特殊工程的安全技术措施和季节性施工安全措施三个方面来把握。

A　一般工程安全技术措施

（1）土方工程。根据基坑、基槽、地下室等施工项目的开挖深度和岩土种类，选择开挖方法，确定边坡坡度或采取适当的边坡支护措施，防止边坡坍塌。施工中应遵守《建筑基坑工程检测技术规范》（GB 50497）、《建筑基坑支护技术规程》（JGJ 120）和《建筑施工土石方工程安全技术规范》（JGJ 180）等规范规程的有关规定。

（2）脚手架工程。脚手架、工具式脚手架、吊篮等的正确选用，设计计算、搭设方案和安全防护措施的制定、实施、检查以及拆除，施工中应遵守《建筑施工扣件式钢管脚手架安全技术规范》（JGJ 130）、《建筑施工工具式脚手架安全技术规范》（JGJ 202）、《建筑施工碗扣式钢管脚手架安全技术规范》（JGJ 166）、《建筑施工门式钢管脚手架安全技术规范》（JGJ 128）和《建筑施工承插型盘扣式钢管支架安全技术规范》（JGJ 231）等规范规程的有关规定。

（3）高处作业。施工中应遵守《建筑施工高处作业安全技术规范》（JGJ 80）。要选择使用符合国家标准的安全网、安全带。

（4）起重吊装。施工中应遵守《起重机械安全规程》（GB 6067）。

（5）垂直运输。施工中应遵守《塔式起重机安全规程》（GB 5144）、《建筑施工塔式起重机安装、使用、拆卸安全技术规程》（JGJ 196）、《施工升降机安全规程》（GB 10055）、《建筑施工升降机安装、使用、拆卸安全技术规程》（JGJ 215）和《龙门架及井架物料提升机安全技术规范》（JGJ 88）等规范规程的有关规定。

（6）施工机械。施工中应遵守《建筑机械使用安全技术规程》（JGJ 33）、《施工现场机械设备检查技术规程》（JGJ 160）等规范规程的有关规定。

（7）模板工程。施工中应遵守《建筑施工模板安全技术规范》（JGJ 162）。

（8）焊接工程：

1）焊接操作人员属于特殊工种人员，须持经主管部门培训，考核后颁发的操作证件上岗作业，未经培训、考核合格者，不准上岗作业。

2）电焊作业人员必须戴绝缘手套、穿绝缘鞋和白色工作服，使用护目镜和面罩。施焊前检查焊把及线路是否绝缘良好，焊接完毕要拉闸断电。高空危险处作业，须挂安全带。

3）焊接作业须执行用火证制度，须配备灭火器材，应安排专人看火。施焊完毕后，要留有充分时间观察，确认无引火点后方可离去。

4）焊工在金属容器内、地下、地沟或狭窄、潮湿场所施焊时，要设监护人员。监护人员必须认真负责，坚守工作岗位，且熟知焊接操作规程和应急救援方法。照明等其他电源电压应不高于 12V。

5）夜间工作或在黑暗处施焊应有足够照明。在车间或容器内操作要有通风换气或消烟设备。

6）焊接压力容器和管道，需持有压力容器焊接操作合格证。

7）气焊、气割应符合相应的安全操作规定。

（9）临时用电与防雷。应遵守《建设工程施工现场供用电安全规范》（GB 50194）、《施工现场临时用电安全技术规范》（JGJ 46）等规范规程的有关规定。

（10）在建工程与周围人行通道、民房必须采取防护隔离设置。

当然，施工现场防火，也是施工安全的一个重要方面。

B　特殊工程的安全技术措施

对于结构复杂、施工条件复杂、危险性大的特殊工程，如：爆破、大型吊装、沉井沉箱、水塔、烟囱、大跨度结构、高支撑或大荷载模板体系、特殊架设作业、高层脚手架、井架以及拆除工程等，应编制专项施工方案，采取专门的安全技术措施，并要求有设计依据、计算书、详图、文字说明等。

专项施工方案涉及到很多专业知识，尤其是，专项施工方案必须符合国家工程建设强制性标准的要求。

C　季节性施工安全措施

季节性施工安全技术措施，就是考虑不同季节的不良气候条件，如雨雪、严寒、酷暑、雷暴、大风等对施工生产带来的不安全因素和可能造成的突发性事故，从技术和管理角度采取的预防和处置措施。一般应在施工组织设计或施工方案中，编制季节性施工措施。受特殊气候影响特别严重、危险性大的工程，还应该单独编制季节性施工安全措施。

季节性施工安全措施一般分为雨期和冬期施工安全措施。

a　雨期施工的主要安全措施

（1）掌握雨量、降雨等级、风力与风级等气象知识，正确理解气象预报，正确使用气象资料。

（2）合理安排施工计划，尽量避开不宜在雨期安排施工的工程内容。遇到大雨、大雾、雷击和6级以上大风等恶劣天气，应当停止进行露天高处作业、起重吊装和打桩等作业。

（3）做好施工现场和施工道路的防汛和排水工作，落实人员和设备，确保排水系统能够正常工作。

（4）因为雨期土壤含水量增加，土体抗剪强度降低，因此雨期土方和地基基础工程施工应采取防止各种坍塌事故的有效措施。主要有加强防水排水，避免基坑基槽边堆积土方和其他材料以减轻坡顶压力，加强支护措施，加强监测与观察，发现危险征兆立即采取措施等。

（5）检查轨道塔式起重机轨道路基、落地式脚手架、井架立柱以及模板支撑垫板基础，防止被雨水浸泡后软化下沉，危及起重机、脚手架、井架等的安全。

（6）检查自升式塔吊、龙门架、井架物料提升机和施工电梯等的附墙装置或缆风绳，必要时做强化或加固处理，保证上述设施的稳定性和抵抗风力作用的能力。

（7）保证正在施工的建筑结构和构件处于稳定状态，必要时采取临时支撑措施，增强稳定性。

（8）严格按照《施工现场临时用电安全技术规范》落实临时用电的各项安全措施。暴雨等危险情况来临之前，施工现场除照明、排水和抢险用电之外，其他临时用电电源应全部切断。

（9）防雷。施工现场应按规定设置防雷装置，并应经常检查。闪电打雷的时候，禁止连接导线，停止露天焊接作业。

（10）临时设施的选址要合理，避开滑坡、泥石流、山洪、坍塌等灾害地段。施工现场的大型临时设施，雨期前应整修加固完毕，保证不漏、不塌、不倒，周围不积水，严防雨水冲入设施内。

工地宿舍应有专人负责，昼夜值班，并配备手电筒等应急设备。

大风和大雨后，应当检查临时设施地基和主体结构情况，发现问题及时处理。

另外，施工现场夏季更应注意食品卫生安全，炎热地区应采取防暑降温措施。

b　冬期施工安全措施

冬期施工不等于冬季施工。按规定，当室外日平均气温连续5天稳定低于5℃时即进入冬期施工，当室外日平均气温连续5天高于5℃时解除冬期施工。因此，我国北方及寒冷地区可能每年都会有一段不短的冬期施工时间，而南方许多低纬度地区常年不存在冬期施工问题。

冬期施工的安全措施，主要有以下几个方面：

（1）合理安排冬期施工的内容。

（2）对道路、机械工作场所、脚手架、马道等要采取防冻防滑的措施，外脚手架要经常检查加固。

（3）大雪、轨道电缆结冰和6级以上大风等恶劣天气，应停止垂直作业。风雪过后，应当检查安全保险装置并试机，确认无异常后方可作业。

（4）塔机路轨不得铺设在冻胀土层上，防止土壤冻胀或春季融化，造成路基起伏不平，影响塔机安全使用。春季冻土融化时，应当随时观察塔吊等起重机械设备的基础是否发生沉降。井字架、龙门架、塔机等缆风绳地锚应当埋置在冻土层以下，防止春季融化时地锚失效。

（5）当温度低于-20℃时，严禁对低合金钢筋进行冷弯，避免钢筋冷弯处发生强化，造成钢筋脆断。

（6）蓄热法加热砂石时，应采取有效措施，防止操作人员烫伤。蒸汽养护所使用的锅炉应符合安全技术条件。司炉人员应具备专门的操作资格并严格遵守安全操作规程。电热法养护混凝土时，应注意用电安全。

（7）各种有毒的物品、油料、氧气、乙炔等应设专库存放、专人管理，并建立严格的领发料制度，特别是作为防冻剂的亚硝酸钠等有毒物品，要加强保管和使用管理，以防误食中毒。

（8）混凝土必须满足强度要求方准拆模。

（9）冬期施工更应注意防火和防一氧化碳中毒。

6.5.2.3 建筑施工安全生产管理

A 建筑施工安全生产管理方面存在的问题

近年来，我国建筑业在安全生产方面做了很多工作，实现了将建筑安全生产管理纳入法制轨道，建立了建筑施工安全技术标准体系，确立了施工安全技术的科学地位，开展了创建安全文明样板工地活动，基本形成建筑施工安全监督管理体系，启动了安全工作信息化管理建设，对施工现场实施安全管理体系评价。建筑施工安全生产管理水平有了很大的提升，安全生产事故发生率和安全生产事故造成的死亡人数呈逐年下降趋势。

但是，建筑施工安全生产事故依然时有发生，事故造成的人员伤亡依然给相关人员和家庭带来巨大的伤害，建筑施工安全生产管理方面依然存在不可忽视的严重问题。

（1）建设项目投资主体和相关生产经营单位的经济成分多元化，给建筑施工安全生产带来新的影响因素。随着建设投资的不断加大，建筑企业准入政策的调整，施工企业数量不断增加，施工队伍不断扩大。尤其个体建筑企业和劳务企业的迅猛发展，建筑施工行业发生了根本的变化，在安全管理方面增加了难度。

（2）建筑业人员整体素质低。建筑业是吸纳农村富余劳动力的产业，农民工现在仍然是建筑业劳动力的主体。一线工人安全防护意识和操作技能低下，而职业技能的培训却远远不够。很多一线工人没有经过必要的上岗培训，缺乏自我保护意识。另外，全行业技术、管理人员偏少。合格的专职安全管理人员更少，不能满足工程管理的需要。

（3）安全生产的技术进步跟不上建筑施工技术的发展。近年来，随着科学技术水平的提高，施工难度大和施工危险性大的工程增多，给施工安全生产管理提出了新课题。建筑施工工艺已经从传统的手工操作逐步向机械化、专业化方面过渡。随着新技术、新工艺、新设备、新材料的大量采用，提高了生产效率和质量，也增加了不安全因素。由于安全生产技术和安全防护设备设施的发展和进步落后于施工技术的发展，导致安全生产面临新的挑战。

（4）建筑施工企业安全管理工作问题颇多。一些施工企业对安全生产重视不够，不愿意为安全生产增加必要的投入；安全生产基础工作薄弱，安全生产意识不强，施工现场的安全生产保证体系不健全，安全生产规章制度和责任制度形同虚设，缺乏自我约束机制；安全管理人员少，素质差，安全投入不足；有的企业甚至把施工任务违法分包给一些缺乏相应资质的队伍和作业人员，私招乱雇，不执行强制性标准，违章操作，违章指挥，冒险蛮干；片面追求进度、成本、效益，忽视安全管理，没有将安全生产摆在应有的位置。

（5）监理单位未能履行安全生产的法定职责。某些监理单位在监理过程中，不认真履行安全监理职责，部分监理人员缺乏安全管理知识，未能及时发现安全隐患，或发现了隐患不责令整改，对于施工企业不按期组织整改或整改不力的情况，不及时向建设单位和行业监督部门报告，致使施工现场的安全隐患无人过问。一些监理单位对施工单位的施工组织设计和安全施工专项方案审核把关不严，流于形式，使得监理单位的监理职责和安全生产管理的监督作用未得到有效的发挥。

（6）安全教育及培训制度不完善。

B　建筑工程安全生产管理的工作目标

建筑工程安全生产管理的工作目标，就是要实现控制人的不安全行为和物的不安全状态，改善作业环境，实现安全生产的科学管理。

a　控制人的不安全行为

安全生产事故多是在施工现场发生的。施工现场作业是人、物、环境的直接交叉点，在施工过程中人起着主导作用。人员安全管理是安全生产管理的重点和难点。

要实现对人的不安全行为的有效控制，必须建立完善的安全生产管理体系，并合理划定不同层次安全管理职位的权力和责任。在配备安全生产管理人员时，应考虑合适的管理跨度，使管理者有足够的精力对作业人员的作业过程进行控制。要通过有效的信息沟通，使管理者掌握管理范围内的工作进展情况，人员的行为和状态，确保对体系、过程和人的行为的有效控制。

b　控制物的不安全状态

物的能量释放可能引起事故的状态，称为物的不安全状态。要避免生产事故，必须控制物的不安全状态。

实现设备的本质安全化，即在设备操作出现失误和设备出现故障时，能自动发现并自动将其消除，从而确保人身和设备安全。

必须装设安全防护装置，保证机械设备安全运转，保证在可能出现的危险状态下能够保护人身安全。

要加强施工设备的安全管理，包括设备的购置、安装、调试的安全审查与验收；安全操作规程的落实；安全运行检查；维修保养、报废；安全检测、监控、检验和信用档案管理等。

c　改善作业环境

重视施工平面布置。施工现场平面布置图是施工组织设计（方案）的重要组成部分，必须科学合理地规划、绘制施工现场平面布置图。科学合理地划分施工现场功能分区。根据施工项目的要求，划分出作业区、辅助作业区、材料堆放区和办公生活区。作业区与办公生活区必须分开设置，并保持安全距离。办公生活区应设置在建筑物坠落半径之外，应设置防护措施，划分隔离，以免人员误入危险区域。要规划好道路、组织排水、搭建临时设施、堆放材料和设置机械设备、土方及建筑垃圾堆放区、围墙与入口位置，要满足消防和卫生、环保等要求。要严格按施工平面图实施。

要根据工程特点及施工的不同阶段，在施工现场入口处、施工起重机械、临时用电设施、脚手架、出入通道口、楼梯口、阳台口、梯井口、基坑边沿、爆破物及有害危险气体和液体存放处等重点和危险部位，有针对性地设置、悬挂明显的安全警示标志。

施工现场要实行封闭管理，禁止无关人员进入施工现场。

d　安全生产的科学管理

随着科学技术日新月异的发展，新材料、新技术、新工艺、新设备越来越多地应用于施工现场。为了保证生产安全，创造更大的经济效益，安全生产的科技水平和创新能力也必须不断提高。要将新的科技成果运用到安全生产实践中，提高安全生产水平，保障人民生命财产安全。

C　落实工程项目参建各方的安全生产责任

工程建设项目施工的安全生产，涉及到参建各方。强化安全生产管理，必须落实各方责任。国务院颁布的《建设工程安全生产管理条例》，将《中华人民共和国建筑法》和《中华人民共和国安全生产法》中的有关规定进一步细化，明确了建设单位、勘察单位、设计单位、施工单位、工程监理单位和其他与建设工程有关的单位的安全责任。参建各方责任主体应认真学习和贯彻执行《建设工程安全生产管理条例》，提高有关人员的法律观念和责任意识，提升安全生产管理能力，才能真正落实各方主体的安全生产责任。

6.5.3　建筑消防安全

6.5.3.1　建筑设计防火

火灾是指燃烧过程在时间与空间上失去控制所造成的灾害。建筑火灾是指发生于各种人为建造的物体之内的火灾，也就是烧损建筑物及其收容物品的火灾。事实上，最常见、最危险、对人身安全和社会财产造成损失最大的也是这类火灾。

建筑防火设计的目标，就是防止和减少建筑火灾危害，保护人身和财产的安全。在建筑设计中，贯彻"预防为主，防消结合"的消防工作方针，做好建筑防火设计，做到"防患于未然"。

建筑防火设计的任务，就是要掌握火灾发生、蔓延等相关知识，在设计中采取有效的、可靠的防火措施，实现防火设计的目标。

在建筑防火设计中所采取的防火主要措施包括：降低火灾荷载密度和建筑及装修材料的燃烧性能；控制火源，进行必要的分隔；合理设定建筑物的耐火等级和构件的耐火极限等，并根据建筑物的使用功能、空间平面特征和人员特点，设计合理、正确的安全疏散设施与有效的灭火设施，预防和控制火灾的发生及其蔓延。

2015年5月1日开始实施的《建筑设计防火规范》（GB 50016—2014），合并了实施多年的《建筑设计防火规范》（GB 50016—2006）和《高层民用建筑设计防火规范》（GB 50045），是建筑设计防火的依据。

《建筑设计防火规范》（GB 50016）内容很多，这里重点介绍其中民用建筑防火方面的主要规定。

A 建筑分类和耐火等级

（1）民用建筑根据其建筑高度和层数可分为单层、多层民用建筑和高层民用建筑。高层民用建筑根据其建筑高度、使用功能和楼层的建筑面积可分为一类和二类。民用建筑的分类应符合表 6.6 中的规定。

表 6.6　民用建筑的分类

建筑名称	高层民用建筑		单、多层民用建筑
	一类	二类	
住宅建筑	建筑高度大于 54m 的住宅建筑（包括设置商业服务网点的住宅建筑）	建筑高度大于 27m，但不大于 54m 的住宅建筑（包括设置商业服务网点的住宅建筑）	建筑高度不大于 27m 的住宅建筑（包括设置商业服务网点的住宅建筑）
公共建筑	1. 建筑高度大于 50m 的公共建筑； 2. 任一楼层建筑面积大于 1000m² 的商店、展览、电信、邮政、财贸金融建筑和其他多种功能组合的建筑； 3. 医疗建筑、重要公共建筑； 4. 省级及以上的广播电视和防灾指挥调度建筑、网局级和省级电力调度建筑； 5. 藏书超过 100 万册的图书馆、书库	除一类高层公共建筑外的其他高层公共建筑	1. 建筑高度大于 24m 的单层公共建筑； 2. 建筑高度不大于 24m 的其他公共建筑

注：1. 表中未列入的建筑，其类别应根据本表类比确定。

　　2. 除《建筑设计防火规范》另有规定外，宿舍、公寓等非住宅类居住建筑的防火要求，应符合规范有关公共建筑的规定；裙房的防火要求应符合规范有关高层民用建筑的规定。

（2）民用建筑的耐火等级可分为一、二、三、四级。除规范另有规定外，不同耐火等级建筑相应构件的燃烧性能和耐火极限不应低于表 6.7 中的规定。

表 6.7　不同耐火等级建筑相应构件的燃烧性能和耐火极限　　　　　　　（h）

构件名称		耐火等级			
		一级	二级	三级	四级
墙	防火墙	不燃性 3.00	不燃性 3.00	不燃性 3.00	不燃性 3.00
	承重墙	不燃性 3.00	不燃性 2.50	不燃性 2.00	难燃性 0.50
	非承重外墙	不燃性 1.00	不燃性 1.00	不燃性 0.50	可燃性
	楼梯间和前室的墙 电梯井的墙 住宅建筑单元之间的墙和分户墙	不燃性 2.00	不燃性 2.00	不燃性 1.50	难燃性 0.50
	疏散走道两侧的隔墙	不燃性 1.00	不燃性 1.00	不燃性 0.50	难燃性 0.25
	房间隔墙	不燃性 0.75	不燃性 0.50	难燃性 0.50	难燃性 0.25
柱		不燃性 3.00	不燃性 2.50	不燃性 2.00	难燃性 0.50
梁		不燃性 2.00	不燃性 1.50	不燃性 1.00	难燃性 0.50

构件名称	耐火等级			
	一级	二级	三级	四级
楼板	不燃性 1.50	不燃性 1.00	不燃性 0.50	可燃性
屋顶承重构件	不燃性 1.50	不燃性 1.00	不燃性 0.50	可燃性
疏散楼梯	不燃性 1.50	不燃性 1.00	不燃性 0.50	可燃性
吊顶（包括吊顶搁栅）	不燃性 0.25	难燃性 0.25	难燃性 0.15	可燃性

注：1. 除规范另有规定外，以木柱承重且墙体采用不燃材料的建筑，其耐火等级应按四级确定。

　　2. 住宅建筑构件的耐火极限和燃烧性能可按现行国家标准《住宅建筑规范》（GB 50368）的规定执行。

（3）民用建筑的耐火等级应根据其建筑高度、使用功能、重要性和火灾扑救难度等确定耐火等级。

（4）建筑高度大于 100m 的民用建筑，其楼板的耐火极限不应低于 2.00h。

一、二级耐火等级建筑的上人平屋顶，其屋面板的耐火极限分别不应低于 1.50h 和 1.00h。

（5）一、二级耐火等级建筑的屋面板应采用不燃材料，但屋面防水层可采用可燃材料。

（6）二级耐火等级建筑内采用难燃性墙体的房间隔墙，其耐火极限不应低于 0.75h；当房间的建筑面积不大于 100m² 时，房间隔墙可采用耐火极限不低于 0.50h 的难燃性墙体或耐火极限不低于 0.30h 的不燃性墙体。

二级耐火等级多层住宅建筑内采用预应力钢筋混凝土的楼板，其耐火极限不应低于 0.75h。

（7）二级耐火等级建筑内采用不燃材料的吊顶，其耐火极限不限。

三级耐火等级的医疗建筑、中小学校的教学建筑、老年人建筑及托儿所、幼儿园的儿童用房和儿童游乐厅等儿童活动场所的吊顶，应采用不燃材料；当采用难燃材料时，其耐火极限不应低于 0.25h。

二、三级耐火等级建筑内门厅、走道的吊顶应采用不燃材料。

（8）建筑内预制钢筋混凝土构件的节点外露部位，应采取防火保护措施，且节点的耐火极限不应低于相应构件的耐火极限。

B　总平面布置

（1）在总平面布置中，应合理确定建筑的位置、防火间距、消防车道和消防水源等，不宜将建筑布置在甲、乙类厂（库）房，甲、乙、丙类液体储罐，可燃气体储罐和可燃材料堆场的附近。

（2）民用建筑之间的防火间距应符合相关规定。

（3）除高层民用建筑外，数座一、二级耐火等级的住宅建筑或办公建筑，当建筑物的占地面积总和不大于 2500m² 时，可成组布置，但组内建筑物之间的间距不宜小于 4m。组与组或组与相邻建筑物的防火间距不应小于相关规定。

C　防火分区和层数

（1）除本规范另有规定外，不同耐火等级建筑的允许建筑高度或层数、防火分区最大允许建筑面积应符合表6.8中的规定。

表6.8　不同耐火等级建筑的允许建筑高度或层数、防火分区最大允许建筑面积

建筑名称	耐火等级	允许建筑高度或层数	防火分区的最大允许建筑面积/m²	备注
高层民用建筑	一、二级	按《规范》第5.1.1条确定	1500	对于体育馆、剧场的观众厅，防火分区的最大允许建筑面积可适当增加
单、多层民用建筑	一、二级	按《规范》第5.1.1条确定	2500	对于体育馆、剧场的观众厅，防火分区的最大允许建筑面积可适当增加
	三级	5层	1200	—
	四级	2层	600	—
地下或半地下建筑（室）	一级	—	500	设备用房的防火分区最大允许建筑面积不应大于1000m²

注：1. 表中规定的防火分区最大允许建筑面积，当建筑内设置自动灭火系统时，可按本表的规定增加1.0倍；局部设置时，防火分区的增加面积可按该局部面积的1.0倍计算。

　　2. 裙房与高层建筑主体之间设置防火墙时，裙房的防火分区可按单、多层建筑的要求确定。

（2）建筑内设置自动扶梯、敞开楼梯等上、下层相连通的开口时，其防火分区的建筑面积应按上、下层相连通的建筑面积叠加计算。

建筑内设置中庭时，其防火分区的建筑面积应按上、下层相连通的建筑面积叠加计算并应符合有关规定。

（3）防火分区之间应采用防火墙分隔，确有困难时，可采用防火卷帘等防火分隔设施分隔。

（4）一、二级耐火等级建筑内的营业厅、展览厅，当设置自动灭火系统和火灾自动报警系统并采用不燃或难燃装修材料时，其每个防火分区的最大允许建筑面积应符合下列规定：

1）设置在高层建筑内时，不应大于4000m²。

2）设置在单层建筑或仅设置在多层建筑的首层内时，不应大于10000m²。

3）设置在地下或半地下时，不应大于2000m²。

（5）总建筑面积大于20000m²的地下或半地下商店，应采用无门、窗、洞口的防火墙、耐火极限不低于1.00h的楼板分隔为多个建筑面积不大于20000m²的区域。

（6）如餐饮、商店等商业设施通过有顶棚的步行街连接，且步行街两侧的建筑需利用步行街进行安全疏散，《建筑设计防火规范》对相关建筑的耐火等级、总平面布置、防火隔离措施等，都作出了严格的规定。

D　平面布置

（1）民用建筑的平面布置应结合建筑的耐火等级、火灾危险性、使用功能和安全疏散等因素合理布置。

（2）除为满足民用建筑使用功能所设置的附属库房要求外，民用建筑内不应设置生产车间和其他库房。

经营、存放和使用甲、乙类火灾危险性物品的商店、作坊和储藏间，严禁附设在民用建筑内。

（3）商店建筑、展览建筑采用三级耐火等级建筑时，不应超过2层；采用四级耐火等级建筑时，应为单层；营业厅、展览厅设置在三级耐火等级的建筑内时，应布置在首层或2层；设置在四级耐火等级的建筑内时，应布置在首层。

营业厅、展览厅不应设置在地下三层及以下楼层。地下或半地下营业厅、展览厅不应经营、储存和展示甲、乙类火灾危险性物品。

（4）托儿所、幼儿园的儿童用房，老年人活动场所和儿童游乐厅等儿童活动场所宜设置在独立的建筑内，且不应设置在地下或半地下；当采用一、二级耐火等级的建筑时，不应超过3层；采用三级耐火等级的建筑时，不应超过2层；采用四级耐火等级的建筑时，应为单层；确需设置在其他民用建筑内时，应符合下列规定：

1）设置在一、二级耐火等级的建筑内时，应布置在首层、2层或3层。

2）设置在三级耐火等级的建筑内时，应布置在首层或2层。

3）设置在四级耐火等级的建筑内时，应布置在首层。

4）设置在高层建筑内时，应设置独立的安全出口和疏散楼梯。

5）设置在单、多层建筑内时，宜设置独立的安全出口和疏散楼梯。

（5）医院和疗养院的住院部分不应设置在地下或半地下。

医院和疗养院的住院部分采用三级耐火等级建筑时，不应超过2层；采用四级耐火等级建筑时，应为单层；设置在三级耐火等级的建筑内时，应布置在首层或2层；设置在四级耐火等级的建筑内时，应布置在首层。

医院和疗养院的病房楼内相邻护理单元之间应采用耐火极限不低于2.00h的防火隔墙分隔，隔墙上的门应采用乙级防火门，设置在走道上的防火门应采用常开防火门。

（6）教学建筑、食堂、菜市场采用三级耐火等级建筑时，不应超过2层；采用四级耐火等级建筑时，应为单层；设置在三级耐火等级的建筑内时，应布置在首层或2层；设置在四级耐火等级的建筑内时，应布置在首层。

（7）剧场、电影院、礼堂宜设置在独立的建筑内；采用三级耐火等级建筑时，不应超过2层；确需设置在其他民用建筑内时，至少应设置1个独立的安全出口和疏散楼梯，并应符合有关规定。

（8）高层建筑内的观众厅、会议厅、多功能厅等人员密集的场所，宜布置在首层、2层或3层。确需布置在其他楼层时，尚应符合有关规定。

（9）歌舞厅、录像厅、夜总会、卡拉OK厅（含具有卡拉OK功能的餐厅）、游艺厅（含电子游艺厅）、桑拿浴室（不包括洗浴部分）、网吧等歌舞娱乐放映游艺场所（不含剧场、电影院）的布置应符合有关规定。

（10）除商业服务网点外，住宅建筑与其他使用功能的建筑合建时，应符合有关规定。

（11）设置商业服务网点的住宅建筑，其居住部分与商业服务网点之间应采用耐火极限不低于2.00h且无门、窗、洞口的防火隔墙和1.50h的不燃性楼板完全分隔，住宅部分和商业服务网点部分的安全出口和疏散楼梯应分别独立设置。

商业服务网点中每个分隔单元之间应采用耐火极限不低于2.00h且无门、窗、洞口的防火隔墙相互分隔，每个分隔单元内的安全疏散距离不应大于规范规定的袋形走道两侧或尽端的疏散门至安全出口的最大距离。

《建筑防火规范》还对锅炉房、发电机房、储存易燃易爆物质的场所等用房的位置和防护要求，作出了相应的规定。

E　安全疏散和避难

（1）民用建筑应根据其建筑高度、规模、使用功能和耐火等级等因素，合理设置安全疏散和避难设施。安全出口和疏散门的位置、数量、宽度及疏散楼梯间的形式，应满足人员安全疏散的要求。

（2）建筑内的安全出口和疏散门应分散布置，且建筑内每个防火分区或一个防火分区的每个楼层、每个住宅单元每层相邻两个安全出口以及每个房间相邻两个疏散门最近边缘之间的水平距离不应小于5m。

（3）建筑的楼梯间宜通至屋面，通向屋面的门或窗应向外开启。

（4）自动扶梯和电梯不应计作安全疏散设施。

（5）建筑物出口的数量和位置，应符合相关规定。

（6）直通建筑内附设汽车库的电梯，应在汽车库部分设置电梯候梯厅，并应采用耐火极限不低于2.00h的防火隔墙和乙级防火门与汽车库分隔。

（7）高层建筑直通室外的安全出口上方，应设置挑出宽度不小于1.0m的防护挑檐。

《建筑设计防火规范》还针对公共建筑和住宅建筑的疏散和避难，规定了详细具体的要求，建筑设计中必须严格执行。

除民用建筑外，《建筑设计防火规范》还对厂房和仓库、易燃易爆液体、气体储罐（区）和可燃材料堆场的设计，提出了防火的具体要求，对建筑物的防火构造、灭火救援设施和消防设施的设置提出了详细的要求，对供暖、通风和空调设施的防火提出了具体要求，对城市交通隧道的防火和木结构建筑的防火提出了专门的要求，对消防电源及其配电、电力线路及电气装置防火和消防应急照明和疏散指示标志都作出了具体的规定。建筑设计必须严格执行《建筑设计防火规范》。

6.5.3.2　建筑施工现场防火

A　建筑施工现场火灾的严重危害

随着我国城镇建设规模的扩大和城镇化进程的加速，全国各地在建工程量急剧上升，建设工程施工现场的火灾数量也呈增多趋势。施工现场的火灾，造成工程事故，严重影响工程建设目标的实现，往往还会造成人员伤亡和巨大的财产损失。

2010年11月15日，上海市静安区胶州路728号公寓大楼发生一起因企业违规造成的特别重大火灾事故，造成58人死亡、71人受伤，建筑物过火面积12000m²，直接经济损失1.58亿元。

事件的起因很简单，在胶州路728号公寓大楼节能综合改造项目施工过程中，施工人员违规在10层电梯前室北窗外进行电焊作业，电焊溅落的金属熔融物引燃下方9层位置脚手架防护平台上堆积的聚氨酯保温材料碎块、碎屑引发火灾。由于扑救不及时，导致严重后果。

经调查认定，这是一起企业违规造成的特别重大责任事故。直接原因是操作人员在无灭火器及接火盆的情况下违规进行电焊作业造成事故。

因施工造成的火灾案例很多，应吸取教训，认真分析火灾原因，采取有效措施，避免惨痛事故再次发生。

B 建筑工地易引发火灾的原因

（1）建筑工地人员混杂，流动性强，安全意识淡薄。大多数建筑工地的人员来自农村，文化程度低，基本上没有经过消防知识培训，缺乏消防知识，安全意识差，不懂国家法律法规，技术单一，顾此失彼现象严重，这都是导致火灾事故频发的重要因素。

（2）电气线路过负荷、短路和接触电阻过大引起可燃、易燃材料起火。主要是施工人员随意乱拉临时用电线路，电器开关和配电箱电阻过大，电气线路线径与用电负荷不匹配，用铜丝、铁丝代替保险丝，电线接头处理不当而引发火灾。

（3）在建筑工地进行电气焊切割、临时乱接乱拉电气线路的现象，在建筑工地司空见惯，由此产生的线路短路、超负荷一旦遇到合适环境就会造成火灾。

（4）电焊违章操作。在建筑工地，许多地方都需要电焊作业，由于大多数电工没有专门培训，有的虽然经过培训，但施工中缺乏严格管理，违章作业现象相当普遍，加之建筑工地平面管理混乱，各种可燃物品满地都是，这些可燃物品遇到灼热电焊熔渣即易引起火灾。

（5）照明用电混乱。施工现场尤其是夜间作业用电照明大多是临时性，电线布置分散，因此电源线敷设不规范，随意性较大，照明灯具的固定也不稳定，离易燃可燃物较近，极易引起火灾事故。

（6）建筑工地大量存放易燃、可燃物质。如各种木料、油漆、油料、沥青、架板、装饰材料、复合管材、焊接用的氢气瓶、氧气瓶、乙炔以及生活取暖用的燃料等。这些物质的存在，使建筑工地具备了燃烧产生的一个必备条件——可燃物。

C 做好建筑工地消防安全工作的措施

针对建筑工地存在的消防安全现状及隐患特点，为确保建筑工地人员生命及财产安全，避免火灾事故的发生，应从以下几个方面来做好建筑工地的消防安全工作：

（1）抓好建筑工地消防安全宣传教育。

（2）建立严格的用火用电管理制度。

（3）加强施工现场的消防安全管理。

（4）加强对施工现场的可燃物及建筑材料的管理。

（5）各级安全部门，加大监督检查力度。

（6）严格火源、热源、电气线路管理。

（7）确保分包单位使用具有资质证书的特殊工种人员，如电工、电焊工、气焊工等，严禁无证上岗，并应经常对该类人员进行检查。

（8）施工现场配备灭火器材，设置消防水池。临时办公区也配备相应数量的灭火器。生活区配备相应数量的灭火器及消防水带、消火栓。

（9）做好消防应急预案，有突发事件及时按照程序执行。

总之，必须认真执行《建设工程施工现场消防安全技术规范》（GB 50720），杜绝施工现场火灾事故发生。

6.6 机械安全技术

机械是人类进行生产以减轻体力劳动和提高劳动生产率的主要工具。它在给人们带来高效、快捷、方便的同时，也带来了不安全因素。频频发生的机械伤害事故，给人们的生命和财产安全都带来了巨大损失，由此机械安全问题引起了全社会的广泛关注。

6.6.1　机械安全概述

机械是机器与机构的总称，是由若干相互联系的零部件按一定规律装配起来，能够完成一定功能的装置，其中，至少有一部分对其他组成部分之间具有相对运动。

机械除了泛指一般机器产品以外，还包括为了同一应用目的而将若干机器组合在一起，使它们像一台完整机器那样发挥其功能的机组或大型成套设备。

机械安全是指从人的安全需要出发，在使用机械的全过程的各种状态下，达到使人的身心免受外界因素危害的存在状态和保障条件。机械安全是由组成机械的各部分及整机的安全状态、使用机械的人的安全以及由机器和人的和谐关系来保证的。

6.6.1.1　机械伤害事故产生的原因分析

下面从人的不安全行为、机械的不安全状态、环境因素三个方面分析机械伤害事故产生的原因。

A　人的不安全行为

产生的原因主要有人员的操作失误和误入危险区域。

a　人员操作失误的主要原因

（1）机械产生的噪声使操作者的知觉和听觉麻痹，导致不易判断或判断错误。

（2）依据错误或不完整的信息操纵或控制机械，造成失误。

（3）机械的显示器、指示信号等显示失误，使操作者误操作。

（4）控制与操纵系统的识别性、标准化不良，使操作者产生操作失误。

（5）时间紧迫，没有充分考虑就处理问题。

（6）缺乏对机械危险性的认识，产生操作失误。

（7）技术不熟练，操作方法不当。

（8）准备不充分，安排不周密，因仓促而导致操作失误。

（9）作业程序不当，监督检查不够，违章作业。

（10）人为地使机器处于不安全状态，如取下安全罩、切除联锁装置等。走捷径、图方便，忽略安全程序。

b　误入危险区域的主要原因

（1）操作机器的变化，如改变操作条件或改进安全装置时误入危险区。

（2）图省事、走捷径的心理，对熟悉的机器，会有意省掉某些程序而误入危险区。

（3）条件反射下忘记危险区。

（4）单调、枯燥的操作使操作者疲劳而误入危险区。

（5）由于身体或环境影响造成视觉或听觉失误而误入危险区。

（6）错误的思维和记忆，尤其是对机器及操作不熟悉的新工人容易误入危险区。

（7）指挥者错误指挥，操作者未能抵制而误入危险区。

（8）信息沟通不良而误入危险区。

（9）异常状态及其他条件下的失误。

B　机械的不安全状态

机械的不安全状态，如机器的安全防护设施不完善，通风、防毒、防尘、照明、防振、防噪声以及气象条件等安全卫生设施缺乏均能诱发事故。另外，如果机械设备是非本质安全型设备，此类设备缺少自动探测系统，或设计有缺陷，不能从根本上防止人员的误操作，也易导致事故的发生。

机械所造成的伤害事故的危险源常常存在于下列部位：

（1）旋转的机件具有将人体或物体从外部卷入的危险；机床的卡盘、钻头、铣刀等，传动部件和旋转轴的突出部分有钩挂衣袖、裤腿、长发等而将人卷入的危险；风翅、叶轮有绞碾的危险；旋转的滚筒有使人被卷入的危险。

（2）做直线往复运动的部位存在着撞伤和挤伤的危险。冲压、剪切、锻压等机械的模具、锤头、刀口等部位存在着撞压、剪切的危险。

（3）机械的摇摆部位存在着撞击的危险。

（4）机械的控制点、操纵点、检查点、取样点、送料过程等也都存在着不同的潜在危险因素。

C 环境的因素

不良的操作环境，如作业区杂乱无章、通道不畅、地面积水等环境因素，也会导致机械伤害事故的发生。

6.6.1.2 机械伤害事故的预防

要预防机械伤害事故，主要从以下几方面入手：

（1）配备本质安全型机械设备。本质安全型机械设备配备有自动探测装置，在有人手等肢体处于机械设备的危险部位（如刀口下）时，此时即使有人员误触动设备开关，设备也不会动作，从而保护人员安全。

（2）加强对机械设备及操作人员的管理：

1）制定详细的机械设备操作规程，并对设备操作人员加强培训，使职工提高安全意识，认识到操作过程中的危险因素。

2）为职工配备合格的个人劳动保护用品，并督促职工正确使用。

3）加强对设备操作区域的管理，及时清理杂物，使操作区保持干净整洁、通道畅通。

4）定期对机械设备进行检查，及时处理设备存在的隐患问题，使机械设备的各种安全防护措施处于完好状态。

（3）创造良好的工作环境。作业人员应注意作息时间，充分休息，保持良好的状态。

6.6.2 危险机械安全技术

通用机械是各行业机械加工的基础设备，主要有金属切削机床、锻压机械、冲剪压机械、起重机械、铸造机械、木工机械、焊接设备等。

6.6.2.1 危险机械

根据 2006/42/EC 中 Annex IV 对危险机械的描述，危险机械主要有：

（1）用于生产加工木材及类似产品，或者肉类或类似产品的圆锯，包括单刃和双刃类型。主要有：锯床切削时装有固定的刀片，有固定的床身，并且需要手动给料或者是带有可拆卸的电动送料装置；锯床切削时装有固定刀片，并且是靠手动控制往复运动的锯台；锯床切削时装有固定刀片，设有内置的机械给料装置，需要手动装载或卸载，锯床切削时装有可移动的刀片，做机械运动的刀片，通过手动安装或拆卸。

（2）用于加工木材的手动送料的刨床。

（3）单面划（刻）线机，装有内置机械进给装置，需手动安装或拆卸，用于木材加工。

（4）用于生产加工木材及类似产品，或者肉类或类似产品的带锯，需要手动装载的。类型主要有：锯床切削时安装有固定刀片，并且有固定的做往复运动的床身；锯床的刀片安装在做往复运动的刀架上。

（5）组合机械中有设计（1）～（4）的，用于加工木材或类似材料的机械。

（6）手动喂料的制榫机，有多个工具架，用于木材加工。

（7）手动喂料的立式制模（切模，造型）机，用于加工木材或类似材料。

（8）用于木材加工的手提式电锯——油锯。

（9）压床（包括压弯机），用于加工金属的冷加工，手动上料或下料，其可移动的工作部件的行程超过 6mm，速度超过 30mm/s 的折弯机、机床。

（10）塑料模顶出或压铸机械，手动装载或卸载的塑料注塑机。

（11）橡胶模顶出或压铸机械，手动装载或卸载的橡胶注塑机。

（12）用于地下工作的机械类型有：动力车头或制动车高压屋顶支撑设备。

（13）手动装载的用于收集家用废物的卡车，并带有压缩机械。

（14）可移动的机械传输装置，带防护。

（15）用于可移动传输装置的防护设备。

（16）用于提升的车辆——举升机。

（17）用于提升人、货物并且可能导致垂直跌落危险超过 3m 的机械——吊篮。

（18）便携式的装配用或冲击类机械工具——射钉枪。

（19）用于检测人的进出的保护装置。

（20）用于机械保护作用的电控联锁保护装置，主要针对（9）～（11）中提到的机械。

（21）确保安全功能的逻辑运算单元。

（22）防翻车保护装置（ROPS）。

（23）防坠落保护装置（FOPS）。

6.6.2.2　金属切削机床安全技术

金属切削机床是用切削方法将毛坯加工成机器零件的设备。金属切削机床上装卡被加工工件和切削刀具，带动工件和刀具做相对运动。在相对运动中，刀具从工件表面切去多余的金属层，使工件成为符合预定技术要求的机器零件。

A　金属切削机床的危险源

（1）金属切削机床的驱动电能：可能使人员受到触电伤害。

（2）相对人体运动的静止部件：如操作人员接触切削刀具、突出较长的机械部分、毛坯、工具和设备边缘锋利飞边及表面粗糙部分，可能受到伤害。

（3）旋转部件：旋转轴、凸块和孔、研磨工具和切削刀具，易绞缠人体。

（4）内旋转咬合部件：对向旋转部件的咬合，旋转部件和呈切线运动部件面的咬合，旋转部件和固定部件的咬合部分，可能造成人员的绞伤、碾伤。

（5）往复运动或滑动的部件：单向运动、往复运动或滑动、旋转与滑动组合、振动部件，会造成人员的伤害。

（6）飞出物：飞出的装夹具或机械部件，飞出的切屑或工件，会击伤人员。

B 金属切削机床危险源的控制措施

（1）设备可靠接地，照明采用安全电压。

（2）楔子、销子不能突出表面。

（3）用专用工具清理铁屑，戴护目镜。

（4）加工细长杆轴料时，尾部安防弯装置及设料架。

（5）零部件装卡牢固。

（6）及时维修防护保险装置、防护栏、保护盖等安全防护、保护装置。

（7）杜绝操作旋转机床戴手套等违章现象，穿戴好劳动保护用品。

6.6.2.3 砂轮机的安全技术

砂轮机是机械工厂最常用的机械设备之一，各个工种都可能用到它。砂轮质脆易碎、转速高、使用频繁，极易伤人。它的安装位置是否合理，是否符合安全要求，它的使用方法是否正确，是否符合安全操作规程，这些问题都直接关系到职工的人身安全，因此在实际使用中必须引起足够的重视。

6.6.2.4 锻压机械安全技术

锻造是金属压力加工的方法之一。它是机械制造生产中的一个重要环节。根据锻造加工时金属材料所处温度状态的不同，锻造又可分为热锻、温锻和冷锻。

A 锻压机械的危险源

（1）锻造生产是在金属灼热的状态下（如低碳钢锻造温度为750~1250℃）进行的，由于有大量的手工作业，稍不小心就可能发生灼伤。

（2）锻造车间里的加热炉和灼热的钢锭、毛坯及锻件不断地发散出大量的辐射热（锻件在锻压终了时，仍有相当高的温度），工人可能受到热辐射的侵害。

（3）锻造车间的加热炉在燃烧过程中产生的烟尘可能排入车间的空气中，不但会影响工人健康，还降低了车间内的能见度（对于燃烧固体燃料的加热炉，情况就更为严重），增加了发生事故的可能性。

（4）锻造加工所使用的设备（如空气锤、蒸汽锤、摩擦压力机等），工作时发出的都是冲击力。设备在承受这种冲击载荷时，本身容易突然损坏（如锻锤活塞杆的突然折断）而造成严重的伤害事故。压力机（如水压机、曲柄热模锻压力机、平锻机、精压机）、剪床等在工作时，冲击性虽然较小，但设备的突然损坏等情况也时有发生，操作者往往猝不及防，也有可能导致工伤事故。

（5）锻造设备在工作中的作用力是很大的，如曲柄压力机、拉伸锻压机和水压机这类锻压设备，它们的工作条件虽较平稳，但其工作部件所发出的力却很大，如我国已制造和使用的12000t的锻造水压机。常用的100~150t的压力机，所发出的力也足够大。如果模子安装或操作时稍不正确，大部分的作用力就不是作用在工件上，而是作用在模子、工具或设备本身的部件上了。这样，某种安装调整上的错误或工具操作的不当，就可能引起机件的损坏以及其他严重的设备或人身事故。

（6）锻工的工具和辅助工具，特别是手锻和自由锻的工具、夹钳等，这些工具都是一起放在工作地点的。在工作中，工具的更换很频繁，存放往往非常杂乱，这就必然增加对这些工具检查的困难，当锻造中需用某一工具而又不能迅速找到时，有时会"凑合"使用类似的工具，往往会造成工伤事故。

（7）由于锻造车间设备在运行中产生噪声和振动，可能使工作地点嘈杂，影响人的听觉和神经系统，分散了注意力，因而增加了发生事故的可能性。

B　锻压机械的安全技术要求

（1）锻压机械的机架和突出部分，不得有棱角或毛刺。

（2）外露的传动装置（齿轮传动、摩擦传动、曲柄传动或皮带传动等），必须有防护罩。防护罩需用铰链安装在锻压设备的不动部件上。

（3）锻压机械的启动装置，必须能保证对设备进行迅速开关，并保证设备运行和停车状态的连续可靠。

（4）启动装置的结构，应能防止锻压设备意外地开动或自动开动。较大型的空气锤或蒸汽-空气自由锤一般是用手柄操纵的，应该设置简易的操作室或屏蔽装置。模锻锤的脚踏板也应置于某种挡板之下，操作者需将脚伸入挡板内进行操纵。设备上使用的模具都必须严格按照图样上提出的材料和热处理要求进行制造，紧固模具的斜楔应经退火处理，锻锤端部只允许局部淬火，端部一旦卷曲，则应停止使用或修复后再使用。

（5）电动启动装置的按钮盒，其按钮上需标有"启动"、"停车"等字样。停车按钮为红色，其位置比启动按钮高 10~12mm。

（6）高压蒸汽管道上，必须装有安全阀和凝结罐，以消除水击现象，降低突然升高的压力。

（7）蓄力器通往水压机的主管上，必须装有当水耗量突然增高时能自动关闭水管的装置。

（8）任何类型的蓄力器，都应有安全阀。安全阀必须由技术检查员加铅封，并定期进行检查。

（9）安全阀的重锤，必须封在带锁的锤盒内。

（10）安设在独立室内的重力式蓄力器，必须装有荷重位置指示器，使操作人员能在水压机的工作地点上观察到荷重的位置。

（11）新安装和经过大修理的锻压设备，应进行验收和试验。

（12）操作人员应认真学习锻压设备安全技术操作规程，加强设备的维护、保养，保证设备的正常运行。

6.6.2.5　冲剪机械安全技术

冲压机械设备包括剪板机、曲柄压力机和液压机等。

A　冲压机械的危险源

（1）设备结构：相当一部分冲压设备采用的是刚性离合器。这是利用凸轮或结合键机构使离合器接合或脱开，一旦接合运行，就一定要完成一个循环，才会停止。如果在此循环中的下冲程，手不能及时从模具中抽出，就必然会发生伤手事故。

（2）动作失控：设备在运行中还会受到经常性的强烈冲击和振动，使一些零部件变形、磨损以致碎裂，引起设备动作失控而可能发生连冲事故。

（3）开关失灵：设备的开关控制系统由于人为或外界因素引起的误动作。

（4）模具：模具担负着使工件加工成型的主要功能，是整个系统能量的集中释放部位。由于模具设计不合理或有缺陷，可增加受伤的可能性。有缺陷的模具则可能因磨损、变形或损坏等原因，在正常运行条件下发生意外而导致事故。

B　冲压作业安全技术

（1）手用安全工具。使用安全工具操作时，用专用工具将单件毛坯放入模内并将冲制后的零件、废料取出，实现模外作业，避免用手直接伸入上、下模口之间，保证人体安全。应采用劳动强度小、使用灵活方便的手工工具。

（2）模具作业区防护措施。模具防护的内容包括：在模具周围设置防护板（罩）；通过改进模具减少危险面积，扩大安全空间；设置机械进出料装置，以此代替手工进出料方式，将操作者的双手隔离在冲模危险区之外，实行作业保护。模具安全防护装置不应增大劳动强度。

（3）冲压设备的安全装置。冲压设备的安全装置形式较多，按结构分为机械式、按钮式、光电式、感应式等。

C　剪板机安全操作要求

（1）工作前应认真检查剪板机各部位是否正常，电气设备是否完好，润滑系统是否畅通，清除台面及周围放置的工具、量具等杂物以及边角废料。

（2）不应独自1人操作剪板机，应由2~3人协调进行送料、控制尺寸精度及取料等，并确定1人统一指挥。

（3）应根据规定的剪板厚度，调整剪刀间隙。不准同时剪切两种不同规格、不同材质的板料，不得叠料剪切。剪切的板料要求表面平整，不准剪切无法压紧的较窄板料。

（4）剪板机的皮带、飞轮、齿轮以及轴等运动部位必须安装防护罩。

（5）剪板机操作者送料的手指离剪刀口的距离应最少保持200mm，并且离开压紧装置。在剪板机上安置的防护栅栏不能让操作者看不到裁切的部位。作业后产生的废料有棱角，操作者应及时清除，防止被刺伤、割伤。

6.6.3　起重机械安全技术

6.6.3.1　定义

起重机：用吊钩或其他取物装置吊挂重物，在空间进行升降或移运等循环性作业的机械（GB 6974.1—2008）。

起重机械：以间歇、重复工作方式，通过起重吊钩或其他吊具起升、下降，或升降与移动重物的机械设备（GB 6974.1—1986）。

起重机械：是指用于垂直升降或者垂直升降并水平移动重物的机电设备，其范围规定为额定起重量大于或者等于0.5t的升降机；额定起重量大于或者等于1t，且提升高度大于或者等于2m的起重机和承重形式固定的电动葫芦等（见《特种设备安全监察条例》）。

起重机械作业：门式、塔式、桥式、缆索起重机，其他移动起重机作业与安装、拆除、维修；施工升降机、电梯作业、安装、拆除与维修；起重指挥等为特种作业。

6.6.3.2　应用场所与用途

应用场所：广泛应用于工矿企业、港口码头、车站仓库、建筑工地、交通建设、水利建设、航天工业、军用设施建设、电站建设等方面。

用途：垂直升降重物，并可兼使重物做短距离的水平移动，以满足装卸、转载、安装及人员运送等作业要求。

6.6.3.3　主要参数

额定起重量：是指起重机能吊起的重物或物料连同可分吊具或属具（如抓斗、电磁吸盘、平衡梁等）质量的总和。

总起重量：是指起重机能吊起的重物或物料，连同可分吊具或长期固定在起重机上的吊具或属具（包括吊钩、滑轮组，其中钢丝绳以及在臂架或起重小车以下的其他起吊物）的质量总和。

有效起重量：是指起重机能吊起的重物或物料的净质量。

跨度：桥架型起重机运行轨道轴线之间的水平距离。

幅度：起重机置于水平场地时，空载吊具垂直中心线至回转中心线之间的水平距离。

起重力矩：幅度与其相应的起吊物品重力的乘积。

起升高度和下降深度：是指起重机水平停机面或运行轨道至吊具允许最高位置的垂直距离。

运行速度：按起重机工作机构分为起升速度、回转速度、大车运行速度、小车运行速度等。

工作级别：A1～A8（考虑起重量和时间利用程度）。

起重特性曲线：臂架型起重机作业性能曲线（起重量曲线和起升高度曲线）。

6.6.3.4　起重机械分类

起重机械按运动方式，可分为以下 4 种基本类型：

（1）轻小型起重机械。千斤顶、手拉葫芦、滑车、绞车、电动葫芦、单轨起重机械等，多为单一的升降运动机构。

（2）桥架类型起重机械。分为梁式、通用桥式、门式和冶金桥、装卸桥式及缆索起重机械等。具有 2 个及 2 个以上运动机构的起重机械，通过各种控制器或按钮操纵各机构的运动。一般有起升、大车和小车运行机构，对重物在三维空间内进行搬运。

（3）臂架类型起重机械。有固定旋转式、门座式、塔式、汽车式、轮胎式、履带式及铁路起重机械、浮游式起重机械等。一般来说，其工作机构除起升机和运行机构（固定臂架式无运行机构）外，还有变幅机构、旋转机构。

（4）升降类型起重机械。如载人电梯或载货电梯、货物提升机等，其特点是虽只有一个升降机构，但安全装置与其他附属装置较为完善，可靠性大。此类起重机械有人工和自动控制两种。

6.6.3.5　起重机械的危险源

（1）重物坠落。吊距或吊装容器损坏、物件捆绑不牢、挂钩不当、电磁吸盘突然失电、起升机构的零件故障（特别是制动器失灵、钢丝绳断裂）等，都会引发重物坠落。

（2）起重机失稳倾翻。起重机失稳有两种类型：一是操作不当（例如超载、臂架变幅或旋转过快等）、支腿未找平或地基沉陷等原因，使倾翻力矩增大，导致起重机倾翻；二是由于坡度或风载荷作用，起重机沿路面或轨道滑动，导致脱轨翻倒。

（3）挤压。起重机轨道两侧缺乏良好的安全通道或与建筑结构之间缺少足够的安全距离，使运行或回转的金属结构机体对人员造成夹挤伤害；运行机构的操作失误或制动器失灵引起溜车，造成碾压伤害。

（4）高处跌落。人员在离地面大于2m的高度进行起重机的安装、拆卸、检查、维修或操作等作业时，从高处跌落造成伤害。

（5）触电。起重机在输电线附近作业时，其任何组成部分或吊物与高压带电体距离过近，感应带电或触碰带电体，都可以引发触电伤害。

（6）其他伤害。人体与运动零部件接触引起的绞、碾、戳等伤害；液压起重机的液压元件破坏，造成高压液体的喷射伤害；飞出物件的打击伤害；装卸高温液体金属、易燃易爆、有毒、腐蚀等危险品，由于坠落或包装绑扎不牢破损而引起的伤害。

6.6.3.6　起重机易损零部件的安全要求

A　吊钩

吊钩在起重作业中受到频繁重载荷冲击的反复作用，一旦发生断裂，可导致重物坠落，因此要求吊钩有足够的承载力，同时要求有一定韧性。吊钩应有制造厂的检验合格证明（吊钩额定起重量和检验标记应打印在钩身低应力区）。否则应对吊钩进行材料化学成分检验和必要的力学性能实验（如拉力、冲击试验），还应测量吊钩的原始开口度尺寸。通过目测、触摸检查吊钩的表面状况。在用吊钩的表面应该光洁，无毛刺、锐角，不得有裂纹、折叠、过烧等缺陷，吊钩缺陷不得补焊。通过探伤装置检查吊钩的内部状况。吊钩不得有内部裂纹、白点和影响使用安全的任何夹杂物等缺陷。有条件的应安装防止吊物脱钩的安全装置。

B　钢丝绳

钢丝绳是起重机械的重要零件之一。用于提升机构、变幅机构、牵引机构，有时也用于旋转机构。起重机械吊挂物品也采用钢丝绳。此外，钢丝绳还用作桅杆起重机械的桅杆张紧绳、缆索起重机械与架空索道的承载索和牵引索。起重机械主要采用挠性较好的双绕绳。这种钢丝绳是用钢丝捻成绳股，再用数条绳股围绕1个芯子捻成绳。钢丝绳在使用时，每月至少要润滑2次。润滑前先用钢丝刷子刷去钢丝绳上的污物并用煤油清洗，然后用加热到80℃以上的润滑油蘸浸钢丝绳，使润滑油浸到绳芯。钢丝绳的更新标准由每一捻距内的钢丝折断数决定。捻距就是任一个钢丝绳股，环绕绳芯一周的轴向距离。对于6股绳，在绳上一条直线上数6节就是这条绳的捻距。对于复合型钢丝绳中的钢丝，断丝数的计算方法是：细丝1根算1丝，粗丝1根算1.7丝。钢丝绳有锈蚀或磨损时，将报废断丝数按规定折减，并按折减后的断丝数报废。

C　滑轮与卷筒

滑轮、卷筒和钢丝绳三者共同组成起重机的卷绕系统，将驱动装置的回转运动转换成吊载的升降直线运动。滑轮和卷筒是起重机的重要部件，它们的缺陷或运行异常会加速钢丝绳的磨损，导致钢丝绳脱槽、吊钩。

滑轮的使用安全要求：滑轮直径与钢丝绳直径的比值不应小于规定值。平衡滑轮的值，对于桥式类型的起重机与一般滑轮，取等值；对于臂架类型起重机，取不小于一般滑轮值的0.6倍。滑轮不应有缺损和裂纹，滑轮槽应光洁平整，不得有损伤钢丝绳的缺陷。滑轮应配置防止钢丝绳跳出绳槽的装置。金属铸造的滑轮，出现下述情况之一时应报废：裂纹、轮槽不均匀磨损达 3mm；轮槽壁厚磨损达原壁厚的 20%；因磨损使轮槽底部直径减小量达钢丝绳直径的 50%；滑轮轴磨损量达原直径的 3%；其他磨损钢丝绳的缺陷。

卷筒安全使用要求：卷筒上钢丝绳尾端的固定装置，应有防松或自紧的性能。对钢丝绳尾端的固定情况，应每月检查一次。在使用的任何状态，必须保证钢丝绳在卷筒上保留足够的安全圈。单层缠绕卷筒的筒体端部应有凸缘。凸缘应比最外层钢丝绳或链条高出 2 倍的钢丝绳直径或链条的宽度。卷筒出现下列情况之一时应报废：裂纹；筒壁磨损量达原壁厚的 20%；绳槽磨损量大于钢丝绳直径 1/4，且不能修复时。

D　制动器

起重机配置制动器的安全要求：动力驱动的起重机，其起升、变幅、运行、旋转机构都必须装设制动器；起升机构、边幅机构的制动器，必须是常闭式制动器；调运炽热金属或其他危险品的起升机构，以及发生事故可能造成重大损失的起升机构，每套独立的驱动装置都应装设两套支持制动器。人力驱动的起重机，其起升机构和变幅机构必须装设制动器或停止器。制动器的制动力矩应满足下式要求：

$$M_z \geq kM$$

式中　M_z——制动器的制动力矩；

　　　M——制动器所在轴的传动力矩；

　　　k——安全系数。

制动器安全检查的要求：制动轮的制动摩擦面不得有妨碍制动性能的缺陷或沾染油污；制动带或制动瓦块的摩擦材料的磨损程度符合规定；制动带或制动瓦块与制动轮的实际接触面积，不应小于理论接触面积的 70%；制动器应有符合操作频度的热容量，不得出现过热现象；控制制动器的操纵部位（如踏板、操纵手柄等），应有防滑性能；人力控制制动器，施加的力与行程不应大于规定值。

制动器的报废要求，制动器的零件出现下列情况之一时，应报废、更换或修整：裂纹；制动带或制动瓦块摩擦垫片厚度磨损达原厚度的 50%；弹簧出现塑性变形；铰接小轴或轴孔直径磨损达原直径的 5%。制动轮出现下列情况之一时，应报废：裂纹；起升、变幅机构的制动轮，轮缘厚度磨损达原厚度的 40%；其他机构的制动轮的轮缘厚度磨损达原厚度的 50%；轮面凹凸不平度达 1.5mm 时，修复后轮缘厚度应符合要求。

E　起重机的安全防护装置

起重机安全防护装置按安全功能大致可分为安全装置、防护装置、指示报警装置及其他安全防护装置几类。

各种类型的起重机应按《起重机械安全规程》规定要求，装设安全防护装置，并在使用中及时检查、维护，使其保持正常工作性能。

（1）安全装置。是指通过自身的机构功能，可以限制或防止起重作业的某种危险发生的装置。安全装置可以是单一功能装置，也可以是与防护装置联用的组合装置。安全装置还可以进一步分为：

1）限制载荷的装置。例如，超载限制器、力矩限制器、缓冲器、极限力矩限制器等。

2）限定行程位置的装置。例如，上升极限位置限制器、下降极限位置限制器、运行极限位置限制器、防止吊臂后倾装置、轨道端部止挡等。

3）定位装置。例如，支腿回缩锁定装置、回转定位装置、夹轨钳和锚定装置或铁鞋等。

4）其他安全装置。例如，联锁保护装置、安全钩、扫轨板等。

（2）防护装置。是指通过设置实体障碍，将人与危险隔离。例如，走台栏杆、暴露的活动部件的防护罩、导电滑线防护板、电气设备的防雨罩，以及起重作业范围内临时设置的安全栅栏等。

（3）安全信息提示和报警。这是用来显示起重机工作状态的装置。它是人们用以观察和监控系统过程的手段，有些装置与控制调整联锁，有些装置兼有报警功能。属于此类装置的有偏斜调整和显示装置、幅度指示计、水平仪、风速风级报警器、登机信号按钮、倒退报警装置、危险电压报警器等。

（4）其他安全防护措施。包括照明、信号、通信、安全色标等。

6.6.4 场内机动车辆安全技术

场内专用机动车辆：是指除道路交通、农用车辆以外，仅在施工现场区域使用的专用机动车辆，属于特种设备。如：平板车、翻斗车、装载机、推土机、挖掘机等。

场内机动车驾驶员：是指与各单位有劳动合同关系并持有《中华人民共和国机动车驾驶证》或特种作业资格证的员工。

厂内机动车辆驾驶：场内运输汽车、轨道机车、铲车、叉车、推土机、装载机、挖掘机、压路机、电瓶车、翻斗车等作业属于特种作业。

6.6.4.1 职责

（1）车辆使用部门负责车辆的日常管理工作。

（2）工程部是车辆的归口管理部门。

（3）安全部负责对本制度执行情况进行监督检查。

6.6.4.2 管理内容

A 车辆准入

凡进入施工现场的车辆均应符合国家有关规定，应当附有安全技术规范要求的设计文件、产品质量合格证明、安装及使用维修说明、监督检验证明等文件；存在严重事故隐患，无改造、维修价值，或者超过安全技术规范规定使用年限的车辆不许进场。

B 车辆管理

车辆使用单位管理包括：

（1）应当对车辆进行经常性日常维护保养。出现故障或者发生异常情况，应对其进行全面检查，消除隐患后，方可重新投入使用。

（2）使用前应检查制动器、喇叭、方向机构等是否完好。装运物件应垫稳、捆牢，不得超载。启动前，应先鸣号。行驶时，驾驶室外及车厢外不得载人，驾驶员不得与他人谈笑。停车后应切断动力源，扳下制动闸后，驾驶员方可离开。

（3）对超重、超宽、超长、超高的设备运输，应编制有关的运输措施，经项目部、工程部审批同意，对所有参加运输、装卸的有关人员进行措施交底后，方可实施运输、装卸。

（4）现场的机动车辆应限速行驶，时速一般不得超过 30km，特殊条件下的限速规定按照 GB 4387—2008《工业企业厂内铁路、道路运输安全规程》执行。

（5）危险品的运输应执行 QB 526—2009《危险品安全管理办法》。

（6）每月对车辆进行一次自行检查，并做好记录。

（7）建立车辆安全技术档案，包括：车辆的设计文件、制造单位、产品质量合格证明、使用维护说明等文件。车辆的定期检验记录。车辆的自行检查记录。各车的日常使用状况记录。车辆及其安全附件、安全保护装置、测量调控装置及有关附属仪器仪表的日常维护保养记录。车辆故障和事故记录。

C　工程部

（1）在车辆投入使用后 30 日内，工程部机械专门负责向省自治区直辖市或设区的市的特种设备安全监督管理部门登记，并将登记标志置于车辆的显著位置。

（2）工程部审批超重、超宽、超长、超高的设备运输措施，对所有参加运输、装卸的有关人员进行措施交底，并监督措施的执行情况。

（3）按照安全技术规范的定期检验要求，工程部应在安全检验合格有效期届满前 1 个月向特种设备检验检测机构提出定期检验要求，并做好记录。

（4）工程部应建立场内专用机动车辆台账。

D　安全部

安全部监督检查车辆使用单位、工程部认真落实车辆管理的各项职责的情况。

E　人员管理

（1）车辆操作人员应当持有特种作业人员证书。

（2）车辆使用单位对车辆操作人员的资格进行确认，并将其特种作业人员证书交安全部复印备案。负责对车辆操作人员进行车辆安全、节能教育和培训。

（3）安全部建立台账，对车辆操作人员特种作业证书备案。

F　安全检查

安全部每月组织工程部、车辆使用单位开展一次场内专用机动车辆安全专项检查，重点检查操作人员持证情况、工程部和车辆使用单位职责落实情况。

G　相关文件

《工业企业厂内铁路、道路运输安全规程》（GB 4387—2008）；国务院令第 549 号《特种设备安全监察条例》；《危险品安全管理办法》（QB 526—2009）；机械、工器具、车辆交通安全检查及整改登记台账。

6.6.4.3　场内机动车安全技术要求

（1）车辆车容应干净整洁、车身周正。车辆的装备、安全防护装置及附件应齐全有效。

（2）车辆的整车技术状况、污染物排放、噪声应符合国家有关标准及规定。

（3）全车各部位在发动机运转及停车时应无漏油、漏水、漏电、漏气现象。

（4）液压系统应管路畅通，密封良好；操作杆无变形，无卡阻；分配器元件配合良好，安全阀动作灵敏可靠；工作部件在额定速度范围内不应有爬行、停滞和明显冲动现象。

（5）发动机应安装牢固可靠，动力性好，运转平稳，无异响，启动和停机性能良好。

（6）发动机启动系、点火系、燃料系、润滑系、冷却系应机件齐全，性能良好，安装牢固，线路、管路不磨碰。

（7）车辆方向盘的最大自由转动量从中间位置向左、右各不得大于30°。

（8）车辆转向应轻便灵活，行驶中不得有轻飘、摆振、抖动、阻滞及跑偏现象。在平直的道路上能保持车辆直线行驶，转向后能自动回正。

（9）车辆的方向盘转向力及前轮侧滑量应符合有关标准和规定。

（10）前轮定位值应符合设计规定。

（11）转向机不得缺油、漏油，固定托架必须牢固。转向垂臂、横直拉杆等转向运动零件不得拼凑焊接，不得有裂纹、变形、严重磨损。球头与球头座、转向节主销与衬套配合松紧适度，润滑良好。

（12）车辆及挂车应设置彼此独立的行车和驻车制动装置，且其各零部件应完好有效。

（13）行车制动装置的制动力、储备行程、踏板的自由行程及制动完全释放时间等指标应符合有关标准和规定及该车整车有关技术条件。

（14）气压、液压制动系统技术指标应符合有关标准及规定，必须装有放水装置和限压装置。

（15）机械式制动器、拉杆拉线等机件应完好无损。

（16）车辆的制动距离、跑偏量、驻车制动性能要求等应符合有关标准及规定。

（17）车辆照明及指示灯具应安装牢固、齐全有效、开关自如，灯泡要有保护装置，不得因车辆振动而松脱、损坏、失效或改变光照方向。

（18）车辆均应设置喇叭，其性能应可靠，音量应符合实际需要和有关标准的噪声规定。

（19）车辆的各种仪表应齐全且灵敏有效。

（20）车辆轮胎（充气压力）应符合其技术性能要求，轮胎胎面的局部磨损不得暴露出轮胎帘布层。

（21）车辆同一轴上的轮胎应为相同的型号的花纹，车辆转向轮不得装用翻新的轮胎。

（22）车辆的钢板弹簧不得有裂纹、断片和缺片现象，其中心螺栓和U形螺栓须紧固。

（23）减振器应工作正常，车架不得有变形、锈蚀、弯曲，螺栓、铆钉不得缺少或松动，前后桥不得有变形、裂纹。

（24）踏板力和自由行程等应符合有关标准、规定及该车整车有关技术条件，带离合器的车辆离合器应接合平稳，分离彻底，不得有异响、抖动和打滑现象。

（25）变速器应无裂纹，变速换挡灵活、自锁、互锁可靠，变速杆无变形。

（26）传动轴万向节应无裂纹和变形，锁止齐全、可靠；传动平稳，在运转时，不发生振抖和异响。

（27）驾驶室的座椅等技术状况应能保证驾驶员有正常的劳动条件。

（28）车辆驾驶室必须视线良好，挡风玻璃完好，不得使用有机玻璃及普通玻璃。必须装设后视镜、刮水器。

（29）燃油箱及燃油管路应坚固并有防护装置，防止由于振动、冲击而发生损坏及漏油现象。燃油箱、水箱等发热部位与排气管、电路的位置应相距 300mm 以上或设置有效的隔热装置。燃油箱、水箱应距裸露电气接头及电气开关 200mm 以上。

（30）运送易燃易爆物品或在易燃易爆区域工作的专用车，必须备有消防器材和相应的安全措施，车辆要安装可靠的防火罩、采取防爆措施。

（31）全挂车和半挂车中间应加装安全防护装置。

（32）各类机动车辆还应符合各自特有的安全条件和要求。

6.6.5　电梯安全技术

电梯是服务于规定楼层的固定式升降设备。它具有一个轿厢，运行在至少两类垂直的倾斜角小于 15° 的刚性导轨之间。轿厢尺寸与结构形式便于乘客出入或装卸货物。它适用于装置在两层以上的建筑内，是输送人员或货物的垂直提升设备的交通工具。

6.6.5.1　电梯的分类

根据建筑的高度、用途及客流量（或物流量）的不同，设置不同类型的电梯。目前电梯的基本分类方法大致如下。

A　按用途分类

乘客电梯：为运送乘客设计的电梯，要求有完善的安全设施以及一定的轿内装饰。

载货电梯：主要为运送货物而设计，通常有人伴随的电梯。

医用电梯：为运送病床、担架、医用车而设计的电梯，轿厢具有长而窄的特点。

杂物电梯：为图书馆、办公楼、饭店运送图书、文件、食品等设计的电梯。

观光电梯：轿厢壁透明，供乘客观光用的电梯。

车辆电梯：用作装运车辆的电梯。

船舶电梯：船舶上使用的电梯。

建筑施工电梯：建筑施工与维修用的电梯。

其他类型的电梯，除上述常用电梯外，还有些特殊用途的电梯，如冷库电梯、防爆电梯、矿井电梯、电站电梯、消防员用电梯等。

B　按驱动方式分类

交流电梯：用交流感应电动机作为驱动力的电梯。根据拖动方式又可分为交流单速、交流双速、交流调压调速、交流变压变频调速等。

直流电梯：用直流电动机作为驱动力的电梯。这类电梯的额定速度一般在 2.00m/s 以上。

液压电梯：一般利用电动泵驱动液体流动，由柱塞使轿厢升降的电梯。

齿轮齿条电梯：将导轨加工成齿条，轿厢装上与齿条啮合的齿轮，电动机带动齿轮旋转使轿厢升降的电梯。

螺杆式电梯：将直顶式电梯的柱塞加工成矩形螺纹，再将带有推力轴承的大螺母安装于油缸顶，然后通过电机经减速机带动螺母旋转，从而使螺杆顶升轿厢上升或下降的电梯。

直线电机驱动的电梯：其动力源是直线电机。

C　按速度分类

电梯无严格的速度分类，我国习惯上按下述方法分类：

低速梯：速度低于 1.00m/s 的电梯。

中速梯：速度为 1.00~2.00m/s 的电梯。

高速梯：速度大于 2.00m/s 的电梯。

超高速梯：速度超过 5.00m/s 的电梯。

D　按电梯有无司机分类

有司机电梯：电梯的运行方式由专职司机操纵来完成。

无司机电梯：乘客进入电梯轿厢，按下操纵盘上所需要去的层楼按钮，电梯自动运行到达目的层楼，这类电梯一般具有集选功能。

E　其他分类方式

按机房位置分类，则有机房在井道顶部的（上机房）电梯、机房在井道底部旁侧的（下机房）电梯，以及有机房在井道内部的（无机房）电梯。

按轿厢尺寸分类，则有小型、超大型之分。此外，还有按操纵控制方式分类等。

6.6.5.2　电梯的安全技术

根据《电梯使用管理与维护保养规则》的规定：使用单位应当根据本单位实际情况，建立以岗位责任制为核心的电梯使用和运营安全管理制度，并且严格执行。安全管理制度至少包括以下内容：

（1）相关人员的职责；

（2）安全操作规程；

（3）日常检查制度；

（4）维修保养制度；

（5）定期报检制度；

（6）电梯钥匙使用管理制度；

（7）作业人员与相关运营服务人员的培训考核制度；

（8）意外事件或者事故的应急救援与应急救援演习制度；

（9）安全技术档案管理制度。

6.6.6　客运索道安全技术

一种将钢索架设在支承结构上作为运行轨道，用来输送物料和人员的运输系统。输送人的索道叫客运架空索道。

6.6.6.1　客运索道分类

（1）按运行方式分，有往复式和循环式两大类。往复式索道又分为往复式单客厢索道、单线车组往复式索道、车组往复式索道三种。循环式索道又分为连续循环式、间歇循环式、脉动循环式三种。

（2）按使用的运载工具形式分，有吊椅式、吊篮式、吊厢式和拖牵式等四种。

6.6.6.2　国家对客运架空索道投入运营的相关规定

依据国家质量技术监督检验检疫总局颁布的《客运架空索道监督检验规程》规定，客运架空索道安装后，必须经国家特种设备安全监察机构授权的检验机构进行验收检验，取得"安全检验合格证"后，方可投入运营。

依据国家质量技术监督检验检疫总局颁布的《客运架空索道监督检验规程》规定，客运索道安全检验合格标志 3 年有效期满后需要继续运营的客运索道，应进行全面检验；在 3 年有效期内，每年进行 1 次年度检验。

应按国家有关规定，经特种设备安全监督管理部门考核合格，取得国家统一格式的特种作业人员证书，方可从事相应的作业或管理工作。

乘客进入索道站后，应遵守的一般规定：车上（吊椅、吊篮、吊厢）严禁吸烟、嬉闹和向外抛撒废弃物品；禁止携带易燃易爆和有腐蚀性、有刺激性气味的物品上车；对于患有高血压、心脏病以及不适于登高的高龄乘客，建议不要乘坐吊椅式索道；未经许可，乘客不得擅自进入机房或控制室；无论索道停或开，都不许乘客从椅（篮、厢）上跳离或爬上去。如跳下可能导致脱索或吊椅振动太大而损坏，如中途停车或发生其他故障，不要惊慌，要听从工作人员指挥；严禁摇摆、振动吊椅（吊篮、吊厢），站在吊椅上或吊在吊椅下，有可能引发事故并缩短索道设备使用寿命；自觉遵守公共秩序，服从工作人员指挥，依次进站上车，不准硬挤和抢上，严禁从出口上从进口下；严禁在站台上照相和逗留；严禁乘客乘坐吊椅（吊篮、吊厢）通过驱动轮和迂回轮。

6.6.6.3 客运索道安全技术

（1）应根据地形情况，配备救护工具和救护设施，沿线不能垂直救护时，应配备水平救护设施。救护设备应有专人管理，存放在固定的地点，并方便存取。救护设备应完好，在安全使用期内，绳索缠绕整齐。吊具距地面大于 15m 时，应用缓降器救护工具，绳索长度应适应最大高度救护要求。

（2）采用垂直救护时，沿线路应有行人便道，由索道吊具中救下来的游客可以沿人行道回到站房内。

（3）应有与救护设备相适应的救护组织，人员要到岗。

（4）当外部供电回路电源停电，或主电机控制系统发生故障时，应开启备用电源，如柴油发电机组供电，借辅助电机以慢速将客车拉回站内。

（5）当机械设备、站口系统、牵引索等发生重大故障导致索道不可能继续运行时，必须采用最简单的方法，在最短的时间内将乘客从客车内撤离到地面。营救时间不得超过 3h。撤离方法取决于索道的类型、地形特征、气候条件、客车离地面高度。

6.7 电气安全技术

众所周知，电能的开发和应用给人类的生产和生活带来了巨大的变革，大大促进了社会的进步和文明。在现代社会中，电能已被广泛应用于工农业生产和人民生活等各个领域。然而，在用电的同时，如果对电能可能产生的危害认识不足，控制和管理不当，防护措施不力，在电能的传递和转换的过程中，将会发生异常情况，造成电气事故。

6.7.1 电气安全概述

电气事故是电气安全工程主要研究和管理的对象。掌握电气事故的特点和事故的分类情况，对做好电气安全工作具有重要的意义。

6.7.1.1　电气事故概要

电气事故具有以下特点：

A　电气事故危害大

电气事故的发生伴随着危害和损失，严重的电气事故不仅带来重大的经济损失，甚至还可能造成人员的伤亡。发生事故时，电能直接作用于人体，会造成电击；电能转换为热能作用于人体，会造成烧伤或烫伤；电能脱离正常的通道，会形成漏电、接地或短路，构成火灾、爆炸的起因。

B　电气事故危险直观识别难

由于电既看不见、听不见，又嗅不着，其本身不具备为人们直观识别的特征。由电所引发的危险不易为人们所察觉、识别和理解。因此，电气事故往往来得猝不及防、潜移默化。因此，给电气事故的防护以及人员的教育和培训带来难度。

C　电气事故涉及领域广

这个特点主要表现在两个方面。首先，电气事故并不仅仅局限在用电领域的触电、设备和线路故障等，在一些非用电场所，因电能的释放也会造成灾害或伤害。例如，雷电、静电和电磁场危害等，都属于电气事故的范畴。其次，电能的使用极为广泛，不论是生产还是生活，不论是工业还是农业，不论是科研还是教育文化部门，不论是政府机关还是娱乐休闲场所，都广泛使用电。哪里使用电，哪里就有可能发生电气事故，哪里就必须考虑电气事故的防护问题。

D　电气事故的防护研究综合性强

一方面，电气事故的机理除了电学之外，还涉及许多学科，因此，电气事故的研究，不仅要研究电学，还要同力学、化学、生物学、医学等许多其他学科的知识综合起来进行研究。另一方面，在电气事故的预防上，既有技术上的措施，又有管理上的措施，这两方面是相辅相成、缺一不可的。在技术方面，预防电气事故主要是进一步完善传统的电气安全技术，研究新出现电气事故的机理及其对策，开发电气安全领域的新技术等。在管理方面，主要是健全和完善各种电气安全组织管理措施。一般来说，电气事故的共同原因是安全组织措施不健全和安全技术措施不完善。实践表明，即使有完善的技术措施，如果没有相适应的组织措施，仍然会发生电气事故。因此，必须重视防止电气事故的综合措施研究。

6.7.1.2　电气事故的类型

根据能量转移论的观点，电气事故是由于电能非正常地作用于人体或系统造成的。根据电能的不同作用形式，可将电气事故分为触电事故、静电危害事故、雷电灾害事故、电磁场危害和电气系统故障危害等事故。

A　触电事故

随着社会的不断进步，电能已经成为人们生产生活中最基本和不可代替的能源。"电"日益影响着工业的自动化和社会的现代化。然而，当电能失去控制时，就会引发各类电气事故，其中对人体的伤害即触电事故是各类事故中最常见的事故。

a　电击

这是电流通过人体，刺激机体组织，使肌肉非自主地发生痉挛性收缩而造成的伤害，严重时会破坏人的心脏、肺部、神经系统的正常工作，形成危及生命的伤害。

电击对人体的效应是由通过的电流决定的，而电流对人体的伤害程度是与通过人体电流的强度、种类、持续时间、通过途径及人体状况等多种因素有关。

按照人体触及带电体的方式，电击可分为以下几种情况：

（1）单相触电。这是指人体接触到地面或其他接地导体的同时，人体另一部位触及某一相带电体所引起的电击。发生电击时，所触及的带电体为正常运行的带电体时，称为直接接触电击。而当电气设备发生事故（例如绝缘损坏，造成设备外壳意外带电的情况下），人体触及意外带电体所发生的电击称为间接接触电击。根据国内外的统计资料，单相触电事故占全部触电事故的 70% 以上。因此，防止触电事故的技术措施应将单相触电作为重点。

（2）两相触电。这是指人体的两个部位同时触及两相带电体所引起的电击。在此情况下，人体所承受的电压为三相系统中的线电压，因电压相对较大，其危险性也较大。

（3）跨步电压触电。这是指站立或行走的人体，受到出现于人体两脚之间的电压，即跨步电压作用所引起的电击。跨步电压是当带电体接地，电流自接地的带电体流入地下时，在接地点周围的土壤中产生的电压降形成的。

b　电伤

这是电流的热效应、化学效应、机械效应等对人体所造成的伤害。此伤害多见于机体的外部，往往在机体表面留下伤痕。能够形成电伤的电流通常比较大。电伤属于局部伤害，其危险程度取决于受伤面积、受伤深度、受伤部位等。

电伤包括电烧伤、电烙印、皮肤金属化、机械损伤、电光眼等多种伤害。

B　静电危害事故

静电危害事故是由静电电荷或静电场能量引起的。在生产工艺过程中以及操作人员的操作过程中，某些材料的相对运动、接触与分离等原因导致了相对静止的正电荷和负电荷的积累，即产生了静电。由此产生的静电其能量不大。但是，其电压可能高达数十千伏乃至数百千伏，发生放电，产生放电火花。静电危害事故主要有以下几个方面：

（1）在有爆炸和火灾危险的场所，静电放电火花会成为可燃性物质的点火源，造成爆炸和火灾事故。

（2）人体因受到静电电击的刺激，可能引发二次事故，如坠落、跌伤等。此外，对静电电击的恐惧心理还对工作效率产生不利影响。

（3）某些生产过程中，静电的物理现象会对生产产生妨碍，导致产品质量不良，电子设备损坏，造成生产故障，甚至停工。

C　雷电灾害事故

雷电是大气中的一种放电现象。雷电放电具有电流大、电压高的特点。其能量释放出来可能产生极大的破坏力。其破坏作用主要有以下几个方面：

（1）直击雷放电、二次放电、雷电流的热量会引起火灾和爆炸。

（2）雷电的直接击中、金属导体的二次放电、跨步电压的作用及火灾与爆炸的间接作用，均会造成人员的伤亡。

（3）强大的雷电流、高电压可导致电气设备击穿或烧毁。发电机、变压器、电力线路等遭受雷击，可导致大规模停电事故。雷击可直接毁坏建筑物、构筑物。

D 射频电磁场危害

射频指无线电波的频率或者相应的电磁振荡频率，泛指 100kHz 以上的频率。射频伤害是由电磁场的能量造成的。射频电磁场的主要危害有：

(1) 在射频电磁场作用下，人体因吸收辐射能量会受到不同程度的伤害。过量的辐射可引起中枢神经系统的机能障碍，出现神经衰弱症候群等临床症状；可造成植物神经紊乱，出现心率或血压异常，如心动过缓、血压下降或心动过速、高血压等；可引起眼睛损伤，造成晶体浑浊，严重时导致白内障；可使睾丸发生功能失常，造成暂时或永久的不育症，并可能使后代产生疾患；可造成皮肤表层灼伤或深度灼伤等。

(2) 在高强度的射频电磁场作用下，可能产生感应放电，会造成电引爆器件发生意外引爆。感应放电对具有爆炸、火灾危险的场所是一个不容忽视的危险因素。此外，当受电磁场作用感应出的感应电压较高时，会给人以明显的电击。

E 电气系统故障危害

电气系统故障危害是由于电能在输送、分配、转换过程中失去控制而产生的。断线、短路、异常接地、漏电、误合闸、误掉闸、电气设备或电气元件损坏、电子设备受电磁干扰而发生误动作等都属于电路故障。系统中电气线路或电气设备的故障也会导致人员伤亡及重大财产损失。电气系统故障危害主要有以下几方面：

(1) 引起火灾和爆炸。线路、开关、熔断器、插座、照明器具、电热器具、电动机等均可能引起火灾和爆炸；电力变压器、多油断路器等电气设备不仅有较大的火灾危险，还有爆炸的危险。在火灾和爆炸事故中，电气火灾和爆炸事故占有很大的比例。就引起火灾的原因而言，电气原因仅次于一般明火而居第二位。

(2) 异常带电。电气系统中，原本不带电的部分因电路故障而异常带电，可导致触电事故发生。例如：电气设备因绝缘不良产生漏电，使其金属外壳带电；高压电路故障接地时，在接地处附近呈现出较高的跨步电压，形成触电的危险条件。

(3) 异常停电。在某些特定场合，异常停电会造成设备损坏和人身伤亡。如正在浇注钢水的吊车，因骤然停电而失控，导致钢水洒出，引起人身伤亡事故；医院手术室可能因异常停电而被迫停止手术，无法正常施救而危及病人生命；排放有毒气体的风机因异常停电而停转，致使有毒气体超过允许浓度而危及人身安全等；公共场所发生异常停电，会引起妨碍公共安全的事故；异常停电还可能引起电子计算机系统的故障，造成难以挽回的损失。

6.7.1.3 触电事故的分布规律

大量的统计资料表明，触电事故的分布是具有规律性的。触电事故的分布规律为制定安全措施，最大限度地减小触电事故发生率提供了有效依据。根据国内外的触电事故统计资料分析，触电事故的分布具有以下规律。

A 触电事故季节性明显

一年之中，二、三季度是事故多发期，尤其在 6~9 月份最为集中。其原因主要是这段时间正值炎热季节，人体穿着单薄且皮肤多汗，相应增大了触电的危险性。另外，这段时间潮湿多雨，电气设备的绝缘性能有所降低。再有，这段时间许多地区处于农忙季节，用电量增加，农村触电事故也随之增加。

B　低压设备触电事故多

低压触电事故远多于高压触电事故，其主要原因是低压设备远多于高压设备，而且，人员大多与低压设备接触。因此，应当将低压方面作为防止触电事故的重点。

C　携带式设备和移动式设备触电事故多

这主要是因为这些设备经常移动，工作条件较差，容易发生故障。另外，在使用时需用手紧握进行操作。

D　电气连接部位触电事故多

连接部位机械牢固性较差，电气可靠性也较低，是电气系统的薄弱环节，较易出现故障。

E　农村触电事故多

这是因为农村用电条件较差，设备简陋，技术水平低，管理不严，缺乏电气安全知识等。

F　冶金、矿业、建筑、机械行业触电事故多

这些行业存在工作现场环境复杂，潮湿、高温，移动式设备和携带式设备多，现场金属设备多等不利因素，使触电事故相对较多。

G　青年、中年人以及非电工人员触电事故多

这主要是因为这些人员是设备操作人员的主体，他们直接接触电气设备，部分人还缺乏电气安全的知识。

H　误操作事故多

这主要是由于防止误操作的技术措施和管理措施不完备造成的。

触电事故的分布规律并不是一成不变的，在一定的条件下，也会发生变化。例如，对电气操作人员来说，高压触电事故反而比低压触电事故多。而且，通过在低压系统推广漏电保护装置，使低压触电事故大大降低，可使低压触电事故与高压触电事故的比例发生变化。上述规律为电气安全检查、电气安全工作计划、实施电气安全措施以及电气设备的设计、安装和管理等工作提供了重要的依据。

6.7.2　电气设备安全

对全部停电或部分停电的电气设备，必须完成停电、验电、装设接地线、悬挂标示牌和装设遮栏后，方能开始工作。上述安全措施由值班员实施，无值班人员的电气设备，由断开电源人执行，并应有监护人在场。

6.7.2.1　停电

带电部分在工作人员后面或两侧无可靠安全措施的设备。将检修设备停电，必须把各方面的电源完全断开（任何运行中的星形接线设备的中性点，必须视为带电设备）。必须拉开电闸，使各方面至少有一个明显的断开点，与停电设备有关的变压器和电压互感器，必须从高、低压两侧断开，防止向停电检修设备反送电。禁止只经开关断开电源的设备工作，断开关和刀闸的操作电源，刀闸操作把手必须锁住。

6.7.2.2 验电

验电时，必须用电压等级合适而且合格的验电器。在检修设备的进出线两侧分别验电。验电前，应先在有电设备上进行试验，以确认验电器良好，如果在木杆、木梯或木架上验电，不接地线不能指示者，可在验电器上接地线，但必须经值班负责人许可。

高压验电必须戴绝缘手套。35kV 以上的电气设备，在没有专用验电器的特殊情况下，可以使用绝缘棒代替验电器，根据绝缘棒端有无火花和放电声来判断有无电压。表示设备断开和允许进入间隔的信号，经常接入的电压表等，不得作为无电压的根据。但如果指示有电，则禁止在该设备上工作。

6.7.2.3 装设接地线

当验明确无电压后，应立即将检修设备接地并三相短路。这是保证工作人员在工作地点防止突然来电的可靠安全措施，同时设备断开部分的剩余电荷，亦可因接地而放尽。对于可能送电至停电设备的各部位或可能产生感应电压的停电设备都要装设接地线，所装接地线与带电部分应符合规定的安全距离。

装设接地线必须两人进行。若为单人值班，只允许使用接地刀闸接地，或使用绝缘棒合接地刀闸。装设接地线必须先接接地端，后接导体端，并应接触良好。拆接地线的顺序与此相反。装、拆接地线均应使用绝缘棒或戴绝缘手套。接地线应用多股软裸铜线，其截面应符合短路电流的要求，但不得小于 $25mm^2$。接地线在每次装设以前应经过详细检查，损坏的接地线应及时修理或更换。禁止使用不符合规定的导线作接地或短路用。接地线必须用专用线夹固定在导体上，严禁用缠绕的方法进行接地或短路。需要拆除全部或一部分接地线后才能进行的高压回路上的工作（如测量母线和电缆的绝缘电阻，检查开关触头是否同时接触等）需经特别许可。拆除一相接地线、拆除接地线而保留短路线、将接地线全部拆除或拉开接地刀闸等工作必须征得值班员的许可（根据调度命令装设的接地线，必须征得调度员的许可）。工作完毕后立即恢复。

6.7.2.4 悬挂标示牌和装设遮栏

在工作地点、施工设备和一经合闸即可送电到工作地点或施工设备的开关和刀闸的操作把手上，均应悬挂"禁止合闸，有人工作!"的标示牌。如果线路上有人工作，应在线路开关和刀闸操作把手上悬挂："禁止合闸，线路有人工作!"的标示牌。标示牌的悬挂和拆除，应按调度员的命令执行。

在室内高压设备上工作，应在工作地点两旁间隔和对面间隔的遮栏上和禁止通行的过道上悬挂"止步，高压危险!"的标示牌。

在室外地面高压设备上工作，应在工作地点四周用绳子做好围栏，围栏上悬挂适当数量的"止步，高压危险!"的标示牌，标示牌必须朝向围栏里面。在工作地点悬挂"在此工作!"的标示牌。

在室外构架上工作，应在工作地点邻近带电部分的横梁上，悬挂"止步，高压危险!"的标示牌。此标示牌在值班人员监护下，由工作人员悬挂。在工作人员上、下用的铁架和梯子上，应悬挂"从此上下!"的标示牌，在邻近其他可能误登带电的构架上，应悬挂"禁止攀登，高压危险!"的标示牌。

严禁工作人员在工作中移动或拆除遮栏、接地线和标示牌。

6.7.3 电气防护设备安全

电气设备安全 IP 防护等级，国际工业标准对防尘防水作了规定。IP××防尘防水等级，IP 后第一个数字表明设备抗微尘的范围，或者是人们在密封环境中免受危害的程度。I 代表防止固体异物进入的等级，最高级别是 6（见表 6.9）；第二个数字表明设备防水的程度。P 代表防止进水的，最高级别是 8（见表 6.10）。

表 6.9 防尘等级（第一个×表示）第一个标示特性号码（数字）所指的防护程度

数字	防护范围	说　明
0	无防护	对外界的人或物无特殊的防护
1	防止直径大于 50mm 的固体外物侵入	防止人体（如手掌）因意外而接触到电器内部的零件，防止较大尺寸（直径大于 50mm）的外物侵入
2	防止直径大于 12mm 的固体外物侵入	防止人的手指接触到电器内部的零件，防止中等尺寸（直径大于 12.5mm）的外物侵入
3	防止大于直径 2.5mm 的固体外物侵入	防止直径或厚度大于 2.5mm 的工具、电线及类似的小型外物侵入而接触到电器内部的零件
4	防止大于直径 1.0mm 的固体外物侵入	防止直径或厚度大于 1.0mm 的工具、电线及类似的小型外物侵入而接触到电器内部的零件
5	防止外物及灰尘	完全防止外物侵入，虽不能完全防止灰尘侵入，但灰尘的侵入量不会影响电器的正常运作
6	防止外物及灰尘	完全防止外物及灰尘侵入

表 6.10 防水等级（第二个×表示）第二个标示特性号码（数字）所指的防护程度

数字	防护范围	说　明
0	无防护	对水或湿气无特殊的防护
1	防止水滴侵入	垂直落下的水滴（如凝结水）不会对电器造成损坏
2	倾斜 15°时，仍可防止水滴侵入	当电器由垂直倾斜至 15°时，滴水不会对电器造成损坏
3	防止喷洒的水侵入	防雨或防止与垂直的夹角小于 60°的方向所喷洒的水侵入电器而造成损坏
4	防止飞溅的水侵入	防止各个方向飞溅而来的水侵入电器而造成损坏
5	防止喷射的水侵入	防止来自各个方向由喷嘴射出的水侵入电器而造成损坏
6	防止大浪侵入	装设于甲板上的电器，可防止因大浪的侵袭而造成的损坏
7	防止浸水时水的侵入	电器浸在水中一定时间或水压在一定的标准以下，可确保不因浸水而造成损坏
8	防止沉没时水的侵入	电器无限期沉没在指定的水压下，可确保不因浸水而造成损坏

6.7.3.1 IP 等级说明

例：有秤或显示仪表标示为 IP65，表示产品可以完全防止粉尘进入及可用水冲洗。

6.7.3.2　电气防护设备各种等级的防护试验内容

各等级常用的防护试验有：垂直滴水试验、倾斜15°滴水试验、淋水试验、溅水试验。

6.7.4　电气安全管理

触电事故的原因很多，实践证明，组织措施与技术措施配合不当是造成事故的根本原因。没有组织措施，技术措施就难以保证；没有技术措施，组织措施也只是一纸空文。因此，必须同时重视电气安全技术措施和组织措施，做好电气安全管理工作。

6.7.4.1　电气安全工作基本要求

电气安全工作基本要求的内容很多，归纳起来主要有以下几个方面。

A　遵守规章制度与规程

合理规章制度是从人们长期生产实践中总结出来的，是保证安全生产的有效措施。安全操作规程、电气安装规程、运行管理和维护检修制度及其他规章制度都与安全有直接关系。

根据不同工种，应建立各种安全操作规程。如变电室值班安全操作规程、内外线维护检修安全操作规程、电气设备维修安全操作规程、电气实验安全操作规程、非专职电工人员手持电动工具安全操作规程、电焊安全操作规程、电炉安全操作规程、天车司机安全操作规程等。

安装电气线路和电气设备时，必须严格遵循安装操作规程，验收时符合安装操作规程的要求，这是保证线路和设备在良好的、安全的状态下工作的基本条件之一。

根据环境的特点，应建立相适应的运行管理制度和维护检修制度。由于设备缺陷本身就是潜在的不安全因素，设备损坏（如绝缘损坏）往往是造成人身事故的重要原因，设备事故可能伴随着严重的人身事故（如电气设备着火、油开关爆炸）。所以，设备的运行管理和维护检修制度是十分重要的，严格执行这些制度，能消除隐患，促进生产的发展。运行管理和维护检修应坚持日常与定期相结合，专业队伍与生产工人相结合的原则。

对于某些电气设备，应建立专人管理的责任制。开关设备、临时线路、临时设备等容易发生事故的设备，都应有专人负责管理。特别是临时设备，最好能结合现场情况，明确规定安装要求、长度限制、使用期限等项目。

有些项目的检修，应停电进行；有的也允许带电进行，对此应有明确规定。为了保证检修工作，特别是高压检修工作的安全，必须建立必要的安全工作制度，如工作票制度、工作监护制度等。

B　配备人员并进行安全教育

应当根据本部门电气设备的构成和状态，根据本部门电气专业人员的组成和素质，以及根据本部门的用电特点和操作特点，建立相应的管理机构，并确定管理人员和管理方式。为了做好电气安全管理工作，安全管理部门、动力部门（或电力部门）等必须互相配合，安排专人负责这项工作。专职管理人员应具备必需的电工知识和电气安全知识，并要根据实际情况制订安全措施计划，使安全工作有计划地进行，不断提高电气安全水平。

　　新入厂的工作人员要接受厂、车间、生产小组等三级安全教育。一般职工要懂得电和安全用电的一般知识；使用电气设备的一般生产工人除懂得一般知识外，还应懂得有关安全规程；独立工作的电工，更应懂得电气装置在安装、使用、维护、检修过程中的安全要求，熟知电工安全操作规程，掌握扑灭电气火灾的方法、触电急救的技能，电工作业人员要遵守职业道德，恪尽职守，遵守职业纪律、团结协作、做好安全供电、用电工作，还要通过考试，取得合格证等。要达到上述各项要求，需要坚持做好群众性的、经常性的安全教育工作，如采用广播、图片、标语、报告、培训班等宣传教育方式。同时，要深入开展交流活动，以推广各单位先进的安全组织措施和安全技术措施。

　　C　安全检查并建立档案资料

　　群众性的电气安全检查最好每季度进行一次，发现问题及时解决，特别要注意雨季前和雨季中的安全检查。

　　电气安全检查包括检查电气设备的绝缘有无损坏、绝缘电阻是否合格、设备裸露带电部分是否有防护设施；保护接零或保护接地是否正确、可靠，保护装置是否符合要求；手提灯和局部照明灯电压是否是安全电压或是否采取了其他安全措施；安全用具和电气灭火器材是否齐全；电气设备安装是否合格、安装位置是否合理；制度是否健全等内容。对变压器等重要电气设备要坚持巡视，并做必要的记录；对新安装设备，特别是自制设备的验收工作要坚持原则，一丝不苟；对使用中的电气设备，应定期测定其绝缘电阻；对各种接地装置，应定期测定其接地电阻；对安全用具、避雷器、变压器油及其他保护电器，也应定期检查测定或进行耐压试验。

　　为了工作方便和便于检查，应建立高压系统图、低压布线图、全厂架空线路和电缆线路布置图及其他图纸、说明、记录资料。对重要设备应单独建立资料，如技术规格、出厂试验记录、安装试车记录等。每次检修和试验记录应作为资料保存，以便查对。设备事故和人身事故的记录也应作为资料保存。应当注意收集各种安全标准法规和规范。

6.7.4.2　保证安全的组织措施

　　在电气设备上工作，保证安全的组织措施有：工作票制度，工作许可制度，工作监护制度，工作间断、转移和终结制度。

　　A　工作票制度

　　在电气设备上工作，应填工作票或按命令执行，其方式有下列三种。

　　a　第一种工作票

　　填用第一种工作票的工作为：高压设备上工作需要全部停电或部分停电的；高压室内的二次接线和照明等回路上的工作，需要将高压设备停电或采取安全措施的。第一种工作票的格式见表6.11。

　　b　第二种工作票

　　填用第二种工作票的工作为：带电作业和在带电设备外壳上的工作；在控制盘和低压配电盘、配电箱、电源干线上的工作；在二次接线回路上的工作；无需将高压设备停电的工作；在转动中的发电机、同期调相机的励磁回路或高压电动机转子电阻回路上的工作；非当值值班人员用绝缘棒和电压互感器定相或用钳形电流表测量高压回路的电流。第二种工作票的格式见表6.12。

表 6.11　第一种工作票

第一种工作票 　　　　　　　　　　　　　　　　　　　　　　　编号：

1. 工作负责人（监护人）：_____

　　班组：_____

2. 工作班人员：_____共_____人

3. 工作内容和工作地点：_____

4. 计划工作时间：自_____年_____月_____日_____时_____分

　　　　　　　　　至_____年_____月_____日_____时_____分

5. 安全措施：

下列由工作票签发人填写	下列由工作许可人（值班员）填写
应拉开关和刀闸，包括填写前已拉开关和刀闸（注明编号）	已拉开关和刀闸（注明编号）
应装接地线（注明地点）	已装接地线（注明接地线编号和装设地点）
应设遮栏，应挂标示牌	已设遮栏，已挂标示牌（注明地点）
	工作地点保留带电部分和补充安全措施
工作票签发人签名： 收到工作票时间：　年　月　日　时　分 值班负责人签名：	工作许可人签名： 值班负责人签名：

值班长签名：

6. 许可开始工作时间：_____年_____月_____日_____时_____分

　　工作负责人签名：_____工作许可人签名：_____

7. 工作负责人变动：

　　原工作负责人_____离去；变更_____为工作负责人

　　变动时间：_____年_____月_____日_____时_____分

　　工作票签发人签名：_____

8. 工作票延期，有效期延长到：_____年_____月_____日_____时_____分

　　工作负责人签名：_____

　　值班长或值班负责人签名：_____

9. 工作结束：工作班人员已全部撤离，现场已清理完毕

　　全部工作于_____年_____月_____日_____时_____分结束

　　工作负责人签名：_____工作许可人签名：_____接地线共_____组已拆除

　　值班负责人签名：_____

10. 备注：_____

　　工作票一式填写两份，一份必须经常保存在工作地点，由工作负责人收执，另一份由值班员收执，按值班移交，在无人值班的设备上工作时，第二份工作票由工作许可人收执。

　　一个工作负责人只能发一张工作票。工作票上所列的工作地点，以一个电气连接部分为限。如施工设备属于同一电压、位于同一楼层、同时停送电，且不会触及带电导体时，可允许几个电气连接部分共用一张工作票。在几个电气连接部分上，依次进行不停电的同

一类型的工作，可以发给一张第二种工作票。若一个电气连接部分或一个配电装置全部停电，则所有不同地点的工作，可以发给一张工作票，但要详细填明主要工作内容。几个班同时进行工作时，工作票可发给一个总的负责人。若至预定时间，一部分工作尚未完成，仍须继续工作而不妨碍送电者，在送电前，应按照送电后现场设备带电情况，办理新的工作票，布置好安全措施后，方可继续工作。第一、二种工作票的有效时间，以批准的检修期为限。第一种工作票至预定时间，工作尚未完成，应由工作负责人办理延期手续。

表 6.12   第二种工种票

第二种工作票   编号：

1. 工作负责人（监护人）：_____
   班组：_____
   工作人员：_____

2. 工作任务：_____

3. 计划工作时间：自_____年_____月_____日_____时_____分
              至_____年_____月_____日_____时_____分

4. 工作条件（停电或不停电）：_____

5. 注意事项（安全措施）：_____
   工作票签发人签名：_____

6. 许可开始工作时间：_____年_____月_____日_____时_____分
   工作许可人（值班员）签名：_____
   工作负责人签名：_____

7. 工作结束时间：_____年_____月_____日_____时_____分
   工作许可人（值班员）签名：_____
   工作负责人签名：_____

8. 备注：_____

c   口头或电话命令

用于第一种和第二种工作票以外的其他工作。口头或电话命令，必须清楚正确，值班员应将发令人、负责人及工作任务详细记入操作记录簿中，并向发令人复诵核对一遍。

B   工作许可制度

工作票签发人由车间（分场）或工区（所）熟悉人员技术水平、设备情况、安全工作规程的主管生产领导或技术人员担任。工作票签发人的职责范围为：工作必要性；工作是否安全：工作票上所填安全措施是否正确完备；所派工作负责人和工作班人员是否适当和足够，精神状态是否良好等。工作票签发人不得兼任该项工作的工作负责人。

工作负责人（监护人）经由车间（分场）或工区（所）主管生产的领导的书面批准。工作负责人可以填写工作票。

工作许可人不得签发工作票。工作许可人的职责范围为：负责审查工作票所列安全措施是否正确完备，是否符合现场条件；工作现场布置的安全措施是否完善；负责检查停电设备有无突然来电的危险；对工作票所列内容即使发生很小疑问，也必须向工作票签发人询问清楚，必要时应要求作详细补充。

工作许可人（值班员）在完成施工现场的安全措施后，还应会同工作负责人到现场检查所采取的安全措施，以手触试，证明检修设备确无电压，对工作负责人指明带电设备的位置和注意事项，同工作负责人分别在工作票上签名。完成上述手续后，工作班方可开始工作。

C　工作监护制度

完成工作许可手续后，工作负责人（监护人）应向工作班人员交代现场安全措施、带电部位和其他注意事项。工作负责人（监护人）必须始终在工作现场，对工作班人员的安全认真监护，及时纠正违反安全规程的操作。

全部停电时，工作负责人（监护人）可以参加工作班工作。部分停电时，只有在安全措施可靠，人员集中在一个工作地点，不致误碰带电部分的情况下，方能参加工作。工作期间，工作负责人若因故必须离开工作地点，应指定能胜任的人员临时代替，离开前应将工作现场交代清楚，并告知工作班人员。原工作负责人返回工作地点时，也应履行同样的交接手续。若工作负责人需要长时间离开现场，应由原工作票签发人变更新工作负责人，两工作负责人应做好必要的交接。

值班员如发现工作人员违反安全规程或任何危及工作人员安全的情况，应向工作负责人提出改正意见，必要时可暂时停止工作，并立即报告上级。

D　工作间断、转移和终结制度

工作间断时，工作班人员应从工作现场撤出，所有安全措施保持不动，工作票仍由工作负责人执存。每日收工，将工作票交回值班员。次日复工时，应征得值班员许可，取回工作票，工作负责人必须首先重新检查安全措施，确定符合工作票的要求后，方可工作。

全部工作完毕后，工作班人员应清扫、整理现场。工作负责人应先周密检查，待全体工作人员撤离工作地点后，再向值班人员讲清所修项目、发现的问题、试验结果和存在的问题等，并与值班人员共同检查设备状态，有无遗留物件，是否清洁等，然后在工作票上填明工作终结时间，经双方签名后，工作票方告终结。

只有在同一停电系统的所有工作票结束，拆除所有接地线、临时遮栏和标示牌，恢复常设遮栏，并得到值班调度员或值班负责人的许可命令后，方可合闸送电。已结束的工作票，保存3个月。

6.7.4.3　安全标识

A　安全色

安全色是表达安全信息含义的颜色，表示禁止、警告、指令、提示等。国家规定的安全色有红、蓝、黄、绿四种颜色。红色表示禁止、停止；蓝色表示指令、必须遵守的规定；黄色表示警告、注意；绿色表示指示、安全状态、通行。

在电气上用黄、绿、红三色分别代表L1、L2、L3三个相序；涂成红色的电器外壳是表示其外壳有电；灰色的电器外壳是表示其外壳接地或接零；线路上蓝色代表工作零线；明敷接地扁钢或圆钢涂黑色。用黄绿双色绝缘导线代表保护零线。直流电中红色代表正极，蓝色代表负极，信号和警告回路用白色。

B　安全标志

安全标志是提醒人员注意或按标志上注明的要求去执行，保障人身和设施安全的重要措施。安全标志一般设置在光线充足、醒目、稍高于视线的地方。

对于隐蔽工程（如埋地电缆）在地面上要有标志桩或依靠永久性建筑挂标志牌，注明工程位置。对于容易被人忽视的电气部位，如封闭的架线槽、设备上的电气盒，要用红漆画上电气箭头。另外在电气工作中还常用标志牌，以提醒工作人员不得接近带电部分、不得随意改变刀闸的位置等。移动使用的标志牌要用硬质绝缘材料制成，上面有明显标志，均应根据规定使用。其有关资料如表6.13所示。

表 6.13　标示牌的资料

名　　称	悬挂位置	尺寸/mm×mm	底　色	字　色
禁止合闸 有人工作	一经合闸即可送电到施工设备的开关和刀闸操作手柄上	200×100 80×50	白底	红字
禁止合闸 线路有人工作	一经合闸即可送电到施工设备的开关和刀闸操作手柄上	200×100 80×50	红底	白字
在此工作	室内和室外工作地点或施工设备上	250×250	绿底、中间有直径210mm的白圆圈	黑字，位于白圆圈中
止步、高压危险	工作地点临近带电设备的遮栏上；室外工作地点附近带电设备的构架横梁上；禁止通行的过道上，高压试验地点	250×200	白底红边	黑色字，有红箭头
从此上下	工作人员上、下的铁架梯子上	250×250	绿底中间有直径210mm的白圆圈	黑字，位于白圆圈中
禁止攀登、高压危险	工作临近可能上、下的铁架上	250×200	白底红边	黑字
已接地	看不到接地线的工作设备上	200×100	绿底	黑字

6.8　冶金安全技术

6.8.1　冶金安全技术概述

为了获得必要的金属原材料，在古代时就有人从泥土或地表深处采出的矿石中通过高温熔炼提纯，以获得各种性能优越的金属材料，用于制作农具、厨具、兵器、仪器、乐器等。由于当时的生产力低下，且对金属原材料的需求量并不大，因此其冶铸规模较小，通常以作坊式生产为主。当前随着国民经济和现代化建设的发展，对金属的需求量也越来越大，在生产过程中，冶炼的工艺流程也逐渐完善，并发展成为当今各种金属材料较为成熟的冶金工艺流程。

随着人类社会的发展与工艺技术的不断进步，冶炼加工的规模已由作坊式生产转变为冶炼厂、冶金集团等大规模生产模式。与以往相比，现今各类金属冶炼加工业规模庞大、功能完善。在冶炼加工的工艺过程中，常常伴随着高温、高压、坠落、有毒有害、易燃易爆等的危害，这就使得整个冶炼加工过程会存在许多安全问题，如不注意或管理不善，就会造成巨大的财产损失，甚至危及生命。如生产过程中的高温铁水、钢水喷溅爆炸、压力容器泄漏、煤气中毒或爆炸、突然停电等事故，其危害程度极为严重，往往会引发较大的安全事故。因此，冶金行业的险情来源复杂，常常具有致因面广、发生突然、伤害严重等特点，在日常的生产管理过程中应该严加防范，将事故隐患控制到最低限度。

6.8.2 烧结球团安全技术

6.8.2.1 烧结球团工艺过程及危害因素概述

为了提高高炉炼铁效率，往往需要使进入冶炼高炉的物料从上到下均具有较好的透气性与机械强度，以便物料中的热流均匀分散，从而在高产、低耗的运行模式下提高冶炼效率，得到优质的生铁产品。烧结球团的方法是在高效低耗要求的情况下而发展起来的一种工艺流程。其过程是将细粒的粉矿或精矿在烧结设备中进行高温加热，经过不完全熔化后粉状物料具有了一定的黏结性，进而形成所要求颗粒大小、形状基本均一、密度与孔隙率基本满足下一步冶炼要求的小圆粒状烧结球团，作为优质的炼铁原料。

在烧结球团矿过程中，由于工艺要求的条件需要，将粉矿或精矿粉末在烧结炉内进行高温烧结，其过程伴随着原材料的运输、燃料的供给、炉内高温物理化学反应的进行、废气余热的排放与耗散，因此势必会对周边环境产生较大的影响。通常，烧结球团厂对环境的污染较大，作为钢铁企业主要污染源的重要环节，其在生产过程中的主要污染物有烟尘与粉尘，如 NO_x、SO_2、CO、CO_2、二噁英、氯化物、氟化物及重金属等。工业烟尘中的 SO_2 是烧结球团厂的主要污染物，其占钢铁工业总排放量的 60% 左右，工业粉尘占钢铁工业总排放量的 20% 左右，烟尘占钢铁工业总排放量的 20% 左右，因此对烧结过程的安全管理及烧结产生烟气的治理成为冶金行业安全技术的主要范畴。

6.8.2.2 烧结球团安全生产技术

其主要安全措施有：各类爬梯及通道应合理设置防护栏，并且出入口应避开吊车运行频繁的地段或避免靠近铁道。皮带机、链板机需要跨越的部位应设置过桥，烧结面积 $50m^2$ 以上的烧结机应设置中间过桥，烧结机台车旁应设观察平台。各类机械设备的裸露运转部分应设有防护罩、防护栏杆或防护挡板，吊装孔应设置防护盖板或栏杆，并应设警示标志。

6.8.2.3 烧结球团主要设备安全技术

A 抽风机

抽风机的排风效率对球团的制备效果具有很大的影响。在确保抽风机正常工作的同时，随时注意抽风机室的烟气收排情况，防止并实时监测烟气泄漏、一氧化碳等有害气体及其浓度情况。煤气加压站的每个工作节点均应设置监测煤气泄漏显示、报警、处理应急和防护装置。

B 烧结机、单辊破碎机、热筛和球团焙烧机

为便于设备维护，通常需要在这些设备尾部设置起重设施和检修用的运输通道。由于烧结机的尺寸较大，同时又因受高温和作业环境的影响，操作人员及检修工人有时会产生操作失误，因此应当设置必要的联系信号，显示烧结机的开、停状态，同时设置一定的保护装置。

C 皮带运输机、热振筛

皮带运输机通廊净空高度一般不应小于 2.2m，热返矿通廊净空高度一般不应小于

2.6m，通廊倾斜度为6°～12°时，检修道及人行道均应设防滑条，超过12°时，应设踏步。采用热振筛的机尾返矿站和环冷机、带冷机的尾部均应设在±0.0平面以上。

6.8.2.4　腐蚀、烟尘、噪声及火与爆炸防治

A　腐蚀与烟尘防治

在存在粉尘、潮湿、腐蚀性气体及黏稠介质的环境下，所使用的工作仪表应具有密闭或防护性能，并配装于仪表柜内。测量潮湿气体的导压管、蝶阀以及低湿易凝介质的管路，应采取保温或伴热措施。烧结工艺中燃料加工系统的除尘应使用布袋式除尘器，烧结球团厂区边缘至居民区的距离应大于1000m，烧结室和球团焙烧室主厂房的配置应与季节盛行风向垂直。厂区办公、生活设施宜设置于烧结机或焙烧机季节盛行风向上风侧100m以外。

B　设备运转噪声防治

球团烧结厂的噪声主要来自于设备运转。球团烧结厂的主要设备有破碎机、热振筛、除尘机、冷风机、抽风机等。对噪声的防治，首先应当确保设备的正常运转，在设备正常工作的情况下，通过优化设备声学传播过程以减小声波的扰动，使设备本身或附加设施具有优良的隔声与抗震性能，从而实现噪声的有效防治。

C　防火防爆

应设有完整的消防水管路系统，确保消防供水的稳定，主要的火灾危险场所应设有与消防站直通的报警信号或电话。配电室与电缆室、油库、磨煤室应设有烟雾火灾自动报警器、监视装置及灭火装置，火灾报警系统宜与强制通风系统联锁。应采取防火墙、防火门间隔和遇火能自动封闭的电缆穿线孔等建筑措施。新建、改建、扩建的大型烧结球团厂的主控室，应设有集中监视和显示火警信号的装置。煤气加压站、油罐区、油泵室、磨煤室及煤粉罐区周围10m以内，不应有明火。在上述地点动火，应开具动火证，并采取有效的防护措施，在有爆炸危险的场所，应选用防爆或隔离火花的保安型仪表。

6.8.3　焦化安全技术

6.8.3.1　焦化生产工艺过程及危害因素概述

煤炭在隔绝空气的条件下经过高温焦化是金属冶炼行业的重要工艺过程。焦化后形成的焦炭是冶金行业的重要原材料。其主要用途是在高炉炼铁和铜、铅、锌、锡、钴、镍、锑、钨等有色金属冶炼的过程中起还原剂、发热剂和料柱骨架支撑的作用。焦化的过程为将烟煤在密闭空间加热到950～1050℃，经过干燥、热解、熔融、黏结、固化、收缩等阶段最终获得的产品即为焦炭，这一过程叫高温炼焦或高温干馏。将经高温炼焦形成的焦炭用作高炉冶炼、铸造和气化等过程的燃料或原料，炼焦过程中产生的副产品既是高热值燃料又是重要的化工原料。

焦化厂的主要产品为焦炭和煤气，同时还回收焦油、苯、氨、酚等副产品。这些产品经过净化后用作工业原材料或原料。焦化的工艺流程一般由干燥预热原煤、炼焦、回收、化验等过程组成。炼焦过程中随着温度的升高，原煤孔隙中的油气不断释放析出，胶质体软化分解后成为半焦，随着其中的油气释放，最终形成所需的焦炭。通常煤炭的焦化均在机械化焦炉中进行，运煤车从煤仓取煤后运送到碳化室，煤经高温干馏变成焦炭，并放出

煤气由管道输往回收车间，推焦机将焦炭从碳化室推出，进行降温分级后备用。焦化生产的过程也就是复杂的物理化学反应过程，此过程中也伴随着高温、可燃气体及有毒有害物质的产生，因此也存在高温烫伤及燃烧爆炸的危害。

6.8.3.2　焦化安全生产技术

A　防火防爆

事先在储槽内充入一定量的惰性气体，排出蒸汽后可避免爆炸性混合物的燃烧爆炸，或阻隔足够强度的活化能，选用浮顶式贮槽也可以有效避免产生可燃性混合物，从而有效避免燃爆现象的发生，或大大削弱燃爆威力，将危害降至最低水平。

B　防泄漏

由于设备与容器和管道自身年久失修、质量差异及酸碱腐蚀等缘故会产生漏洞或裂缝，如遇加工、生产或贮存易燃性气体、可燃性液体的设备、贮槽，在使用之前必须经过专门的质量检测，验收合格后方可使用。同时，在使用过程中也不能麻痹大意，仍需要定期检查其严密性和腐蚀程度等情况。焦化厂的许多物料含有腐蚀性物质，应特别注意设备的防腐防锈，或采用耐腐蚀的材料加工制造。

C　防尘防毒

焦化厂的翻车机、破碎机、输送带、粉碎机等处，通常会有较大的扬尘现象，一般需要在煤场采用喷洒覆盖剂或在装运过程中采取喷水等措施来降低粉尘的浓度，在输送带及转运站等处需要设置整体密闭防尘罩等来实现降尘目的，对于破碎机、粉碎机部位的防尘，通常采用布袋除尘、湿式除尘、通风集尘等设备来降低煤尘危害。在焦化厂中，CO存在于煤气中，特别是焦炉加热用的高炉煤气中的CO含量在30%左右，因此必须对煤气设备定期进行检查，及时维护，同时为了防止 H_2S、HCN中毒，焦化厂应当设置脱硫、脱氰设备，通常将蒸氨系统的放散管安设在有人操作的下风向一侧。

6.8.3.3　焦化生产主要设备安全技术

A　焦化炉

焦化炉通常由碳化室、燃烧室、蓄热室、斜道区、炉顶、基础、烟道等组成，其工作环境常常伴随着高温、高压和腐蚀性等不利因素，因此需要及时检测维护以便设备的安全平稳运行，以防有毒有害物质泄漏而造成中毒或燃爆事故的发生。

B　储槽

对于有些可燃、爆炸性混合物，其在炼焦过程中的形成是必然的，因此在充装物料前需要充入惰性气体以便抵消可能出现的燃爆威力。同时，可燃物料的设备或贮槽，放散管放散的气体有的本身就是可燃、爆炸性混合物，因此按照规定，放散有毒、可燃气体的放散管出口应高出本设备及邻近建筑物4m以上，同时在可燃气体排出口处应设置阻火器。

C　翻车机、输送带、破碎机、粉碎机

这些设备在运转的同时也会产生噪声，转动部件如不防护则有可能会对操作人员产生危害。因此，在设备的转动部件处应设置防护网、防护罩或者防护栏，以避免人员卷入机器而发生伤害事故，采用必要的降噪措施以减小噪声危害，关键位置应设置警示标识，以提醒人员随时注意操作安全。

6.8.4　炼铁安全技术

6.8.4.1　炼铁生产工艺过程及危害因素概述

炼铁是将铁矿石或烧结球团矿、石灰石与焦炭、煤按一定比例混合均匀后送至料仓，然后再输送至高炉进行高炉冶炼，以获得高品质金属铁的过程。其中，焦炭与煤是作为还原剂而添加的，在高炉下部吹入1000℃左右的热风，使焦炭燃烧产生大量的高温还原煤气，从而加热炉料并使其发生化学反应，随着温度升高至1100℃左右时，铁矿石开始软化，温度达到1400℃时铁矿石熔化成铁水与液体渣，分层存在于炉缸内的不同高度，继而进行出铁、排渣作业。

由于整个生产过程均伴随着高温进行，同时由于炼铁原料、燃料，产生的产品与副产品的性质，以及作业环境条件，均会给操作人员带来潜在的危害。如在矿石与焦炭等原料运输及备料的过程中均会产生大量的粉尘，同时冶炼过程的高温、炉内的化学反应、物料的吊装与卸货，这些均会对人员产生安全隐患，因此需要弄清来源，分门别类地应对与防范危险因素的产生。

6.8.4.2　炼铁安全生产技术

A　物料装卸

目前，为了实现较为连贯的自动控制与降低扬尘，许多大中型炼铁企业高炉的原材料和燃料基本都已采用皮带输送机运输。高炉采用料车斜桥上料法时，料车必须设有两个相对方向的出入口，并采取防水防尘措施，一侧应设有符合要求的通往炉顶的人行梯，卸料口卸料方向必须与胶带机的运转方向一致，机上应设有防跑偏、防打滑装置。通常采用钟式装料方式向高炉装料，钟式装料以大钟为中心，由大钟、料斗、大小钟开闭驱动设备、探尺、旋转布料等装置组成。为确保安全及工艺顺畅，有关设备之间必须连锁，以防人为失误带来不利后果。

B　供水与供电

高炉的生产作业为连续的过程，任何中途停电停水，都会给高炉生产带来很大的损失，因此必须随时关注水电的供应，避免停水停电事故的发生。高炉炉体、风口、炉底、外壳、水渣等必须连续给水，一旦中断便会烧坏冷却设备，发生停产的重大事故。为了保证供水的连续、安全，供水系统设有一定数量的备用泵，所有泵站均设有两路电源，同时建立水塔水槽，以备停水之用。为应对停电发生，需设置备用柴油机发电组，以供整个高炉炼铁的生产环节应急排障使用。

C　煤粉喷吹系统

为了防止煤粉与空气混合时遇到高温或者静电而发生爆炸，在喷吹罐组内充以氮气，再用压缩空气将煤粉经输送管道和喷枪喷入高炉风口。为了保证煤粉能吹入高炉又不致使热风倒吹入喷吹系统，应视高炉风口压力确定喷吹罐压力。为此，在混合器与煤粉输送管线之间设置逆止阀和自动切断阀，喷煤风口的支管上应安装逆止阀，由于煤粉极细，停止喷吹时，喷吹罐内、储煤罐内的储煤时间不能超过8~12h，煤粉流速必须大于18m/s，喷吹罐内壁应曲面过渡，避免直角管道出现。如遇炉况不好或风口结焦，操作时应该经常检视，及早发现和处理。

D 高炉安全操作及维护

对于高炉炼铁生产，开炉工作中的工序尤为重要，如果处理不当则容易产生故障，这就要求在开炉前应检查设备，做好原料和燃料的供应准备，制定烘炉曲线并严格执行，保证准确计算和配料。停炉过程中 CO 的浓度和温度逐渐增高，再加上停炉时喷入炉内水分的分解使炉内氢浓度增加，为防止煤气爆炸事故，应处理好煤气系统，以保证该系统蒸气畅通，同时严防向炉内漏水。

6.8.4.3 炼铁生产主要设备安全技术

A 供上料系统

原料与燃料设备及运输的扬尘点应设有良好的通风除尘设施，矿槽、料斗、中间仓、焦粉仓、矿粉仓及称量斗等的侧壁和衬板应有不小于 50° 的倾角，以保证正常漏料，衬板应定期检查、更换，焦粉仓下部的温度宜在 0℃ 以上。矿槽、焦槽上面应设有孔网不大于 300mm×300mm 的格筛，打开格筛应经批准，并采取防护措施，格筛损坏应立即修复。原料、燃料卸料车在矿槽、焦槽卸料区间的运行速度不应超过 2m/s，且运行时有声光报警信号。单料车的高炉料坑，料车至周围构筑物的距离应大于 1.2m，大、中型高炉料车则应大于 2.5m。料坑上面应有装料指示灯，料坑底应设料车缓冲挡木和坡度为 1%、3% 的斜坡，料坑应安装能力足够的水泵，坑内应有良好的照明及配备通风除尘设施，料坑内应设有躲避危害的安全区域，料坑应设有两个出入口，出入口不应正对称量车轨道，敞开的料坑应设围栏，上方无料仓的料坑应设防雨棚。

B 鼓风机与供水泵

如遇停电造成风机停运而不能送风，高炉断风会造成风口灌渣，烧坏直吹管；风机自动保护动作而造成风机停运或放风阀打开，影响送风，则会造成高炉风口灌渣，任何过程的水、气源中断，都会使风机超温而影响送风，造成高炉减风作业。为此，需要及时调整运行参数，确保风机正常运行，同时需要加大设备点检、维护、保养工作力度，及时发现和处理设备隐患。

如遇停电造成供水泵停运而不能正常向高炉供水，则会造成风口小套与直吹管冷却壁烧坏，致使运行设备电机异常，造成停运，影响供水，造成高炉减风作业。为此，需要加大运行设备点检、维护力度，发现异常及时处理，同时做到备用设备定期倒换试验，保证工况良好。

C 原料堆取料机与烧结主抽风机

原料堆取料机的设备经过长期的运转使用，如回转减速机、回转齿轮、配重卷扬、斗轮减速机等会出现较大故障，导致机体掉道倾斜、配件加工不及时、检修时间长、不能给高炉上料，则容易造成影响高炉生产的安全事故。

烧结主抽风机会因设备长期的运转而产生严重磨损，其中轴瓦间隙过大而加速转子不同程度磨损，这将直接造成事故停机而影响生产，所属设备转子、轴瓦、轴座等将直接报废，并且往往不可修复回用。

6.8.5 炼钢安全技术

6.8.5.1 炼钢生产工艺过程及危害因素概述

由于高炉冶炼所得的生铁中含有一定量的 S、P、C 等杂质，从而会影响到铁的韧性、强度与延展性等性质，因此需要将铁水再次冶炼，将其中的 C 含量降至 2.11% 以下，此时的铁碳合金称为钢。为了得到具有高强度与高韧性或其他性能要求的钢，需要通过降低生铁中的碳，去除 S、P 杂质，同时加入 Si 或 Mn 等，以获得所需性能的钢材。在冶炼过程中，杂质在不断减少，钢水的熔化温度也随之提高，为保证得到符合要求的钢，就需要提高钢水的温度。

炼钢过程中，熔炼的铁水、钢水及炉渣的温度很高，一般都会达到 1250~1670℃，因此相关的生产活动属于高温作业，生产设备及操作人员长时间处于高温辐射状态，操作人员极易引发烫伤事故，因此需要采取必要的防护措施及防护装备，以防止烫伤事故对生产人员产生的危害。

6.8.5.2　炼钢安全生产技术

A　生产中的用氧

炼钢过程中的转炉和平炉，通过氧枪向熔池供氧来促进冶炼，氧枪系统则是钢厂用氧的重要设备。由于氧枪上部的氧管弯道或变径管流速大，局部阻力损失大，如管内有渣或脱脂不干净时，容易诱发高纯、高压、高速氧气燃爆现象发生，可以通过改善设计、防止急弯、减慢流速、定期吹管、清扫过滤器、完善脱脂等手段来避免事故的发生。同时，低压用氧会导致氧管产生负压致使氧枪喷孔堵塞，容易引发燃气倒罐回火而发生燃爆事故，为此，需要严密监视氧压，当多炉同时用氧时不宜抢着用氧，以免造成管道回火。

B　废钢与拆炉爆破

爆破可能出现的危害在于产生爆炸地震波，在爆炸冲击波的作用下产生碎片和飞块的危害。为弥补以上不足，对废钢的爆破必须在地下爆破坑内进行，爆破坑强度要尽可能大，并有泄压孔，泄压孔周围要设立柱挡墙。拆炉爆破时要限制装药量，控制爆破能量对周围产生的冲击破坏，同时应采取必要的防治措施以利于拆炉爆破的进行。

C　钢、铁、渣灼伤防护

经过高炉冶炼，铁、钢、渣液已加热到很高的温度，具有很强的热量辐射，液态的铁水与钢水又容易溅出，加之生产设备长时间处于高温环境，因此容易引发灼伤事故。灼伤发生的原因通常在于炼钢炉、钢水罐、铁水罐等的满溢漏出，同时也可能存在改变平炉炉膛的火焰和废气方向时喷出热气或火焰，因此需定期检查、检修炼钢炉、钢水罐、铁水罐等设备，必要时可修订安全技术规程并严格遵照执行。

6.8.5.3　炼钢生产主要设备和安全技术

炼钢生产主要设备：

（1）氧枪系统。

（2）炼钢厂起重运输设备。炼钢过程中所需要的各种材料都需要起重设备和机车进行转运。在转运的过程中同时也存在许多危险因素。较为常见的危险在于车辆撞人，起吊物坠落伤人，起吊物相互碰撞，铁水和钢水倾翻伤人等。因此，厂房设计时，应该考虑足够的空间，同时注重设备的更新换代及日常维护，加强工人操作技术培训，并要求其工作过程严格按照规程执行。

（3）混铁炉、化铁炉、混铁车、钢水罐、铁水罐等。炼钢的设备基本都处于高温环境。盛装钢水的设备正常工作是保证生产安全的必要条件。因此，需对混铁炉、化铁炉、混铁车、钢水罐、铁水罐等加强维护，避免穿孔、渗漏，以及起重机断绳、罐体断耳和倾翻等险情发生。同时严防铁水、钢水、渣等熔融物与水接触发生爆炸、喷溅事故。对于操作人员来说，需要搞好个人防护，尽量提高操作技术水平，以防烫伤。

6.8.6 轧钢安全技术

6.8.6.1 轧钢生产工艺过程及危害因素概述

轧钢是将钢锭或钢坯通过机械轧制成一定形状和性能的钢材，需要经过一系列的工序，这些工序的组合叫作轧钢生产工艺过程。由于钢材的品种较多，性能各异，用途也不同，因此轧制不同产品的工艺过程也有所不同。根据轧件的断面形状，大致可分为型材、线材、板带、钢管等。根据轧钢的方法不同，按轧制温度的不同可分为热轧与冷轧，按轧制时轧件与轧辊的相对运动关系可分为纵轧、横轧，按轧制产品的成型特点可分为一般轧制和特殊轧制。

在钢材轧制的过程中，装卸钢坯时要注意检查磁盘是否牢固，以防货物脱落伤人，当钢坯铸件温度较高时，要禁止吊装，以防造成钢坯掉落砸、烫伤。使用气体与液体燃料时，要严格遵守安全操作规程。使用均热炉、加热炉加热时，要按照受热的规律进行，注意检查氢气、氮气、煤气排水系统的管网、阀门与各种计量仪表的可靠性，做好防火、防爆、防毒工作。

6.8.6.2 轧钢安全生产技术

A 加热与加热炉的安全技术

由于各种燃料的物理化学性质不同，其熔点与燃点等性质不同，因此对其安全要求也不同。如气体燃料、液体燃料的性质大不相同，对其使用过程的要求也有所不同。当用油料作为燃料时，应注意燃油的预热温度不宜过高，点火时进入喷嘴的重油量不得多于空气量，同时，为防止油管的破裂、爆炸，要定期检查油罐和管路的腐蚀情况，储油罐和油管回路附近禁止烟火，应配有灭火装置。工业炉发生事故，大多是由于维护、检查不彻底和操作上的失误造成的。这就要求检查各系统是否完好，加强维护保养工作，及时发现隐患部位，迅速整改，防止事故发生。

B 冷轧生产安全技术

冷轧生产的特点是加工温度低，产品表面无氧化铁皮等缺陷，表面粗糙度低，轧制速度快。酸洗的过程主要是为了清除表面氧化铁皮，生产时应注意保持防护装置完好，以防机械伤害，同时注意穿戴必需的保护用具以防酸液溅人灼伤。通常冷轧的速度快，处理事故时须停车进行，切断总电源，手柄恢复零位，采用 X 射线测厚时要有可靠的防射线装置。热处理过程是保证冷轧钢板性能的主要工序，其中要特别注意火灾、中毒、倒炉和掉卷等事故危害。

6.8.6.3 轧钢生产主要设备安全技术

A 轧钢机

轧钢机分为两大类：轧机主要设备或轧机主列，辅机和辅助设备。凡用以使金属在旋转的轧辊中变形的设备，通常称为主要设备。主机设备排列成的作业线称为轧钢机主机列。主机列由主电机、轧机和传动机械三部分组成。轧机按用途分类有：初轧机、开坯机、型钢轧机、板带轧机、钢管轧机和其他特殊用途的轧机。轧机的开坯机和型钢轧机是以轧辊的直径标称的，板带轧机是以轧辊辊身长度标称的，钢管轧机是以轧制的钢管的最大外径标称的。

　　B　吊装机械设备

钢坯通常用磁盘吊和单钩吊卸车，挂吊人员在使用磁盘吊时，要检查磁盘是否牢固，以防脱落砸人。使用单钩卸车前要检查钢坯在车上的放置状况，钢绳和车上的安全柱是否齐全、牢固，使用是否正常。卸车时要将钢绳穿在中间位置上，两根钢绳间的跨距应保持1m以上，使钢坯吊起后两端保持平衡，再上垛堆放，同时要求400℃以上的热钢坯不能用钢丝绳卸吊，以免烧断钢绳，造成钢坯掉落砸、烫伤。通常冷轧原料钢卷均在2t以上，吊运是安全的重点问题，吊具要经常检查，发现磨损及时更换。

6.8.7　耐火材料、碳素钢材料生产安全技术

6.8.7.1　耐火材料、碳素钢材料生产工艺过程及危害因素概述

耐火材料是指物理和化学性质适合在高温的特殊环境下可以满足使用要求的无机非金属材料，国际标准化组织所定的耐火材料的耐火度不低于1500℃，对耐火材料进行煅烧处理，使其产生物理与化学变化，消除挥发性的化学结合成分和体积变化。根据耐火材料的产生与加工情况，包括天然矿石及按照一定使用条件加工而成的人造制品。其共同特点为具有较好的高温力学性能、体积稳定性。不同品种的耐火材料制品，其材料组成及生产过程所发生的物理化学反应虽有所不同，但生产工序和加工方法基本一致。通常，鉴于耐火材料的物理性状及尺寸特点，其加工生产所使用的设备比较笨重，机械化程度低，人工劳动强度大，环境条件差，生产中易发生事故，同时，耐火材料生产工艺中的各个环节，由于破碎与筛分等原因，这些过程都可能产生大量含有较高游离二氧化碳的粉尘，因此会对操作人员的健康造成危害。

碳素钢是指碳含量低于2%、硅含量为0.35%、磷含量为0.05%、硫含量为0.04%的铁碳合金。一般工业上所使用的碳素钢碳含量一般不超过1.4%。这是因为碳含量超过1.4%后，钢表现出很大的硬脆性，并且加工困难，失去生产和使用价值。碳素钢的冶炼生产通常在转炉、平炉中进行，因此存在高温辐射烫伤等危害，需要在加工生产过程中加以防治。

6.8.7.2　耐火材料、碳素钢材料安全生产技术

　　A　生产加工过程

由于耐火材料、碳素钢材料生产加工的部分工序过程伴随着高温环境出现，同时机器转动部件会存在安全隐患，因此，运行时应注意经常检查轴承润滑情况，检查所有的紧固件是否安全紧固，发现问题及时处理。

　　B　防尘措施

耐火材料、碳素钢材料生产的部分工艺环节时有灰尘扬起，这将会对人员与部分设备及仪表产生危害，影响人员身体健康，同时在扬灰环境下，自动化设备与仪表也会受到影响。因此需要在适当的条件下改进工艺，提高机械化、自动化程度，同时加强劳动保护，定期对操作人员进行体检。

6.8.7.3 耐火材料、碳素钢材料生产主要设备安全技术

A 主要设备

耐火材料的生产过程中使用的设备有破碎机、筛分机、配料车、压砖机等。其中的破碎机与筛分机往往会大量扬尘，需要做好强制收尘或降尘工作，配料机与压砖机的使用过程中需要做好转动部件的隔离工作，避免人员或杂物绞入而发生事故。碳素钢材料的生产与加工设备包括转炉与平炉，因此需要做好高温防护工作，采取必要的措施，防止烫伤事故的发生。

B 收尘设备

耐火材料与碳素钢材料生产与加工的环节均存在扬灰点，长时间处于风尘环境，无论是对设备仪表，还是对操作人员都是不利的，因此需要经常检查设备设施，做到有效防尘降尘，保证人员的健康与设备仪表的正常运转与使用，从而达到良好的工作状态。

6.8.8 煤气安全技术

6.8.8.1 煤气在冶炼生产中的使用及危害因素概述

现代冶炼工业中，煤气作为轻质的气体燃料，具有输送方便，操作简单，燃烧均匀，温度、用量调节便捷等优点，是当前工业生产的主要能源之一。在冶金行业，煤气是高炉炼铁、焦炉炼焦、转炉炼钢的副产品，又是冶金炉窑加热的主体燃料。

煤气中含有大量的 CO，如果由于泄漏而散发在作业场所时，容易导致人员中毒。煤气的主要成分是 CO、H_2、CH_4 等可燃气体，其中 CO 有毒，煤气中还含有少量不可燃气体，如 N_2、CO_2 等。因此，煤气安全管理主要是有效地预防煤气中毒、火灾、爆炸事故的发生。

6.8.8.2 煤气安全检测及要求

根据工艺特点，通常存在煤气泄漏的部位有高炉风口、热风炉煤气闸阀、高炉冷却架、煤气蝶阀组传动轴、煤气管道的法兰部位、煤气鼓风机围带等处，作业人员在这些区域作业最容易发生煤气中毒事故。

为了减少和避免煤气泄漏事故的发生，煤气设施的设计必须符合国家标准和规范的要求，制定煤气设备的维修制度，及时检查，发现泄漏及时处理，对煤气实行分级管理。

6.8.8.3 煤气事故的应急处理

煤气爆炸是在煤气和空气混合到一定比例，当遇明火、电火花、燃点以上温度时产生的。煤气爆炸必须具备浓度、空间、点火源三个条件，同时具备这三个条件后煤气才能爆炸。在煤气设备上动火或炉窑点火送煤气之前，必须先做气体分析。一般停产检修的煤气设备内空气中的氧含量应在 20.5% 以上，炉窑点火送煤气时，煤气中的氧含量应不大于 1%。煤气设备停产检修时，必须将煤气处理干净，并将其与正常生产的煤气设备用盲板或闸阀和水封隔断，把煤气设备上的蒸汽管、水管断开。

煤气设备或炉窑一旦发生煤气爆炸，不仅损坏设备，还会造成人员伤亡或中毒。爆炸事故发生后，应首先救人，同时切断已发生煤气爆炸设备的煤气来源，防止二次爆炸。如煤气设备未损坏，应查明爆炸原因后再送煤气。煤气火灾往往是熊熊大火，煤气管道内起火则往往是黑烟滚滚，根据煤气着火的情况，应局部停止使用煤气，设法关闭闸阀，降低煤气压力，并向着火的设备内通入大量蒸汽或氮气，煤气管道管径在 150mm 以下，可直

接关闸阀熄火。万一发生爆炸，最大爆炸压力约为 0.7MPa(7kg/cm²)，管径小的钢管足够承担煤气爆炸压力。管径在 150mm 以上，关闸阀降低煤气压力最低不得少于 49~98h，严禁突然完全关闭闸阀或水封，以防回火爆炸。

6.9　有色金属安全技术

6.9.1　有色金属安全概述

金属冶炼的主要目的就是为金属型材铸件提供低杂质含量、高纯度的金属材料，对其所进行的各种加工过程均以获得高质量的金属材料为首要任务，因此相关工艺原理的安全性与高效性是冶金行业的努力方向。现代有色金属冶金工业，根据矿物原料的不同和各种金属本身的特性，可以采用火法冶金、湿法冶金以及电化冶金来进行冶炼。当前从产量和金属的种类来看，均以火法冶金为主。有色金属冶炼通常包括轻金属、重金属、稀有金属和贵金属冶炼。其基本方法分为三类：第一类是硫化矿物原料的选硫熔炼，属于这一类的金属有铜、镍；第二类是硫化矿物原料先经焙烧或烧结后，进行碳热还原生产金属，属于这一类的金属有锌、铅、锑；第三类是焙烧后的硫化矿或氧化矿用硫酸等溶剂浸出，然后用电积法从溶液中提取金属，属于这类冶炼方法的金属主要有锌、镉、镍、钴、铝。

目前，我国冶炼行业的大方向是以火法冶炼为主，在冶炼厂的生产过程中，随着温度的升高，冶炼炉内的各种物理化学反应均会剧烈地进行，常常伴随的是高温、高压、有毒、腐蚀等不利的复杂环境，因此不论是对人还是对设备，均存在一定有害的影响。为了保证工作人员健康和冶炼主体与附属设备、机具的安全平稳运行，就要重视安全生产、积极防护与控制，努力营造安全的工作环境与氛围，在管理方面抓好安全防护措施的实施，如条件和工艺允许，积极提倡自动化控制技术的采用和普遍实现高效的机械化操作。除了高温、高压等危害以外，冶金生产的过程也是污染物产生与排放的过程，伴随着生产的全过程，污染物也会或多或少地产生，因此会带来许多有毒气体及粉尘等物质，作为环境污染较为严重的行业，在成品生产加工的同时，会不断地向环境排放大量的废渣、废水、废气。这些污染物不但会危害人员健康，而且会破坏区域内的生态平衡，对周边环境的影响产生巨大的影响。因此，有必要加强"三废"治理工作，对可以利用的加以利用，对不能利用的，必须经过无害化处理后再排放，从而减轻有色金属冶炼对环境与生态带来的危害。同时，需要对来自于冶炼企业的各种机械噪声、振动、恶臭、放射线等加以治理与防护，以为周边创造和谐的生产环境条件。

6.9.2　熔炼铸造安全技术

有色金属在熔炼的过程中，熔炼池内的固体纯金属与其他金属成分、炉气、炉衬与炉渣之间均在进行着物理化学变化，其中的氧化、挥发等过程会在一定程度上改变金属成分，从而对金属的质量产生一定的影响。在熔炼过程中，氧化还原反应对于冶炼规律与冶炼产物极为重要，这是人们最为重视与关注的问题之一。

有色金属铸造是各类工艺部件加工的过程，是相关机械工业的基础行业，有色金属铸造件广泛应用于机械制造等各大领域。随着相关技术的不断进步，该行业已成为事关国计民生的重要工艺技术。随着高科技的不断发展，机械仪器上对各种铸件与零配件精度的要求也越来越高，如何加工出精度符合要求的铸件来满足生产需求，已成为当今机械制造业广泛关注的问题。此过程涉及到有色金属材料、工艺方法、成型、控制等许多领域，需要各个环节的密切配合、紧密协调才能达到较好的效果。

在有色金属熔炼与铸造的过程中，往往涉及到热风水冷无炉衬冲天炉、富氧送风冲天炉、塔夫托炉、坩埚式感应电炉、等离子感应电炉、沟槽式感应电炉及电弧炉等加热设备，部分工序中的相关作业人员经常处于高温环境，因此，需要做好降温防热害工作，采取设定的工艺或设施，避免热害伤及人员与设施。同时，由于熔炼与铸造生产中使用的设备较多，各个环节设备的动作方式也不尽相同，需要特别注意防范各类机械转动部件对人员造成的意外伤害。

6.9.3 加工安全技术

有色金属加工是指利用材料的韧性、延展性及机械强度等性能，使用机器对其进行轧制、挤压、拉伸、锻压、冲压等塑性加工。有色金属的轧制过程为在旋转的轧辊间，借助轧辊的机械动作，通过轧辊压力使金属材料发生挤压形变，达到所需产品规格要求的工艺过程。平辊轧制的主要产品有条、板、带等半成品。有色金属的挤压加工过程为：将材料放入作为挤压筒的容器中，通过挤压轴挤压锭坯材料，使之通过模孔以达到塑性变形，符合要求形状构件的加工方法。通常挤压有正挤压与反挤压两种基本的形式。有色金属拉伸的过程为：对金属坯料固定稳妥后，对其施以轴向拉力，使其通过模孔逐渐抽出，从而获得与模孔尺寸和形状等同的制品，达到塑性加工制作构件的目的。有色金属的锻压、冲压工艺是利用金属在巨大冲压力作用下的变形，以获得所要求的形状及力学性能，满足使用要求的加工方法。

有色金属在轧制、挤压、拉伸、锻压、冲压的加工过程中，由于无刀具切削工序，因此属无屑加工设备，所使用的设备通常有轧制机、冲压机、锻造机、挤压机。其中轧制工艺中按照材料温度是否在再结晶以上或以下可分为热轧、冷轧工艺。按照轧制方式的不同又可分为纵轧、横轧和斜轧。锻造机的锻造加工可分为手工锻造、自由锻造、胎膜锻造、模型锻造和特种锻造等。同时，按锻造温度的不同还可分为热锻、温锻和冷锻等。根据加工时材料温度的不同，可将冲压工艺分为冷冲压和热冲压。挤压工艺按照挤压时材料的温度不同，可分为冷挤压、温热挤压、热挤压三类。各种机械的运转部件需要安设防护网、挡板或防护栏，以便保证操作人员的安全，同时需设置警示标牌、标志，要求相关人员严格遵照执行。

6.9.4 热处理和表面处理安全技术

6.9.4.1 热处理工艺概述及安全技术

为了达到较好的力学性能，有色金属在加工过程中，常常会采用热处理的方式，使金属材料性能满足使用要求。热处理的工艺过程为：将呈固态的金属材料在加热装置中加热、保温和冷却的手段，以促使其内部或表面的化学成分与组织得到改善，这是一种常见的金属热加工工艺。为了得到最好的效果，这些工艺步骤需要互相衔接且不可间断。在各种金属加工制造方面，金属热处理是一项非常重要的工艺。

金属热处理的首要环节为加热升温，以使固体金属达到所需的物理状态。以往的加热过程通常会使用木炭和煤作为加热燃料，经过长期的发展，气体燃料以其优越的性能和廉价的成本而取代了煤炭等固体燃料。随着技术的进步，电能作为清洁能源，具有加热易于控制，且无环境污染，目前电能在金属热处理工艺中的使用已很广泛。

除通过金属热处理获得优异的力学性能以外，同时，也产生一些职业危害值得人们注意。当淬火采用水冷或者 NaCl 溶液冷却时，除注意防范高温蒸气外，基本无其他不利因素存在。当冷却液中有加入其他有害的化学成分时，则需要采取一定的安全设施，以保护作业人员不受危害。当采用高频淬火时，经常在强场源附近工作的人有时会表现出乏力、疲劳、头晕、胸闷等症状，对人体危害较大的化学热处理方式有渗碳、氮化等，长期接触这些物质也会对人身体健康产生不利的影响。因此要求采取防范措施，制定较为完善的安全保护规程，将其对人的危害降到最低。

6.9.4.2　表面处理工艺概述及安全技术

金属表面处理是指金属表面经过预处理后，通过表面涂层、表面改性或多种表面技术处理，从而使得金属的表面形态、组织结构和化学成分重新组合，以获得生产时所要求性能指标的工艺过程。由于当前工业上许多设备及器械处于高温、高压、高腐蚀及高荷载环境下工作，任何原因导致的机械故障、爆炸、爆裂都将导致严重的后果，这就要求机械设备的各个部件具有较好的防腐蚀、耐高压、耐高温的性能特点，以保证整个设备在良好的工况条件下长时间正常运转。

为了保证工艺流程中的各个金属部件正常工作，常常需要根据不同的金属材料及不同的使用条件进行相应的表面处理。根据使用条件的不同，常用的表面处理工艺有镀铜、镀镍、镀铬、镀锌等几类。随着工艺的不断发展，逐渐出现了较为先进的表面处理工艺，如铝与铝合金表面处理、分散电镀、贵金属电镀、脉冲电镀、表面处理仿金工艺、防护装饰性多层镍铬电镀及电镀与彩色电解上膜组合新工艺等新技术。这些新技术、新工艺的广泛采用，极大改善了各类机械部件的使用条件及使用功能，对于保护设备及设施不受腐蚀与锈蚀侵害起到了重要作用，从而大大提高了生产效率。

先进表面处理技术的应用，在极大促进工艺进步的同时，在一些方面也会对人的健康产生不利影响，如溶剂除油的过程中使用汽油、三氯甲烷、煤油等去除油污，在化学除油的过程中使用碱性溶液溶解油脂，以及在电解除油、电镀侵蚀、镀件磨光与抛光及电镀的各个过程，以及后续的镀件干燥等，几乎很多过程都会或多或少地产生有害化学物质或粉尘、高温热害等，相应的常见症状及职业病危害有汽油中毒、镉中毒、矽肺、酸灼伤、耳鸣耳聋及哮喘等。因此，需要有针对性地加强降害处理，制定完善的安全操作规程，穿戴好必要的防护用具，特别是确保安全制度和责任落实到位，以大大减少职业病危害因素，降低其危害程度。

思　考　题

6-1　简述矿井瓦斯的危害。

6-2　矿尘的危害性有哪些?

6-3 矿井火灾是如何分类的？

6-4 煤矿常见爆破事故有哪几种情况？

6-5 煤矿顶板灾害的形式有哪些？

6-6 地下矿山导致中毒窒息的根本原因有哪些？

6-7 地下矿山充水水源有哪些？

6-8 尾矿坝有哪几种类型？

6-9 排土场事故的原因是什么？

6-10 石油化工生产的特点是什么？

6-11 石油化工装备的本质安全化是什么？

6-12 烟花爆竹按照产品的药量、所能构成的危险性及燃放环境分为几级？分别是什么？

6-13 建筑物使用功能中的安全技术问题主要体现在哪些方面？

6-14 建筑结构的功能是什么？

6-15 何谓地震的震级？何谓地震的烈度？我国抗震设防的标准是什么？

6-16 建筑施工现场安全生产事故的类型有哪些？

6-17 建筑施工发生安全生产事故的主要原因有哪些？

6-18 民用建筑耐火等级分为哪几级？

6-19 建筑工地易引发火灾的主要原因有哪些？

6-20 烧结球团需要注意的安全问题有哪些？

6-21 钢、铁冶炼中的高温热害如何防范？

6-22 耐火材料、碳素钢材料生产过程中要注意的安全事项有哪些？

6-23 熔炼铸造加工的主要设备有哪些？

参 考 文 献

[1] 伍爱友，李润求．安全工程学 [M]．徐州：中国矿业大学出版社，2012.

[2] 付贵．安全管理学——事故预防的行为控制方法 [M]．北京：科学出版社，2013.

[3] 吴超．为安全专业新生做的点滴解惑．http://mp.weixin.qq.com/.

[4] 罗云．安全科学导论 [M]．北京：中国质检出版社、中国标准出版社，2013.

[5] 陈宝智，张培红．安全学原理 [M]．北京：冶金工业出版社，2016.

[6] 罗云，等．现代安全管理 [M]．北京：化学工业出版社，2010.

[7] 国务院安全生产委员会．国务院安全生产委员会成员单位安全生产工作职责分工．2015.

[8] 中国安全生产协会．http://www.china-safety.org.cn/.

[9] 中国职业安全健康协会．http://www.cosha.org.cn/.

[10] 中国化学品安全协会．http://www.chemicalsafety.org.cn/.

[11] 中国安全防范产品行业协会．http://www.21csp.com.cn/.

[12] 金龙哲，杨继星．安全学原理 [M]．北京：冶金工业出版社，2010.

[13] 隋鹏程，陈宝智，隋旭．安全原理 [M]．北京：化学工业出版社，2005.

[14] 隋鹏程．事故因果论 [J]．现代职业安全，2004（5）.

[15] 赵耀江，安全评价理论与方法 [M]．北京：煤炭工业出版社，2015.

[16] 陈宝智．安全原理 [M]．北京：冶金工业出版社，1995.

[17] 田水承．第三类危险源辨识与控制研究 [D]．北京：北京理工大学，2001.

[18] 曾威，赵新生．浅谈企业安全生产应如何做到以人为本 [J] 石油化工安全技术，2006（4）.

[19] 景国勋．安全学原理 [M]．北京：国防工业出版社，2014.

[20] 徐国财，等．化工安全导论 [M]．北京：化学工业出版社，2010.

[21] 陈海群，等．化工生产安全技术 [M]．北京：中国石化出版社，2012.

[22] 许文，张毅民．化工安全生产工程概论 [M]．北京：化学工业出版社，2011.

[23] 王占军，刘海霞．公共安全管理 [M]．北京：群众出版社，2011.

[24] 刘茂，王振．城市公共安全学 [M]．北京：北京大学出版社，2013.

[25] 王振，刘茂．人群疏散的动力学特征及疏散通道堵塞的恢复 [J]．自然科学进展，2008，18（2）：179-185.

[26] 赵震．城市道路交通安全风险分析与风险管理研究——以北京市城市道路交通为例 [D]．长春：东北师范大学，2008.

[27] 赵学刚．城市道路交通安全风险分类动态评价技术 [J]．中北大学学报（自然科学版），2014（4）：419-426.

[28] 逯田力，鹿广利．对于突发公共事件分类的认识和理解 [J]．中国公共安全（学术版），2010（4）：37-39.

[29] 周楠．药品生产监管信息系统分析与设计 [D]．济南：山东大学，2013.

[30] 郑宝华．中国医药制造业产业安全及其评价研究 [D]．南京：南京航空航天大学，2010.

[31] 封雪祺．医药化工的安全生产与安全管理 [J]．中外企业家，2015（20）.

[32] 冯登国．国内外信息安全研究现状及其发展趋势 [J]．网络安全技术与应用，2001（1）：8-13.

[33] 冯登国．网络安全原理与技术（信息安全丛书）[M]．北京：科学出版社，2003.

[34] 吴永宁．现代食品安全科学 [M]．北京：化学工业出版社，2003.

[35] 张永建，刘宁，杨建华．建立和完善我国食品安全保障体系研究 [J]．中国工业经济，2005（2）：14-20.

[36] 陈锡文，邓楠，韩俊，等．中国食品安全战略研究 [M]．北京：化学工业出版社，2004.

[37] 孙小帅.大型游乐设施的安全评价和状态检测 [D].郑州：郑州大学，2011.

[38] 张娇.金属露天矿山边坡治理安全技术对策措施探析 [J].中国锰业，2017 (2) .

[39] 刘相臣，张秉淑.石油和化工装备事故分析与预防 [M].北京：化学工业出版社，2011.

[40] 王凯全.石油化工安全概论 [M].北京：中国石化出版社，2011.

[41] 钱兴坤，姜学峰.2014 年国内外油气行业发展报告 [M].北京：石油工业出版社，2015.

[42] 彭世尼，黄小美.燃气安全技术 [M].重庆：重庆大学出版社，2015.

[43] 李志红.石油化工企业安全事故原因分析及对策研究 [J].石油化工安全环保技术，2013，29 (6)：17-20，23.

[44] 李健，白晓昀，任正中，等.2011~2013 年我国危险化学品事故统计分析及对策研究 [J].中国安全生产科学技术，2014，6：142-147.

[45] 吴宗之，孙猛.200 起危险化学品公路运输事故的统计分析及对策研究 [J].中国安全生产科学技术，2006，2：3-8.

[46] 杜红岩，王延平，卢均臣.2012 年国内外石油化工行业事故统计分析 [J].中国安全生产科学技术，2013，6：184-188.

[47] 关文玲，蒋军成.我国化工企业火灾爆炸事故统计分析及事故表征物探讨 [J].中国安全科学学报，2008，18 (3)：103-107.

[48] 白春光.烟花爆竹安全管理 [M].北京：化学工业出版社，2015.

[49] 黄威，陈鹏飞，吉承伟.防雷接地与电气安全技术问答 [M].北京：化学工业出版社，2014.

[50] 吕保和.设备安全工程 [M].北京：中国石化出版社，2014.

[51] 蒋军成，王志荣.工业特种设备安全 [M].北京：机械工业出版社，2009.

[52] 褚卫中.机械安全技术及应用 [M].北京：机械工业出版社，2014.

[53] 陈金刚.电气安全工程 [M].北京：机械工业出版社，2016.

[54] 林玉岐，夏克明.电气安全技术及事故案例分析 [M].北京：化学工业出版社，2014.

[55] 夏兴华.电气安全工程 [M].北京：人民邮电出版社，2012.

[56] 梁慧敏.电气安全工程 [M].北京：北京理工大学出版社，2010.

[57] 杨绍利.冶金概论 [M].北京：冶金工业出版社，2008.

[58] 杨富，徐国平.冶金安全生产技术 [M].北京：煤炭工业出版社，2010.

[59] 刘淑萍，张淑会，吕朝霞，等.冶金安全防护与规程 [M].北京：冶金工业出版社，2012.

[60] 王德学.冶金企业安全生产应急管理 [M].北京：煤炭工业出版社，2008.

[61] 李庭寿.烧结烟气综合治理探讨 [J].中国钢铁业，2013 (6)：18-22.

[62] 金晖.原料场粉尘抑制技术与措施的探讨 [J].中国钢铁业，2013 (9)：28-29，32.

[63] 单明军，吕艳丽，丛蕾.焦化废水处理技术 [M].北京：煤炭化学工业出版社，2007.

[64] 龙旭佳.现代焦化企业安全生产管理分析 [J].化工管理，2015 (1)，242.

[65] 李东平.焦化企业设备管理信息系统研究 [D].西安：西安建筑科技大学，2004.

[66] 王新华.钢铁冶金（炼钢学）[M].北京：高等教育出版社，2007.

[67] 许晓海，冯改山.耐火材料技术手册 [M].北京：冶金工业出版社，2000.

[68] 马春来.铸造合金及熔炼 [M].北京：机械工业出版社，2014.